Cockpit Confidential

Everything You Need to Know about Air Travel: Questions, Answers, & Reflections

派翠克・史密斯——著
Patrick Smith
郭雅琳、陳思穎、溫澤元——譯

Cockpit Confidential

Everything You Need to Know about Air Travel: Questions, Answers, & Reflections

Patrick Smith

各界人士對本書與作者的肯定

派翠克．史密斯的飛航經驗鮮有人能及。他對一個總是充滿胡扯的話題撥亂反正，予以釐清。而且，他真是太會寫了！

——史萊夫．爾文，康泰納仕集團旗下《旅遊者雜誌》

派翠克．史密斯肯定是擁有商用飛行執照的人當中，寫得最好的。這本書成就非凡，所有空中旅人（也就是說，所有人）都應該要有一本。

——詹姆斯．卡普蘭，小說家

派翠克．史密斯是出色的作者，他為商業航空這個誤解叢生的領域，提供了一場讓人忍俊不住的旅程——沒有艱澀難懂的用語，只有幽默與深刻的見解。

——克莉絲汀．內格羅尼，航空網站的寫作者及創立者

派翠克．史密斯對現代航空業十分在行，而且解說得淺顯易懂，不會滿口一般人不懂的行話，是個理想的鄰座乘客、同事、作家，以及解說員。

——艾力克斯．畢恩，《波士頓環球報》專欄作家

派翠克・史密斯不僅懂得空中旅行的一切，他還具備一種罕見本領，能將這些事寫成清晰易懂且詼諧的散文。

——芭芭拉・彼得森

我希望能把作者摺起來放入我的行李箱。飛行方面所有值得探究的事，他似乎全都知曉。

——史帝芬・J・杜柏納，《蘋果橘子經濟學》作者之一

十分務實可靠。

——卡斯・厄克特，《泰晤士報》專欄作家

犀利又深刻。

——喬・夏基，《紐約時報》專欄作家

派翠克・史密斯揭開自身經驗的神祕面紗，並且提醒我們航空業的神奇之處。此外他還具備絕佳幽默感——當你坐在區域噴射客機十四D座位時，他會是你的絕佳旅伴。

——克里斯・波傑里安，《助產士與黑夜中的陌生人》作者

能讀到派翠克・史密斯出色優雅的解釋與評論，著實榮幸。我們需要有人既具備埃爾文・布魯克斯・懷特的文筆，而且對大家都疑惑的主題有靈敏判斷力。派翠克無疑是最佳人選。

——柏克・布里斯特，漫畫家

各界人士對本書與作者的肯定

目錄

各界人士對本書與作者的肯定……4
推薦序　解開隱藏在飛航中的祕密／饒自強……13
引言　畫家的刷子……15

第一章……21
飛機本身
從機翼與飛行速度的單位「節」談起……

飛機這麼一具龐然大物載著許多旅客與貨物，怎麼有辦法飛呢？／多看幾眼機翼的細節，感覺飛機的運作好複雜啊／飛行速度的單位「節」是指什麼？／除了襟翼跟前緣縫翼，機身外部其他會動的構造是什麼？又有什麼作用呢？／機翼尾端翹起的小翅膀作用是什麼？／從機翼底下突出來，外形像獨木舟的長型引擎箱是什麼？／噴射客機能特技飛行嗎？747能翻觔斗或倒著飛嗎？／噴射發動機到底是怎麼運作的？／渦輪螺旋槳是什麼？／機尾下方有個會排放某種氣體的洞，那是什麼？／假如輔助動力系統是供應飛機在地面時的電力，為什麼常看到飛機在登機門候機時，發動機在運轉呢？／一架民航客機要價多少錢？／波音飛機跟空中巴士的品質有差嗎？／我該不該找能比較快到達目的地的機型？／哪架飛機的航程最長？／飛機有多重？／有一次在起飛之前，同機有幾名乘客被請下飛機，航空公司說是因為天氣太熱，沒辦法載那麼多人，這是什麼道理？／為什麼有些飛機會在空中留下白白的尾巴？／頻繁飛行跟環境保護，這兩者能否兼顧？

【小專欄】電影、音樂與藝術中出現的飛機……43

第二章……………49
不安因子
亂流、風切、
天候、想太多

高級藝術：歷史、熱潮，以及世界最大的飛機
亂流嚇死我了。那是不是真的很危險？／起飛後沒多久，我們就被猛力甩來甩去，機長說是遇到「尾流擾動」。這是什麼？有多危險？／飛機著陸時，偶爾可以看到翼尖拖著一條長長的霧氣，那是什麼？／什麼是風切？／我們搭７４７飛過大西洋上空時，聽到一聲巨響，接著整個機艙一震，機長告訴大家說那是引擎失速。／要是飛機上的引擎全部失效，飛機能不能滑行降落？／機艙是如何加壓的？為什麼？／我常搭的航線只有像跳水機那種區域客機。這種飛機會不會危險啊？／我們曾經盤旋一個小時才著陸。飛機都儲存多少燃油來應付這種情況？航空公司會不會為了省錢而偷吃步？／我知道飛機可以空中棄油，這是為了減輕重量以便降落嗎？有時在飛機著陸之前，可以看到油從翼尖流出來……／閃電打中飛機會怎樣？／有時候機身某些部位，會貼著很像銀色絕緣膠帶的東西，拜託，告訴我那不是絕緣膠帶。／我曾看見一架７４７緊挨在我們旁邊飛了好幾分鐘，近到可以從窗戶看見裡面的人，嚇死人了。這就是「空中接近」嗎？／飛機被鳥撞上有多危險？／有些意外聽說和飛機積冰有關。冰雪會對飛機造成多大危害？／飛機廁所馬桶裡的東西是在航行途中投棄嗎？／碰到重要系統失靈時，誰來決定要不要起飛？／我曾在登機門看到機師在飛機附近走動，檢查外觀，可是好像不是很深入。／搭到比較舊的型號需要擔心嗎？
【小專欄】那是什麼飛機？——飛機型號入門……………57
【小專欄】里維爾幻想曲：憶故鄉…………88

第三章……91
上頭發生了什麼事
起飛、降落，還有中間那段神祕的過程

機場怎麼了？
機場必備的十五項服務與能力／準備一次航程，駕駛員得花多久？他們要準備什麼呢？／為什麼飛機要迎風起降？／飛機如何起飛？還有，為什麼飛機爬升時會顛簸、上下晃動，還有轉彎呢？／如果就在飛機離地的那一秒有個發動機掛了，要怎麼辦？／在飛機爬升的初期，發動機的推力彷彿突然被關掉，飛機好像要往下掉似的。那是發生了什麼事？／飛機離地時速度有多快？落地時又是多快呢？／機長告訴我們會用三十一號跑道起飛。機場怎麼可能有三十一條跑道呢？／起飛與降落最棘手的是什麼？駕駛需要特別小心某些機場嗎？／即將著陸時飛機突然提升動力，取消降落。準備第二次降落之前，轉彎傾斜的角度很大，很多乘客都嚇壞了。這種情況有多常發生？為什麼會這樣？／天候很糟時，飛機要如何找到跑道？／有一次我搭機時，飛機降落得相當糟糕。為什麼有些駕駛降落得比較平穩和緩呢？／降落的過程中，機身著陸之後，飛機就發出像發動機正加速旋轉的聲音。／發動機是怎麼運轉的？／飛機在巡航的高度時，我不時聽到巨大的隆隆聲，聽起來就跟起飛時一樣，不過飛機感覺沒有在爬升啊。／天氣是如何造成飛機延誤的呢？為什麼天氣變差時，飛航交通系統好像整個崩潰瓦解了？／塔台在我看來滿過時的。駕駛都是在跟誰交談？在飛行途中，他們又是怎麼溝通的呢？／我們的航線很多都是Z字形而不是直線，為什麼呢？／往返美國與歐洲的航班經常會往北邊繞遠路，行經加拿大東北部，離冰島也很近。是不是因為怕有緊急狀況發生？／三個字母組成的機場代碼令我非常好奇，因為很多都沒有真正的意思。

第四章 靠天吃飯……131
空中人生的驚奇與怪事
坐對位置：螺旋槳、聚脂纖維及其他往事
機長、副機長、機師、副機師的差別在哪裡？／如何才能成為航空公司機師呢？／要通過哪些考驗與試煉，才能達到航空公司的條件？／受訓過的機師可以飛好幾種機型的飛機嗎？747機師能不能飛757？／以前大家都說機師薪水非常高，現在還是這樣嗎？／怎麼樣評鑑機師，予以加薪或升遷？副機長升上機長是誰決定的，又是根據什麼？／一直有人說機師瀕臨短缺，實際情況有多嚴重？／機師的班表一般是怎樣？／是否有必要擔心機師過度疲勞？該採取什麼措施呢？／區域航空機師的經驗多寡一直引起很大的爭議，乘客該注意哪些事呢？／那像精神或瑞安這些廉價航空呢？乘客該提高警覺嗎？貨機機師又怎樣？／有多少機師是女性？航空業內部文化會不會讓女機師較難生存？／聽說現代商務客機基本上可以全自動駕駛，這話的真實性有多高？遠端操控無人機真的可行嗎？／你說過，乘客只用降落是否流暢平順來判斷機師技術好壞，不見得公平。那要用什麼準則才精確呢？／對於傳聞中的「哈德遜河奇蹟」，你怎麼看？／偶爾會聽說有值勤機師沒通過酒測，常搭飛機的民眾該擔心嗎？／常看到機師戴著精細的表，那是做什麼用的？還有，你們隨身攜帶沉甸甸的黑色行李袋，那裡面放了什麼？／機組人員的飛機餐如何？機師會不會自備零食？／據說在航空業的輝煌時代，空服員跟機師常常徹夜開趴、在不同人的床上廝混。現在還是嗎？／聽說機師享有挺不錯的旅遊福利。
【小專欄】棲身之所：與派翠克．史密斯同遊……183

第五章……189
航途中
機艙裡的生活

北緯：大西洋空中的恐懼跟怨恨
打開遮陽板、豎直椅背、收起餐桌、調暗客艙的燈光，飛機起降為什麼有這麼多惱人的規定呢？／空中巴士的飛機滑行或在登機口時，客艙地板會傳來很大的嗡嗡聲，像狗在吠。地板底下到底發生了什麼事？／常聽到一些傳言說機艙的空氣不僅骯髒，而且充滿細菌。真是如此嗎？／駕駛會降低空氣中的氧氣含量，好讓乘客規矩聽話，這是真的嗎？／飛機停在航站時沒有冷氣，又是怎麼回事？／某次我搭的飛機才剛起飛就關掉了空調，機艙瞬間變得很悶熱。過了幾分鐘，飛機停止爬升、開始正常飛行後，冷氣才又打開。這是怎麼回事？／飛行途中，假如碰到奇怪或心態叵測的乘客想開某扇門，他們辦得到嗎？／機艙為什麼不裝大一點的窗戶，這樣子視野也比較好。／從窗戶往外看，我常注意到下方的厚實雲團表面有個圓形光暈，它像飛機的影子一樣，跟著飛機一起移動……／寵物在機艙底部過得如何？我聽說牠們都放在沒有暖氣、沒有加壓的地方。／為什麼要限制乘客使用手機與可攜式電子設備？它們真的會威脅飛航安全嗎？／每班航程我都會聽到一連串的叮咚或響鈴聲，這些信號是什麼意思呢？／某些航班中的廣播系統有個頻道，可以聽見機師與航管員的通訊內容，只是這個頻道常常是關著的……／安全解說為什麼設計得這麼冗長？大家根本沒在聽。／頭等艙、商務艙，還有經濟艙……，究竟有什麼差別？／登機過程像是一場噩夢。有辦法讓整個流程更順暢迅速嗎？／很久以前飛機降落時乘客都會一起鼓掌，現在還會這樣嗎？

【小專欄】往外看：高空中令人永生難忘的景致……229

第六章……一定會掉下來……235
災難、事故、杞人憂天的想像

機場抓狂了：機場保全大解密

能不能給害怕搭飛機的人一些鼓勵呢？／在駕駛的腦中，有哪些狀況是他們揮之不去的夢魘呢？駕駛最害怕的緊急狀況是什麼？／一般來說航空公司是不是會規定，如果發生緊急狀況，不能通知旅客以免引起恐慌？我能從空服員的眼中讀出這些訊息嗎？／假如搭飛機真的很安全，航空公司怎麼不公告周知呢？為什麼它們不標榜安全好招攬旅客？／有時候會聽說搭某些外國航空公司的班機會有危險。這種恐懼合理嗎？／澳洲航空真的沒有發生過死亡空難嗎？／要是澳洲航空不是最安全的，哪家航空公司最安全呢？／那廉價航空又如何？／捲入意外的機師後來都怎麼了？如果拯救全機的人免於災難，會不會得到獎勵？至於劫後餘生，卻被認定有過失的機師呢？／飛機輪胎一定承受很大的壓力。爆胎是不是很常見？／要不會開飛機的人駕駛噴射客機安全降落，成功機率有多高？／要是駕駛艙裡的人都沒辦法開飛機，那沒受過正式訓練的人有辦法讓飛機著陸嗎？／為什麼不在商務飛機上替乘客準備一人一個降落傘？總比時速四百英里撞到地面要好。／天空變得這麼擁擠，飛機相撞的危機有多大？／那麼，地面相撞意外呢？／九一一當天你有什麼遭遇？那天以後，飛航產生什麼改變？／商務飛機為什麼不在機身側邊開個門，當做駕駛艙唯一入口？這樣一來，想劫機的人就不可能進駕駛艙了。／我們需要擔心肩射式飛彈嗎？航空公司是否該在機上設下對應防護措施？／之前，有人提議研發一套機上軟體，一旦飛機遭挾，該軟體可以阻止飛機本身開往限制空域或城市上空。／幾乎每一樁著名墜機事故都有幾個陰謀論，你可不可以挑幾則出來，澄清流傳已久的疑點？

【小專欄】面面觀：空中犯罪活動鼎盛期……250
【小專欄】史上最悲慘的十起空難……268
【小專欄】「上路吧！」——史上最慘烈空難，特內里費島空難的恐怖與荒謬……298

第七章 讓人愛恨交織的航空公司 航空公司身分的陰陽兩面……309

I商標與塗裝／II名稱、標語，以及鹽包／你對美國國內航空公司的服務標準有什麼看法？／我認為美國航空業最大、普遍的失敗之處，不在飛行服務，而在於消息傳遞。他們缺乏即時提供顧客正確資訊的能力。／規模最大的航空公司是哪一家？／航空業的競爭這麼激烈，難道沒有帶給消費者什麼好處嗎？／請問過去免費，如今航空公司開始收費的項目有哪些？／有人會因為飛機延誤，被困在機艙裡好幾個小時，簡直是噩夢。為什麼會有這種情況？遇到這種狀況又該怎麼處理？／為什麼西南航空不走精緻服務路線，卻做得這麼好？／歷史最悠久的航空公司是哪家？／大家都在說航空公司會「共用班號」，共用班號究竟是什麼意思？／班機號碼是如何產生的？有一定的規律或理由嗎？／為什麼從美國飛往歐洲的班機總是在夕陽西下起飛、早晨到達，在一大清早把它們的乘客趕下飛機？／有些航線明明很短，航空公司為何動用大型客機？／飛行距離最長、中間不停站的航程是？／我搭過一架機鼻附近噴有名字的飛機。顯然飛機有時會像輪船跟船那樣，有自己的名稱？

航空術語怎麼說（給旅客的詞彙表）……361
作者的說明與感謝……371
中英文對照表……①

推薦序　解開隱藏在飛航中的祕密

饒自強

我常常受邀演講，大家似乎對天上發生的事情特別好奇，提出的問題五花八門。空中的世界始終是充滿奧祕的話題——「為什麼要限制乘客使用手機跟可攜式電子設備？」、「機艙的窗戶怎麼都那麼小？」如果你想知道答案，就不能錯過這本書！這本書淺顯易懂又有趣，關於飛機、航空、搭乘飛機所發生的種種問題，以及隱藏在飛航中的各種祕密，你都可以在當中找到答案。

飛行員不是容易的工作，有一定程度的門檻，想要夢想成真成為飛行員，需要透過學習大量專業知識、歷經艱辛的實地訓練，並且擁有膽大堅毅的心。我相信，有很多人對飛行抱持著憧憬，嚮往飛上藍天的體驗。如果能夠有一本書可以把飛機的科學技術、航空知識與飛航發生的有趣事件，用輕鬆的文字、真實的例證，以深入淺出的方式呈現，相信會滿足很多讀者的好奇心！

現代社會的進步，使飛航成為許多人的代步工具，如果能夠有機會了解飛航知識，引起閱讀動機，也是踏入這個特殊行業重要的第一步。

本書分為七章，從第一章飛機的相關知識、第二章大自然天候問題、第三章飛航中間那段神祕的過程，到第四章靠天吃飯、空中光怪陸離的驚奇事件、第五章航途中的種種與機艙裡的生活點滴，以及第六章人們對未知的豐富想像及恐懼，乃至第七章各航空公司的發展沿革與產業趨勢變化，從業資歷豐富的作者針對每個主題，均描寫精練深刻、娓娓道出，循序漸進地揭開有趣又專業的內容，深刻了讀者們對航空的印象。閱讀此書不僅能認識天空上面發生的事情，還可了解航空不為人知的另一面。這方面的書籍不多，無論你是否學習飛行，這本書都能開拓你對航空知識的認識。當你閱讀完此書，下次搭飛機時，相信能夠勾起回憶想到書中的內容，也更認識飛機上的注意事項，並產生解開飛機上謎底的共鳴，這會是相當有意思的事。

人生的際遇很難預料，對航空懷抱夢想的人，某個時間點如果能夠因為一本書的啟發，從而增長人生未來選擇的參考，不但點亮了人生路上的一盞燈，也是冥冥中一種牽引的力量。因此我欣然答應推薦這本飛航參考入門書，希望有更多人能從中獲益。

（饒自強先生為前長榮航空B747與A330機師、前空軍F-16戰鬥機飛行員。）

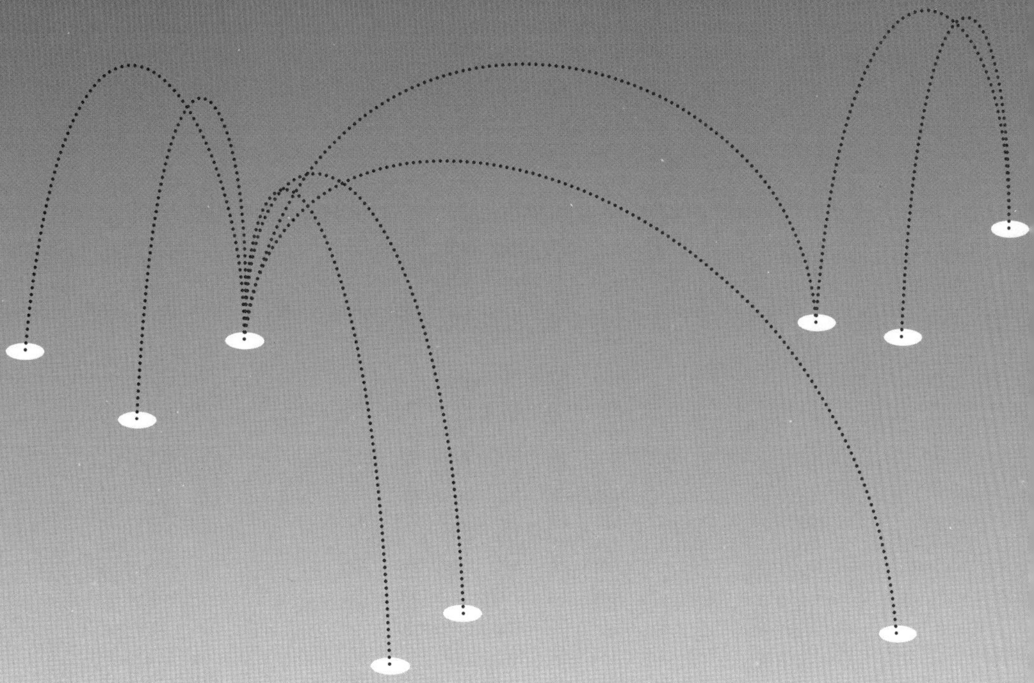

引言　畫家的刷子
The Painter's Brush

比起從前，如今空中旅行更加令人好奇、焦慮、憤怒，也更令人感興趣。在接下來的章節中，我會盡力為好奇的人提供答案，為焦慮的人提供保證，並且告訴不明內情的人他們意想不到的真相。

這做來並不容易，我將從一個簡單的前提出發：一切你認為你懂的飛行知識，全是錯的。我希望這是誇張的講法，但是對比我要釐清的事情，這不是令人難以接受的出發點。商業航空是不良資訊的溫床，各種毫無根據的說法、謬論與陰謀詭計摻雜在學理中的程度相當驚人，即使是知識和經驗俱佳的飛行員，也容易誤解其真正意涵。

這不令人驚訝。對數百萬人來說，空中旅行既複雜、不便又可怕，諸事皆是祕密。這行業被專業術語、保持沉默的企業與不負責任的大眾媒體所籠罩，更甭提航空公司絕非真實信息的提供者。但記者及電視台總喜歡以簡單卻聳動的方式描述它們，讓人們難以分辨哪些人事物值得相信。

我會盡力闡釋這一切。為了達成這項目標，我會說明飛機如何飛翔於空中——我會從基礎談起，解答那些惱人的迷思。不過這本書的重點不在飛行技術，我不會拿飛機的規格說明書來對你們疲勞轟炸。這本書也不是寫給機械狂熱分子，或對飛機構造早已深感興趣的人。我的讀者們不想看到航太工程師對噴射發動機的圖解，不想看到關於儀表板或流體力學的技術性討論。那些事情肯定會讓人昏昏欲睡——對我而言更是如此。對於飛機可以飛多快多高、線路與管路系統可以列出多少項重點，我們雖然的確感到好奇，但做為作者與機師，我對飛行的熱愛程度勝於對飛機本身，包括以航空旅行為背景，內容飽滿豐富的劇本——我喜歡稱它為空中旅行「電影院」。

我們這些長大後成為飛行員的人，大多不是大學畢業後才一頭栽入飛行這個行業。你任意挑個機師問他們為什麼熱愛飛行，大多數的人都會提到他們打從幼兒時期就喜歡飛行——那是一種無法言喻、與生俱來的喜愛。我本身確實如此。我小時候用蠟筆畫的總是飛機，在學會開車前就開始上飛行課程。話雖如此，我從未遇過像我一樣喜歡飛行的機師。我並沒有極度迷戀天空或飛行時需要隨機應變的刺激感。當我還小時，親眼目睹一架「派柏幼熊」的飛機並不會讓我覺得興奮，欣賞藍天使特技小組表演筒滾飛行五分鐘就能讓我哈欠連天。讓我感到著迷的，是航空公司的工作內容：他們所開的飛機以及他們前往的地方。

五年級時，我已經可以從中間引擎進氣口的形狀（橢圓，非圓形）辨識出波音727-100跟727-200的不同。我可以花數個小時坐在房裡或飯桌旁，悶頭鑽研泛美航空、俄羅斯航空、漢莎航空，以及英國航空的航線圖和時刻表，將航線行經的各國首都背起來。要是哪天你坐在經濟艙窄小的座位上，不妨翻閱一下機上雜誌末尾的航線圖。我也可以花數個小時研讀三摺頁，以及蜂巢狀的城市配對航線圖，沉浸在菜鳥機師的興奮感中。我認得所有知名（以及許多不知名）航空公司的標誌和機身圖案，能用彩色鉛筆直接畫出來。

因為如此，我像學透飛行一樣的學透了地理。對大部分機師而言，航線地圖上那一條條線下的世界，從不曾在他們的眼前具體化過，他們對於機場柵欄或臨時飯店周圍以外的國家及文化，只感到一點點好奇，甚至完全沒有興趣。而對其他包括我在內的人來說，有種觀點會讓事情變得有意義——會讓人感到興奮的，不單只是從空中移動到某個地方，而是**前往某處**。你不只是在飛行，而是在旅行。搭機與旅行、旅行與搭機是種澈底且美妙的結合。這難道不是同一件事嗎？對我來說，是的。正所謂連鎖效應，假使我一開始沒有愛上飛行，我就不會利用閒暇時間遊走這麼多國家——從柬埔寨、波札那、斯里蘭卡到汶萊。

如果說曾有那麼一瞬間讓我明白上述兩者的關聯，那一定是幾年前，在東非的馬利度假時的某個夜晚。雖然我能寫好幾頁談東非的奇人軼事，但整個旅程中，最美好的時刻是從巴黎起飛的飛機在巴馬科機場著陸後，我們共兩百人在夜半時分從樓梯步入深沉夜色中，空氣中充滿著神祕與柴火味，軍事風格的聚光燈打出來的黃色光柱，交叉映照在停機坪上，我們被謹慎地在飛機旁排成一列，繞了機體後半部後才前往入境大廳。繞行的過程令人感覺好像在參加祭典與儀式。我仍記得走在法航那高聳入天、藍白相間的尾翼下方時，那具輔助渦輪引擎的轟鳴聲響徹夜空。一切都是那麼地讓人興奮而且——容我用個政治不正確的用語——富有異國風情。而載運我們到此處的，就是那架不可思議的飛機。搭乘船隻或穿越沙漠數週才能完成的一趟旅行，搭飛機短短幾個小時便已結束。

雖然我認為航空旅行與文化彼此互有關聯，但兩者之間卻有著明顯的區隔。不會有人在乎自己是如何到達某處的——人們冷漠地將「前往一地的方法」與「目的地」兩者區隔開來。對大多數人而言，不論前往堪薩斯或加德滿都，搭飛機都是必要之惡，而不是旅途的一部分。我有一任女友是藝術家，她對十七世紀維梅爾在作品中怎麼處理光了解透澈，卻完全無法理解我的想法。如同其他人，她認為飛機只是種工具。她相信天空是畫布，噴射客機只是可隨意棄置的畫筆。我無法贊同她，因為畫筆的筆觸代表畫家的靈感。沒有航途的旅行會是什麼樣子？

如今人們已將飛行視為另一門厲害但又沒什麼了不起的技術。我坐在波音747這樣一架倒立起來有二十層樓高的飛機裡，在太平洋上方三萬三千英尺的高空，以時速六百英里飛往遠東。和我同機的乘客都在做什麼呢？抱怨、生氣，煩悶地敲著筆電。我鄰座的先生因為汽泡水瓶子上有凹痕而很不滿意。這也許是種對於成熟技術的體認。一項事物一旦取得進步，原本的非凡都會變為平凡。然而，當我們開始或多或少從根本上將司空見慣與單調乏味畫上等號，不就意味我們失去寶貴的洞察力嗎？

當我們對飛機報以冷笑——對只要付幾百美元，就能以接近音速的速度展開旅途這件十足感人的事，感到不屑一顧時，難道我們沒有喪失一些重要的事物嗎？我明白這讓人難以認同，畢竟提到搭飛機，一般人想到的往往是：長時間的航程、惱人的誤點、機位超售，以及有嬰兒哭鬧不停。事先說明，我並非讚揚小座位的美德，或是半盎司小包裝綜合餅乾的美味之處。有關當今航空旅行的輕蔑言詞及麻煩之處，已不需要多加贅述。但信不信由你，飛行仍有許多可供旅客仔細品嘗及欣賞的特點。

如今我們已經可以自由飛行了。說這話時我感到猶豫，但事實的確如此——除了航空技術已十分發達、飛航的安全紀錄十分卓越，現在即使燃料費用激增，飛機票價仍便宜得驚人。沒錯，在幾年之前，旅客就寢前，還能享受一頓由身穿燕尾服的空勤人員所送上，包含多達五種料理的套餐。我初次駕駛飛機是在一九七四年：我仍記得我父親穿西裝、打領帶搭乘國內航班，在大約九十分鐘的飛行時間裡吃了雙份起司蛋糕。當時搭飛機非常昂貴，這是現今許多人無法理解的。在以前，大學生不可能在聖誕節假期在家打包行李，準備搭機度假；人們可沒有機會因為未能在最後一分鐘成功購得只要九十九美元的機票，而無法前往拉斯維加斯或馬略卡島、普吉島享受假期。飛行曾是人們偶爾放縱時才會接觸的奢侈品。在一九三九年，搭乘泛美航空的波音314往返紐約與法國，需花費七百五十美元，換算成現在的幣值超過一萬一千美元。到一九七〇年，從紐約飛往夏威夷的花費大約是現在的兩千七百美元。

萬事萬物不斷變化著。飛機變得更有效率；波音707及747讓長途飛行的費用變得親民；而開放天空則長久地改變了航空公司彼此競爭的方式。是的，飛行不再像從前那麼享受、那麼舒適，但卻成了平民生活的一部分。

我已經懂得不去低估人們對航空公司的蔑視程度，以及他們到底有多討厭飛行。儘管當中有些輕視沒話說，但大部分都是不公平的。今日，旅客可以帶著背包、穿著人字拖，以每英里幾分錢的費用橫越海洋，以近乎絕對的安全及百分之八十五的準點率抵達目的地。這樣的旅行真有那麼糟糕嗎？同時，假使你真的極度渴望重溫昔日奢華的飛航黃金歲月，你大可購買頭等艙或商務艙機票來實現夢想——它們的票價比五十年前還便宜呢。

CHAPTER 1

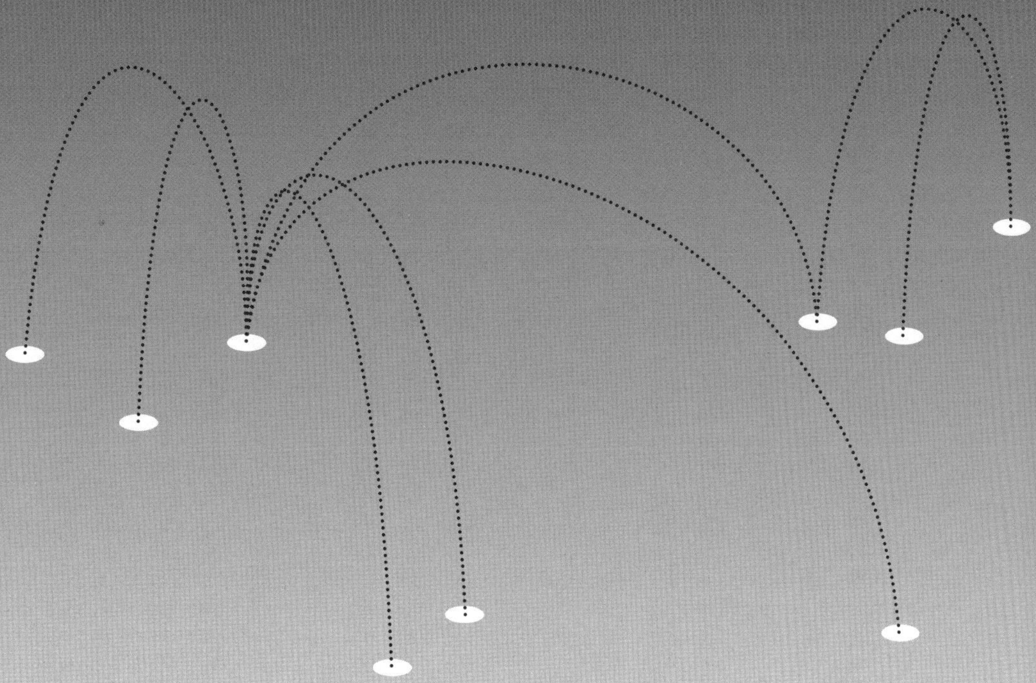

飛機本身
從機翼與飛行速度的單位「節」談起……
Plane Truth

入門問題：飛機是龐然大物，還載著這麼多旅客跟貨物，要怎麼在空中飛行呢？

沒錯，門外漢對飛機最好奇的就是這點了。能讓一架重達好幾千磅的機器順利升空，就算稱不上奇蹟，至少也是一項了不起的成就。其實飛機起飛的原理相當基本，也很容易示範操作。下次你在高速公路上開著豐田汽車時，將手臂伸出窗外，與車身垂直、與地面平行。接著稍微將手臂向上彎曲，逆風前進，這麼一來會發生什麼事呢？你已經打造了一片機翼，你的手臂已經在「飛行」了。只要將手臂一直彎在適當角度，並維持夠快的車速，你就會持續飛著。因為氣流將你往上托，你才飛得起來，飛機也是這麼回事。當然，你的車子沒有真的飛向天際，不過還是請你想像你有一雙超大的手，汽車也有足夠馬力開得非常快。飛行時有四個作用力，若要成功飛翔，作用力之間必須達到正確的差值：推力大於阻力、升力大於重力，或是像奧維爾．萊特（Orville Wright，萊特兄弟中的弟弟）所說的：「飛機之所以持續飛行，是因為它沒空往下墜。」

在飛行基礎課程也會介紹「白努利原理」，這個原理以丹尼爾．白努利（Daniel Bernoulli）命名，他是十八世紀的瑞士數學家，從來沒見過飛機。這個原理表示，流體被迫流經狹窄通道或彎曲表面時，流速會增加，壓力會同時降低。以飛機飛行來說，原理中的流體就是空氣，因為機翼上方為弧形（因此氣體壓力較小），所以空氣流經機翼上方的速度較快，因此產生了向上的升力，也可以說機翼浮在一個高壓的緩衝墊上。

一定會有人怪我把飛機的原理講得如此簡略，但這真的是飛行的主要原理：白努利提出的壓差理論，還有將手伸出車窗、使空氣分子偏向這種非常基本的操作，都能解釋飛行當中不可或缺的元素：升力。

沒有升力的情況稱為失速。這個簡單的概念同樣能用高速公路的情境來模擬：手臂彎曲得再陡一些，或是將車速減低到某個程度，手臂就停止飛翔了。

多看了一眼機翼的細節之後，飛機的運作好像更複雜。

沒錯。你的手臂確實能飛——真的，如果在磚塊下方供應足夠的氣流，連磚塊也飛得起來——只可惜手臂並不擅長飛行。噴射客機的機翼必須非常善於飛行。飛機在巡航期間，機翼的節能效果最為理想，而這種情況通常發生在很高的高空，對多數飛機來說沒有音障的情況下。但是飛機在低空飛行與低速的情況下，仍必須顧及效率，這就是工程師還有風洞必須解決的問題。整個機翼的橫側面，氣流環繞起作用的地方，就稱為翼切面。翼切面的結構製作精細，從翼剖面與翼展向來看，整個機翼的形狀厚度，從前端到後方、從翼根到翼尖都各有變化，這些變化是依據空氣動力學的計算，那是你我都無法完全理解的專業領域。

機翼裝載了一系列額外的構造，像是襟翼、前緣縫翼，還有擾流板。襟翼往後方及下方延伸，讓翼切面更加彎曲，藉以保持低速飛行的安全及穩定度（雖然實際調整的細節視情況而定，不過民航客機起降時都會延展襟翼）。機翼內側與外側皆有小單位的襟翼組合，它們之間水平分層。前緣縫翼位在機翼的前端，能夠向前開展，作用與襟翼相同。擾流板則是一塊立在機翼上方的長方形板子，站立於機翼的擾流板能干擾通過機翼的氣流，破壞升力的同時，增加大量的阻力。飛行過程中，擾流板用來提升下降率，著陸時則能協助減速。

我頭幾次搭飛機時，有一次坐在727靠窗的位子，正好在機翼後方，我就親眼目睹飛機下降時，整個機翼看似分解的過程。我看著大型的三開縫式襟翼往下開展、擾流板起伏波動，還有前緣縫翼向下移動到作業位置。神奇的是，你幾乎可以直接看到機翼的核心，就像是目光貫穿動物遺骸的骨架一樣，地面的房子、樹木都紛紛從機翼開展的縫隙中顯露出來。

你或許有注意到噴射客機的機翼是向後彎曲的後掠翼。機翼畫過天際時，空氣分子會加速通過機翼的弧線，當速度提升到與音速相同，會有一股震波沿著機翼表面形成，就有可能會減低升力。所以將機翼向後伸展便能引導出一個更合適、更符合機翼展向的流場。飛行速度較快的飛機，機翼的掠角會大於四十度；速度最慢的飛機，機翼則是幾乎完全垂直機身。機翼從翼根開始往上翹，能夠抵銷飛機橫向滾轉或偏離的傾向（這種傾向稱為偏航）。這種機翼上翹的情況稱為上反角，從機頭向後看能看得最清楚。蘇聯有一款飛機則正好相反，該飛機運用反向的設計，稱為下反角，讓機翼向下傾斜。

機翼是飛機的一切，對飛機的重要程度，就如同汽車底盤之於汽車，或是車架之於腳踏車。大型機翼能提供大量升力，波音所有機型中最重的是747，747有將近一百萬磅重，足夠的升力便能在速度達到一百七十節時讓它起飛。

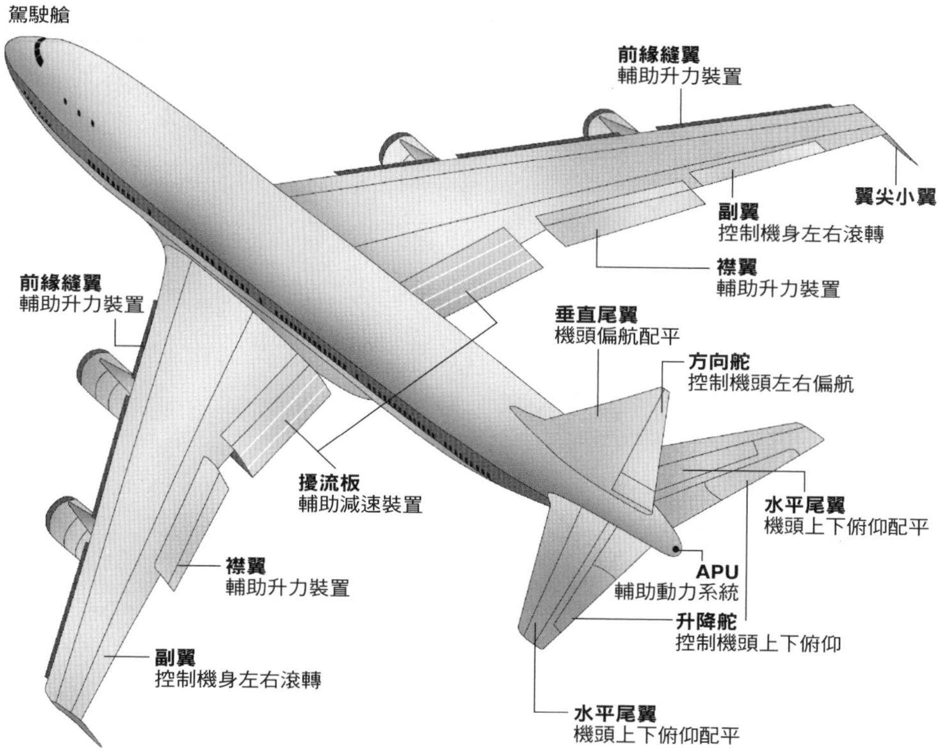
駕駛艙
前緣縫翼
輔助升力裝置
翼尖小翼
副翼
控制機身左右滾轉
襟翼
輔助升力裝置
前緣縫翼
輔助升力裝置
垂直尾翼
機頭偏航配平
方向舵
控制機頭左右偏航
擾流板
輔助減速裝置
水平尾翼
機頭上下俯仰配平
APU
輔助動力系統
襟翼
輔助升力裝置
升降舵
控制機頭上下俯仰
副翼
控制機身左右滾轉
水平尾翼
機頭上下俯仰配平

飛機的操控面

什麼是「節」(knot)?

作家大衛・華萊士(David Foster Wallace)在他的著作《本該很有趣,但我絕對不會做第二次的事》(*A Supposedly Fun Thing I'll Never Do Again*)裡寫到,他搭乘一艘大型郵輪時,屢次聽人提到「節」,他一頭霧水,一直搞不清楚「節」是什麼。我發現華萊士其實是在故弄玄虛,他是數學專家,哪會不知道那是什麼:「一節」指的是一個小時前進一海里,這個術語同時應用在航海與航空。只不過這邊用的是海里,而不是法定英里。海里比英里稍長(分別是六〇八二英寸對比於五二八〇英寸),所以每小時一百海里會比每小時一百英里來得快一些。這個字的由來,是因為從前人們會從船上拋出打了結的繩子,藉此測量距離。一海里等於赤道一分(六十分之一度)所對應的弧長,所以每一度(六十分)就代表六十海里,整個地球有三百六十度就能換算成二萬一千六百海里,等同於整條赤道長度,也就是地球的圓周。

除了襟翼跟前緣縫翼,機身外部其他會動的構造也讓我百思不解。我看見一些上下移動的片狀外殼,而在機尾的則是左右擺動……

翱翔天際的鳥兒需要改變飛行方向時,會彎起雙翅與尾巴。以前的飛行員先驅為了模仿鳥類的特性,便在早期的航空器上安裝了可彎曲的機翼。現在的航空器已經不是用木材、布料或羽毛來組裝,而是由鋁合金與其他高強度複材打造而成,機身安裝了各種可動式設備,透過液壓、電力系統運作，或是手動控制纜線，我們就能在空中攀升、下降，還有轉彎。

機身後段上方是尾翼，或稱「垂直尾翼」，從外形就能判斷它的作用：保持航向筆直。在尾翼後緣以鉸鏈固定的是方向舵。方向舵不控制轉向，只提供輔助，主要功能是讓機身保持穩定，調節左右晃動或是偏側。有些方向舵會分為幾個不同區塊，依據空速來決定一起或是分開運行。雖然駕駛可以透過腳踏板來控制方向舵，但控制方向舵的多數工作都是由名為「抗偏器」的裝置自動完成。

尾翼下方有一對小型機翼，有時是固定在尾翼上，名為水平尾翼，在其尾端可移動的部分叫做升降舵。駕駛只要將操縱桿或駕駛柱往前推或向後拉，就能指示升降舵，控制機頭上下的俯仰。

位在機翼後緣，負責控制轉彎的是副翼，駕駛可透過操縱桿或駕駛柱來控制副翼上翹或下壓。兩個副翼彼此連結，並施以相反的作用力：如果左側副翼上翹，右側副翼就會下壓。上翹的副翼會降低該側的升力，使那一側的機翼下降，副翼下壓的話情況則是相反。副翼只需極微小的動作，就能讓飛機轉個大彎，所以乘客很難察覺到副翼在動。飛機轉彎傾斜時，機上的人時常感覺不出任何動靜，其實副翼已經發揮作用，只是相當細微而已。大型飛機的機翼各有兩個副翼，分別在外側與內側，根據速度成對或獨立運作。前面提過的擾流板也能在轉彎時提供部分輔助，所以經常跟副翼連結在一起。

所以大家就了解，即使是簡單的轉向俯仰，都像是一齣舞碼，需要全體可動裝置協力合作。但是先別急著想像倒楣的駕駛雙腳亂踢、發瘋似地抓著駕駛桿的模樣，大家要知道，每個獨立的零件其實都彼此關聯，只要對操縱桿或駕駛柱下達一個指令，就會引發機身外一連串的運作。

更讓人混亂的是，方向舵、升降舵、還有副翼都各自裝有較小的調整片，在主面板上獨立運作。這些「配平片」就是用來微調飛機的俯仰、翻滾、偏航等動作。

如果目前為止你都跟得上，先別急著記住剛才讀到的事。幾乎前面提過的所有零件，在不同飛機上都各有特別的差異，要是你知道這點一定會相當驚訝。我駕駛過的飛機中，有一架它機翼上的擾流板是著陸後才使用，有的飛機的擾流板是特別用來協助轉向的，還有一些飛機的則仍然用來在飛行時協助減速。有幾架波音機型不僅具有傳統的後緣襟翼，也將襟翼跟前緣縫翼一起裝在機翼前緣。協和式客機沒有水平尾翼，也就沒有升降舵，但它具有「升降副翼」，這個留在後面跟「襟副翼」一起介紹。

很多飛機的機翼尾端都有翹起的小翅，它們的作用是什麼？

機翼下方的高壓氣流跟上方的低壓氣流會在翼尖匯流，產生亂流。翼尖小翼（winglet）念起來輕柔，作用也是如此——它能幫忙讓氣流匯集得更和緩、降低阻力，進一步提升飛行距離與效率。因為飛機在空氣動力學上有不同的辨識特徵，所以翼尖小翼絕非必要，也並非總是符合成本效益。舉例來說，波音747-400跟A340配有翼尖小翼，但同樣是長程廣體客機的777就沒有。現在燃料經濟是優先考慮項目，但在過去不是，翼尖小翼的優點也是最近才為人所知，所以老舊的機型並未設計翼尖小翼。某些飛機——包含757與767在內的一系列機型——可以選擇加裝翼尖小翼，或者將它用於改造。替飛機加裝翼尖小翼需花費數百萬美元，所以航空公司會評估是否值得花這筆錢，來節省長途飛行的燃料，這一切都視航程不同而定。日本買了幾架波音747，特別用來執行承載量高、航程短的國內航線，這些飛機就沒有安裝翼尖小翼了。飛較短的航線時，翼尖小翼的節省比例相當低，將它移除能讓飛機更為輕盈，維修養護起來也更簡便。

飛機外觀的美感就純屬個人品味了。我發現某些噴射機裝上翼尖小翼後顯得很迷人，A340就是一例，但有些機型裝了就不好看，比如767。翼尖小翼的外形各異，有些又大又顯眼，有些只是微微向上翹而已。有了「融合式翼尖小翼」，機翼從翼跟到翼尖的弧線就比較圓滑平順。像是787以及空中巴士A的翼尖小翼外形與機翼更整體，稱做「傾斜式翼尖小翼」。

從機翼底下突出來，外形像獨木舟的那些長型引擎箱是什麼？

那些流線型設備只是外殼，它們稱為整流罩，有助於避免形成高速震波，基本上它們的作用不是那麼必要，就是使襟翼延展時在內部周圍形成的氣流變得平順和緩。

曾經發生這樣的事：一群旅客發現他們搭乘的飛機沒有整流罩後，感到非常驚恐，因此拒絕起飛，因為他們認為「缺了一部分機翼」——爾後媒體也是這樣報導的。其實當時整流罩是被一輛冷藏食勤車撞毀，所以取下來維修了。雖然飛行時沒有安裝整流罩可能會多耗一些燃料，但飛機還是能順利飛行（飛行時允許不加裝哪些裝備、可能會有多少油耗／性能損失，這些在飛機的外形差異手冊裡都有清楚說明。〔參見85頁，第二個問題的回答〕）。

噴射客機能特技飛行嗎？747能翻觔斗或倒著飛嗎？

理論上每架飛機或多或少都可以做一些特技，從繞圈翻筋斗、筒滾，到反向倒轉錘頭式英麥曼回旋（在一九五〇年代後期的某次飛行表演，一架波音707便刻意顛倒滾轉）。不過要具有花式飛行的能力，幾乎得完全倚靠額外的推力或馬力才辦得到，一般商業用客機由於重量的關係，基本上引擎的強度不足以支持花式飛行，所以最好別這麼做。民航客機的零件不是為了特技而設計，也沒有打算承受任何損傷或更糟的狀況。再者，要是真的花式飛行，清潔人員就得徹夜奔忙，刷洗潑灑出來的咖啡漬與乘客的嘔吐物。

或許你會很好奇，照我前面所說的，如果機翼向上彎曲、襟翼向下延展，就會產生一股壓力差帶來升力，那怎麼會有飛機能夠倒著飛呢？如果倒著飛，難道升力不會反向作用，迫使飛機朝地面飛嗎？某種程度來說確實是這樣沒錯，不過正如我們所見，機翼透過兩種方式來製造升力，白努利的壓差原理比較次要，基本的偏向其實重要得多。駕駛員要做的，就是將機翼維持在正確的曲度，使足夠的空氣分子偏向，從顛倒的翼切面而來的反向升力就能輕易被風箏效應抵銷。

你說過你無意拿一堆專業術語對讀者疲勞轟炸，也說過「討論噴射發動機的運作原理」，肯定「會讓人昏昏欲睡」。其實，要是你不介意，我還是想知道噴射發動機到底是怎麼運作的。

想像一下發動機的解剖模型，它就像是一組連續緊接的旋轉圓盤——就是壓縮機及渦輪。發動機將空氣吸入之後直接導入快速旋轉的壓縮機，空氣緊密壓縮後與汽化燃油混合，接著開始燃燒，燃氣就從後方的噴嘴呼嘯而出。在這些燃氣排出之前，旋轉的渦輪吸收了部分能量，渦輪就藉此轉動壓縮機與發動機前端的大型風扇。

較老式的發動機的推力，幾乎都直接取自這些高溫噴射氣體，但是以現代的發動機而言，前方的大型風扇才是最大功臣。你可以將噴射機想像成一種導管型的風扇，由一系列渦輪與壓縮機來運轉。由勞斯萊斯、通用電氣，還有普惠所開發的最強大發動機，可以產生超過十萬磅的推力，而推力能用來協助電力系統、液壓系統、加壓系統以及除冰系統，所以你才會常聽到人們形容噴射發動機為「發電廠」。

渦輪螺旋槳是什麼？

現今所有螺旋槳驅動的商用客機，都是使用渦輪螺旋槳做為動力裝置，渦槳發動機其實就是渦輪噴射發動機。既然如此，飛高度較低還有距離較短的航程時，為了提升效率，壓縮機與渦輪會驅動螺旋槳，而不是風扇。大致上來說，這就是一個噴射動力式的螺旋槳。渦槳發動機裡面並沒有活塞，也不要把「渦輪」跟汽車的「渦輪增壓器」搞混，兩者是截然不同的東西。渦輪螺旋槳比活塞引擎更為可靠，其功率重量比也更佳。

渦輪噴射發動機跟渦槳發動機都是使用噴射機燃油，噴射機燃油基本上就是改良過的煤油，也就是將露營燈用的油重新排列置換的產物。煤油加工後的產物有不同層級之分，航空公司選用的稱為渦輪機煤油。儘管電視轉播的飛機失事畫面中，飛機都燒得跟火球一樣猛烈，但噴射機燃油其實很穩定，至少在原子化之前都不像你想像的那樣易燃。將點燃的火柴丟入油坑中都不會起火（不過要是有人真的這麼做導致任何損傷，本人與出版社恕不負責）。

我注意到機尾下方有個會排放某種氣體的洞，那是什麼？

那是小型的噴射發動機，稱為輔助動力系統（APU），主要發動機休息時，就用它來供應電力與空調，主要發動機運轉時它則擔任輔助角色。所有現代的民航客機都裝有APU，通常裝設在機身後段的機尾下方。如果你用舊式登機梯登機時，聽到一股噴射發動機的嘶嘶聲，聽起來像是同時打開一萬台吹風機，那正是APU的聲音。

啟動主要發動機的高壓氣體也由APU供應。在大型飛機中，內部電池的能量不足以啟動發動機，使發動機旋轉，而APU供應的氣源則可以。史上第一架使用APU，並將它視為標準配備的商用客機，是一九六四年登場的波音727。在這之前，會有個裝置與飛機的氣壓導管連接以供應氣體，這個外部裝置稱為「氣源車」。如果現在緊急調度飛機，而APU無法運作時，也可能看到這類氣源車上場，用來啟動第一具發動機，之後再由第一具發動機供應氣源給其他發動機。

多數渦輪螺旋槳並非由氣壓啟動，而是電力驅動。在沒有APU、電池能量又不夠的情況下，地面電源機（GPU）就會派上用場。GPU由一輛牽引車在前方拖著，看起來就像在路邊工地會出現的發電機。

假如輔助動力系統是供應飛機在地面時的電力，為什麼我們常看到飛機在登機門候機時，發動機在運轉呢？

你誤會囉。飛機還在登機門時，幾乎不會讓發動機運轉。即使是和緩的微風都能讓風扇快速轉動，所以你看到的是風吹動的第一級風扇。你或許會認為這個解釋說不通，畢竟飛機周圍有建築物，飛機面對的方向也有可能是錯的，但風其實是從後方而來，所以風扇才會轉動。以新式發動機來說，多數進入發動機的風都是圍繞著壓縮器與渦輪的中心吹動，提供後方的扇葉一股明確的噴射氣流。

那麼一架民航客機到底要價多少錢？

你相信一架全新的空中巴士A330或波音777要兩億美元嗎？你相信全新的737要七千萬美元嗎？即使是多數旅客無法忍受的小型區域航線客機，它們大多也要好幾百萬美元。一架高檔的區域噴射客機或一具渦輪螺旋槳，定價兩千萬是跑不掉的（下次當你一邊踏上登機梯，一邊揶揄你搭的飛機像是用橡皮筋提供動力的，要記得這些飛機其實要價不菲）。二手飛機的價格差異甚大，依照年齡、升級情形，還有保養維修的狀況而定。發動機的狀況影響最大，光是發動機本身就值數百萬美元了。維修保養當然也至關重要：距離下一次翻修還有多久？翻修的內容細項為何？一架二手的737有可能只值兩百萬美元，也有可能要價兩千萬美元，全看它的狀況而定。

波音飛機跟空中巴士的品質有差嗎？我印象中空中巴士的製造成本好像比較低廉。

我不喜歡這個問題，這向來很難回答。先不管製造商，像是「成本低廉」這種說法相當貶低航空公司。絕對沒有飛機是成本低廉的。波音跟空中巴士有很多相異之處，它們依循著不同的製造及運作原理，兩者各有優劣。兩間公司偶爾會引發爭議：空中巴士曾被批評因為仰賴自動控制的緣故，導致在某些情況下，駕駛無法取回飛機的主控權。而對波音來說，方向舵故障是很大的困擾，這問題在一九九〇年代至少導致兩場嚴重的墜機事故。不過，從統計數據來看，兩者安全性方面沒什麼值得一提的差異，那些判定究竟孰優孰劣的討論，都在研究系統的具體細節——這些細節會瑣碎到讓你大打呵欠（我也不例外），而且也不至於明顯到會發出乒乓聲、嘎嘎聲、呼嘯聲，或是讓乘客一眼就能察覺的異狀。對駕駛而言，這個問題總歸於個人偏好，換言之，這無關乎品質或缺陷，單純是機型樣式的差別。這種問題就像是拿蘋果電腦跟其他品牌的電腦比較，兩邊都各有擁護者跟反對者。

我應該要找能比較快到達目的地的機型嗎？

在更高海拔的位置，速度是用「馬赫數」這個量詞來表示。馬赫是以恩斯特・馬赫命名，指的就是音速，馬赫數則是音速的一個比率。長程飛機的速度比短程飛機略快一些，波音747、A380或是777的速度，通常是〇・八四或〇・八八馬赫（音速的八十四%到八十八%）。至於較小架的噴射客機像是737或A320，馬赫數通常落在〇．七四與〇．八之間。我所駕駛的761的巡航速度介在〇．七七到〇．八八之間。每段航程的理想速度都不同，如果飛機能準時抵達，而且需要考慮到燃料使用，我們就會制定出最符合燃料使用效率的馬赫數；如果飛機已經要遲到了，而且不用擔心燃料問題，我們就有可能飛得快一些。飛行計畫裡面也會告知駕駛建議的馬赫數。

以往返紐約與東京的十三個小時航程來說，馬赫數的差異就有影響，微幅調升馬赫數能少飛幾分鐘，但是對於較短的航程來說這其實無關緊要，也沒有必要為了準時而特地換另一架飛機。不管怎麼樣，決定飛行速度的是「飛航管制」（ATC）的限制，而不是飛機的性能，特別遇到短程的航班，飛航管制員會依照慣例要求駕駛加速或減速。

多數飛機巡航時的馬赫數都位在次音速與超音速的界線，這個界線不只是空氣動力學方面的一件瑣碎小事。愛因斯坦在他提出的光速謎題裡談到，突破音障時所需的能量會大幅增加，如果叫一個窮人來詮釋這個理論，這個障礙就不單只是物理難題，成本預算才是最大的負擔。飛超音速航程時，飛機需要配備完全不同的機翼，燃油的用量也會飆升。還記得協和式客機嗎？導致協和式客機迅速退役的主要理由，並不是二〇〇〇年那場墜毀巴黎市郊的空難悲劇，而是其營運成本相當驚人。綜合以上種種原因，撇除我們在前面看到的技術進步，商用噴射客機的巡航速度從來沒有變過，假如有的話，那就是二十一世紀的飛機與三十年前的飛機相比，速度還稍微慢了一些。

哪一架飛機的航程最長呢？

在所有商用客機當中，波音747-200LR的航程長度是第一名的，有些能飛行二十個小時跨越九千海里，有些則是不需要補充燃料。幾乎全世界的主要城市之間，都有這款航程長得驚人的飛機提供服務連結它們彼此（參見354頁）。航程長度緊追在後的是A340-500，這款飛機首先是由阿聯酋航空與新加坡航空所採用，近期有一些A380、777，還有747的衍生變化型號，雖然相比之下性能差了一些，但還是能稍微與前兩名匹敵。

其實海里數並非衡量航程長度最正確的標準，最精確的指標是續航力，指的是飛機能在空中待多久。續航力會隨著飛行高度、巡航速度與其他因素而有所改變。當然，飛機的尺寸也不是它能飛多長（或飛多久）最恰當的指標，古老的空中巴士A300大概就是最佳例證，這款飛機雖然可以容納二五〇名乘客，但它卻是特地為了中短距離的航程而設計。當然，也有那種僅供九人搭乘的私人公務飛機，卻能飛十一個小時。不假思索地斷定一架飛機的飛行能力比另一架好也不甚公平，空中巴士A340的能力有遙遙領先波音747嗎？有些有，有些沒有。從技術層面來看，像是發動機的類型還有副油箱，這些都能幫助我們判斷飛機的續航力。注意下面所使用的破折號，A340不只有一種款式，還有A340-200、-300、-500，還有-600。波音系列也有-200、-400、-800、LR（長程型）、ER（增程型）等等。主要型號後面所加的一長串後綴詞尾，也不一定能完整表達該飛機的性能特色。A340-500跟A340-600比起來尺寸較小，但是航程更長，777-200LR也比體形較大的777-300ER來得更為持久。

目前為止都了解嗎？如果你喜歡閱讀充滿星號跟印刷小字的圖表表格，就盡情去製造商的網站一探究竟吧。

飛機有多重呢？

飛機在不同運作狀態下，有不同的重量限制。滑行、起飛，還有降落，都各有重量限制。空中巴士A380的最大起飛重量超過一百萬磅，波音747則高達八十七萬五千磅，757大約是二十五萬磅，而A320或737的重量約莫是十七萬磅。一架五十人座的渦輪噴射機或區域航線客機，最大起飛重量大概是六萬磅。以上數據都是最大值，實際的最大起飛重量會隨著天氣狀況、跑道長度，或是其他因素而變動。

乘客完全不需要透露自己的確切腰圍，航空公司很明顯是採用普遍的粗估值，來衡量乘客及行李重量。這些估測值——一名乘客是一百九十磅（包含登機行李），每件託運行李是三十磅——在冬天會微幅調高，因為冬天的衣物較重（請不要問我那跨越兩種氣候的航路要怎麼辦）。搭機乘客的重量被納入基本操作重量（BOW）當中，BOW是另一個數值，用來表示飛機本身的重量，當中包含各種裝備、補給品，還有機組組員。如果把燃料跟貨物也算進去，就變成「停機坪」重量或是滑行重量了，而將滑行時使用的燃料扣除之後就是起飛重量。

重量及其分布當相當重要，一架飛機的重心會隨著燃料消耗而轉移，開始飛行之前會先算出飛機的重心位置，起飛降落時也必須將重心維持在限定範圍內。飛機駕駛都受過有關重量與平衡的專業訓練，但實際上這些辛苦的工作，都是由裝載管制員及簽派員來執行。

有一次我們要從鳳凰城起飛，當時溫度高達攝氏四〇·五度，有幾名乘客被請下飛機，因為航空公司說天氣太熱了，沒辦法載那麼多人。

熱空氣的密度比冷空氣來得小，因此對升力還有發動機的表現都有負面影響，起飛滾行會需要更長的時間，爬升角度也比較小。在天氣非常熱的情況下，飛機在某些跑道上的表現可能無法符合安全限度——安全限度包含爬升梯度參數，還有飛機在一定距離內如果起飛失敗就必須停止。飛機每次起飛時，都會依據天氣狀況與跑道長度來決定重量上限。用少量燃油來執行短程航程並不是問題，但是油箱滿載或酬載較重會讓飛機瀕臨限制邊緣，所以貨物跟乘客有時候就會被請下飛機。有些飛機手冊會明文規定最高作業溫度，一旦溫度到達某個臨界值，從空氣動力學的角度來看，飛機的性能就會有極大耗損，零件也會過熱。其實這個臨界標準還滿高的，大約在攝氏五十度，不過一旦超過限制，飛機就會立刻停飛。

氣溫會造成影響，飛行高度同樣也會。飛行高度愈高，空氣就愈稀薄，如此一來飛機在空氣動力學上的效率便會降低，也會影響到發動機的輸出。位於高海拔的機場通常會降低酬載量，墨西哥市的機場位在海拔七千四百英尺的地方，就是極佳例證，其他像丹佛、波哥大、庫斯科還有其他城市都是如此。有好幾年，在性能更好的飛機誕生之前，南非航空往返紐約與約翰尼斯堡的航線，只有從紐約往東飛往約翰尼斯堡的單向航線可以直飛，不用中途停靠，會這樣做的一部分原因正是飛行高度的關係。但在回程的時候，從海拔五千五百英尺的約翰尼斯堡起飛就會有問題，如果將油箱加滿，一些乘客或貨物就無法上飛機，所以這段航線必須在中途的維德角或達卡補充燃油。這段航線就這樣營運了好幾年。

飛機升空之後，在航程的初期由於飛機太重，可能無法一下子就達到最節省燃油的高度，所以飛機會隨著燃料消耗而「階段式」爬升。不同時間點之下能飛得多高，不僅是由飛機的性能來預估，到達某個高度之後，還必須維持適當的失速界限。

為什麼有些飛機會在空中留下白白的尾巴呢？

潮溼的噴射氣體在乾冷的上層空氣中凝結成冰晶之後，就會形成凝結尾（又稱為飛機雲）——這跟冷天時我們口中呼出的霧不一樣，其實也可以說凝結尾就是雲。這聽起來可能有點怪，但是噴射發動機內部燃燒時會附帶產生水蒸氣，這就是溼氣的來源。不管凝結尾的形成是取決於飛行高度還是周遭大氣的組成，溫度以及蒸汽壓才是決定行程的主因。

我不想浪費寶貴的篇幅來討論有關「化學凝結尾」的陰謀論（刻意添加某些化學藥劑），如果你知道我指的是什麼，也想要進一步討論，歡迎來信，不知道的話就就不用放在心上了。

空中旅行對環境造成的影響已經引發諸多討論，氣體排放更是關注的焦點，頻繁飛行跟環境保護這兩者能否兼顧呢？

對我來說這個問題不好回答。比起多數人我更落實環保，我盡己所能地遵守環保三原則：減少使用（reduce）、重複再用（reuse）、循環再造（recycle）。我沒有車，家裡的家具也幾乎是從路邊的垃圾堆撿來，再徒手整修利用，我也將白熾燈換成更為節能的日光燈，但是上班的時候，我卻在大氣中造成好幾百噸的碳排放。難不成我是個偽君子嗎？

現在商用客機因為被認為對環境有害，所以面臨愈來愈多惡意攻擊，特別是在歐洲，具有影響力的個人或組織都呼籲大眾少搭乘飛機，也提議要加重稅負或施加其他因素來減低搭機意願，藉此限制航班的數量、勸阻大眾使用飛機（「飛行控」這個貶義的稱呼，指的是那些很愛利用廉價航空，進行短期享樂之旅的歐洲人）。在這些抗議聲浪中，有多少是真正公平的呢？有多少對航空公司的抨擊是毫無根據的呢？這些都未有定論。近年來航空公司很容易成為攻擊的箭靶，但是依照危害環境的程度來排，飛機所造成的危害與它被妖魔化的程度其實並不相符。

對於飛機帶給環境的影響，我非常同意航空公司應該負責，但問題是，全球的化石燃料排放量中，商用客機只占百分之二。舉例來說，商業辦公大樓製造的環境汙染，比商用客機的排放量高出許多，卻很少有人為此遊行抗議，也幾乎看不到有組織的社會運動要求這些大樓更環保。汽車也是相同的狀況，美國人的汽車使用量大得驚人，但我們卻很少為此有罪惡感。美國的航空公司在過去的三十年來，已經將燃油效率提升了百分之七十，單從二〇一〇開始就提升了百分之三十五，其中一大原因是淘汰了耗油量大的飛機。反觀美國汽車的燃料效率卻停滯了至少三十年，毫無進步。

飛機對環境所造成的影響，其實不能只用簡單的百分比來衡量，這就是癥結所在。飛機排放的氣體就是原因之一——氣體中不僅包含二氧化碳，還有氮氧化物、煙灰、硫酸鹽微粒——這些物質直接進入上對流層，而它造成的影響我們也尚未完全了解。另外，科學家也聲稱前述的凝結尾會助長卷雲形成，也就是說雲會造雲。在飛機經過的特定路線上，卷雲覆蓋的面積增加了百分之二十，這樣一來就會影響氣溫跟降雨量。依照經驗評估，科學家建議將前面引用的百分之二的化石燃料排放量乘以二．五，這就是航空業占溫室氣體排放量最精確的總數。用這個公式計算，航空公司現在的環境汙染比重是百分之五。

這個分量還不算多，但是全世界的民用客機數量成長快速，光是中國就計畫建造四十多座機場。在美國，每年的乘客量已經達十億人次左右，到了二〇二五年將會增加一倍，到時候溫室氣體排放量就會是現在的五倍。如果像我們所承諾的，人類確實開始降低其他事物導致的碳排放，那飛機的排放量就會在整體百分比中大幅飆升。

這些數據會快速成長，其實是因為搭飛機旅行相對便宜又方便。但是好景不常，雖然航空旅行是一種經濟需求，但我們所習慣的飛行方式必定會有所改變，畢竟石油價格將會大幅攀升，這也是很多人所預期的現象。以後我們還是會有飛機可搭，但由於機票價格愈來愈高，「飛行控」也將不復存在。

有些航空公司正在進行實驗，利用生質燃料來替代噴射機燃油，例如：加拿大航空、澳洲航空、聯合航空，還有全日本空輸。這些航空公司在獲利的航班上進行測試，讓飛機全部或部分以生質燃料來供給動力。同時也有很多航空公司允許乘客在網路購票時，能購買便宜的碳補償，或是提供一小筆費用給一些非營利組織，他們會資助合適的能源計畫，彌補你的航程所造成的估計碳排放量。

現在先暫時忘掉氣體排放汙染，我們來談談其他汙染。

有一件事讓我始終很驚訝，那就是廢棄物的數量——航空公司及乘客所丟棄的塑膠、紙類、保麗龍，還有鋁罐。每一架飛機平均會丟多少盤子、杯子、飲料罐、零食外包裝，還有報章雜誌，用這些數量，乘以全世界每天約莫有四萬架飛機起飛，就能得到垃圾的總量。

只要一些簡單的作法，對垃圾減量與回收利用就大有幫助。舉例來說，為什麼不讓旅客決定喝飲料時要不要拿塑膠杯呢？直接拿飲料罐飲用也不錯，但空服員遞給我軟性飲料或果汁時都會順便附上杯子，我連拒絕的機會都沒有。飛機餐的包裝（現在的飛機餐仍有外包裝）也是非常奢侈的浪費，典型的飛機餐或零食的外包裝，比起生活中的其他食物使用更多石油提煉的塑膠製品。

已有航空公司注意到資源浪費的問題。維珍航空在飛機上的資源回收計畫，會要求乘客交回玻璃瓶與飲料罐，並且將報紙留在位子上以供回收。美國航空會回收飲料罐，再把回收的所得捐給慈善機構，國內航線的班機降落時，會將垃圾跟回收物分開處理。達美航空飛往亞特蘭大樞紐機場的班機，會回收所有鋁罐、塑膠與紙類製品，回收的營收也會轉入國際仁人家園。只是雖然有少數航空公司投入環保，但是整個產業的絕大部分在這方面仍不甚積極。

○電影、音樂與藝術中出現的飛機

看著飛機翱翔天際是享受，我們有空可以看看一九〇三年拍攝，萊特兄弟第一次飛上天時拍下的那張知名照片，當時的攝影師是一名在場的旁觀者：約翰．T．丹尼爾斯（John T. Daniels）。這張照片已經被複製了數百萬次，成為二十世紀肖像攝影中最美麗的一幅。試飛之前，奧維爾．萊特將一具以布簾遮蔽的五乘七玻璃板相機固定在外灘群島的沙灘上後，交代丹尼爾斯只要看到什麼「新奇有趣」的事發生，就壓一下相機的球狀氣動快門。相機鏡頭直接對著天空（如果距離地面幾十英尺的地方可以算是天空的話），要是一切順利，就能拍到萊特兄弟命名為「飛行者」的飛機初次翱翔天際的姿態。

當時一切如期進行，這款新奇的機器出現在空中，丹尼爾斯也壓下了球狀氣動快門。我們見到的奧維爾與他駕駛的飛機，就像是空中的一塊黑色厚板。從影像看來，彷彿不是奧維爾在操控飛機，而是他任由飛機擺布。奧維爾的哥哥威爾伯（Wilbur Wright）則是在飛機一旁奔跑，如果飛機胡亂擺動或像是要往地面墜，威爾伯就會擺出一副要攻占或制伏飛機的姿態。照片中看不到兄弟倆的臉，不過影像朦朧不清反而是多數照片的美感來源。這張照片替人類帶來莫大希望，卻同時顯現出最孤單荒涼的景象，所有航空發展的潛力都濃縮在這張瞬間捕捉的照片當中。實際上，我們從照片中看到的，是在這個看似虛無的世界裡，有兩個熱血急切的兄弟，一個翱翔天際，另一個在一旁觀看。我們看見了人類好幾個世紀以來的想像——那股恆久不變的、想飛的欲望——在荒涼孤寂、幾乎沒沒無聞的狀況下實現。

我自己收藏了很多飛機的書籍，但是一般而言，飛機的出版品跟書架上其他美術、科學書籍相比之下，美學價值總是比較低。這些書裡滿是光鮮亮麗的照片：飛機降落時，用「性感」角度拍攝的起落架、機翼，還有機尾。這種賦予機械裝置「性意涵」的照片，其實在汽車、重型機車或是槍枝的書籍中也看得到，它們沒什麼價值，也不是什麼高難度的藝術創作，還搞錯了重點。而且很不幸的是，因為現在這種幼稚的迷戀方式，導致更難使人們尊重飛機。

我認為飛機需要的是地位的轉型，像協和式客機與747這兩種飛機，機翼「左、右腦」之間精緻細密的調合，在轉型之路上便又更進一步。在蘇活區的時髦閣樓住宅，或是波士頓的高級住宅區，都找得到被浪漫化的克萊斯勒大樓、布魯克林大橋的照片，但是飛機的照片卻無法跟它們並排陳列，你找不到半張裱框的747印刷圖片。如果哪一天電影導演肯・伯恩斯（Ken Burns）能幫商用客機拍一部十集、以深褐色為畫面基調的紀錄片，我才會相信飛機的地位提升了。

過去如果談到流行文化，大家都會先想到電影。有人可能會把噴射機發展開端的一九五〇年代，跟好萊塢開始蓬勃發展的時期相提並論——渦輪跟變形鏡頭式寬銀幕電影，都是實現人類希望的典型工具。幾十年之後，這種親密的互利關係仍然存在：飛機上會播放很多電影，很多電影裡也會有飛機的蹤影，電影裡飛機失事的畫面就是簡單明瞭的例證。到了一九八〇年代，我們仍然被電影《空前絕後滿天飛》（*Airplane!*）裡面，萊斯里・尼爾森（Leslie Nielsen）的台詞逗得捧腹大笑。我從來沒有喜歡過任何跟飛機相關的電影，因為對很多人來說，飛機出現代表著結束，或更常用來引出一些刺激、毀滅性的場景，也可能用以表示角色踏上了一段改變人生的旅程。那種最不經意、最倏忽即逝的場景，最能表達這種意象——比任何災難片帶來的衝擊效果都還強烈：間諜從螺旋槳飛機往下跳，送往任意一個戰亂之地，或是帶著外交大使與他的家庭，逃離某個混亂的戰場；當然還有《現代啟示錄》（*Apocalypse Now*）裡，擱在河岸一旁的B-52的美麗機尾；電影《過客》（*The Passenger*）中，年輕的傑克・尼克遜手中的非洲航空票冊；以及奇士勞斯基的《十誡》之四（*The Decalogue IV*）當中，在影片背景呼嘯而過的波蘭圖波列夫飛機。

談到音樂跟飛機的關係，我想到一支聯合航空的電視廣告，這支廣告在一九九〇年代中期播放過很短暫的一段時間，用來宣傳他們在拉丁美洲新開設的目的地。廣告主角是一隻鸚鵡，牠站在鋼琴上啄著琴鍵，彈出喬治・蓋希文（George Gershwin）的〈藍色狂想曲〉（Rhapsody in Blue）當中的幾個音。〈藍色狂想曲〉之後就變成了聯合航空的廣告配樂，再搭配上那張777翱翔天際的照片，這個組合讓人為之一振。我們也應該記得英國「衝擊合唱團」主唱喬・斯特拉莫（Joe Strummer）在歌曲〈西班牙炸彈〉（Spanish Bombs）中曾提到飛機道格拉斯DC-10，不過波音系列跟音樂的淵源更深，我至少能想到四首提到它的歌曲（我最喜歡的是尼克・羅威（Nick Lowe）的〈事情就是這樣〉（So It Goes））。

空中巴士的形象就不像波音系列這麼抒情，不過在一九九六年，美倫格舞的作曲家基尼多・曼戴之（Kinito Mendez）譜了一曲〈飛機〉（El Avion）向空中巴士Ａ３００致敬，歌詞中寫到：「能夠登上班機是多麼開心的事。」它讓美國航空的一條熱門航線千古留名，這條航線是紐約與聖多明哥之間的清晨直飛班機。令人唏噓的是，在二〇〇一年十一月，該航班一架飛機從甘迺迪機場起飛後就墜機失事，造成二六五人死亡。

在音樂方面，影響我最深的大概是從一九八一年到一九八六年間，一些地下搖滾樂團演出的場景。你們可能會覺得，這類型的音樂不太有我說的飛機元素，要連結兩者不太容易，但這沒有大家想像中困難。在孚斯克杜樂團（Hüsker Dü）一九八四年的傑作《禪場》（*Zen Arcade*）專輯當中的一首歌，格蘭・哈特（Grant Hart）唱道：「飛機從天而降……」又過了三張專輯，跟格蘭・哈特同為團員的巴布・默德（Bob Mould）在一首歌裡吼出：「從頭等艙的窗戶吸出來！」接下來談談封面藝術中的飛機，孚斯克杜樂團的專輯《陸上速度紀錄》（*Land Speed Record*）的封底，有一架道格拉斯ＤＣ-１８。在英國的節奏樂團（The Beat）一九八二年的專輯《特殊節奏服務》（*Special Beat Service*）的封面，樂團成員走在一架英國航空飛機的機翼底下（那架飛機就是六〇年代的噴射機維克斯ＶＣ-１０，它因為在機尾裝有四個發動機所以相當顯眼）。野獸男孩樂團（Beastie Boys）一九八六年的專輯《作惡執照》（*Licensed to Ill*）封面是以噴槍繪製，畫中是一架已經從美國航空退役的727。

在《哥倫比亞格蘭傑詩歌索引》（*Columbia Granger's Index to Poetry*）這本書中，在「飛機」這個項目底下的分類有超過二十多項，「空中旅行」這個項目底下也至少有十四則，在「機場」的分類中也至少有五則，這些詩包含詩人佛洛斯特（Frost）及桑德堡（Sandburg）的創作。另外，科克斯書評對約翰・厄普代克（John Updike）的《美國文物與詩集》（*Americana and Other Poems*）評論裡寫道：「這是一首漫談閒聊，讚頌機場與美國之美的詩歌。」雖然我承認自己的確也寫了幾首關於航空的詩，但是硬要你們讀可能不太好，讀者可以自己上網找來看，難看就自行負責囉！我的靈感應該是來自於駕駛艙的檢查表，檢查表根本是一首了不起的自由詩：

水平尾翼配平超控，正常（Stabilizer trim override, normal）
APU發電機開關，關（APU generator switch, off）
隔離活門，關（Isolation valve, closed）
自動控制器，最大值！（Autobrakes... maximum!）

CHAPTER

2

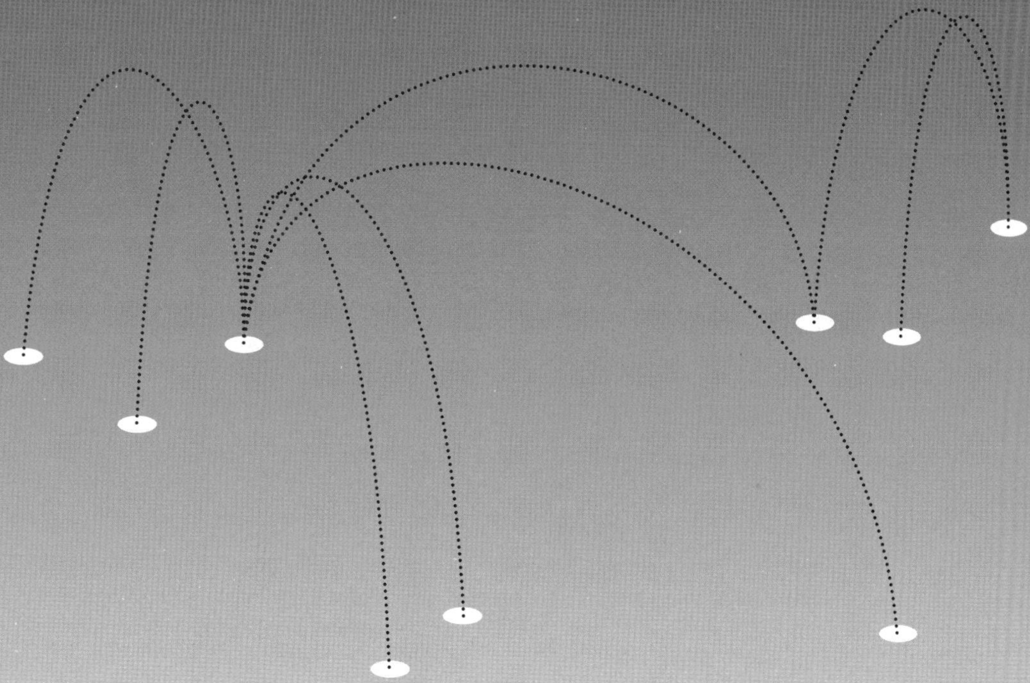

不安因子

亂流、風切、天候、想太多

Elements of Unease

○高級藝術：歷史、熱潮，和世界最大飛機

一九六〇年代中期，波音公司的空氣動力學家被賦予一項重大任務：打造史上最大商務噴射客機，不只噸位和承載量得是當時其他飛機的兩倍以上，外形還要造得好看。該怎麼著手呢？

這個嘛，說得明確點，該從頭跟尾著手。建築評論大師保羅．高伯格（Paul Goldberger）曾在《紐約客》某期雜誌上寫道：「設計大樓時，大部分建築師都特別注重兩個美學問題：該如何接觸地面，又如何接觸天際線——換句話說，就是頂端和底部的問題。」如果把噴射客機想像成躺平的大樓，就可以明白，飛機之美的成敗關鍵，在於機頭和機尾的形狀。波音公司的工程師透徹明白高伯格這番話的道理，最後研製出最具代表性的波音７４７，就美學而言，７４７足以媲美曼哈頓最壯麗的摩天大樓。

如今，靠著看飛機一輩子的經驗，只要一枝鉛筆，我就能全憑記憶描繪出７４７的前段和後段，出乎意料地輕鬆、準確，這或可說明７４７的厲害之處。相信我，舉這個例子不是為了證明我的繪畫技巧多好；相反的，這恰好可以說明這架飛機外形有多優雅，曲線幾乎渾然天成。

機尾高度超過六十英尺，雖然機尾基本上是六層樓高的鋁合金板，但尾翼那個傾斜角頗為性感迷人，有如雙桅帆船上調整好角度的前桅帆。從正面看７４７，很難不聚焦在最顯眼的特徵上，那就是位於第二層的閣樓機艙。常有人形容７４７有「弧形機頭」或是「駝峰」，這種說法不太公道，其實上層艙多出來的空間順暢融入機身，往前愈收愈窄，最後構成外觀穩重、自信的機頭。相較於

飛機，747更像一艘遠洋輪，而且是伊莉莎白女王二號這種經典款。就連這名字本身都散發詩意和傲氣——數字7那瀟脫的一撇，以及如歌般的回文：7——4——7。

打造高承載、適合長途飛行的747是基於市場需求——只不過這些需求當時其實尚未出現。一九六〇年代末，許多人熱切盼望能夠長途旅行而不間斷，但那時的飛機都不夠大，航程也不夠遠，因此沒人負擔得起。早在幾年前的噴射時代，波音便已推出707，算是747縮小版，不過其規模經濟有限。泛美航空率先使用707，公司領導人胡安·特里普（Juan Trippe）極具遠見，他說服波音公司：承載量比707多一倍的飛機非但能夠實現，更是必然發生的創舉。

他說的沒錯，儘管要證明這點並非易事。波音公司決定放手一試，為特里普製造超級噴射機，結果過程中差點破產。研發初期，引擎問題這個難關便耗費大筆錢財，銷售速度剛開始更是慢得令人心驚。不過，一九七〇年一月二十一日，泛美航空的快帆號（參見298頁，特內里費島空難）完成處女航，飛了一趟從紐約往倫敦的例行航班，從此改變全球航空業的情勢。說747誕生是民航史上最關鍵的轉捩點，一點也不為過。數百萬旅人能夠快速飛越極為遙遠的距離，價錢也負擔得起，這是前所未有的事。過了四十年，747榮登史上銷路數一數二的民航客機；仍在生產的噴射客機中，唯有747的小兄弟737銷量略勝一籌。

小學二年級時，我最愛的兩個玩具都是747。第一個是充氣式的仿製品，有點像你會在遊行買的新奇氣球。它那對橡膠機翼直往下垂，角度跟本尊落差太大，我還用膠帶把它們黏回正確的樣子。在七歲的我眼中，這玩具顯得巨大無比，有如專屬於我的感恩節花車。第二個玩具是大約十二英寸長的塑膠模型，外觀跟那個氣球玩具一樣，上色成泛美航空的經典塗裝，機身其中一側是透明的聚苯乙烯材質，所以能看見整個機艙內部，一排排都看得清晰明白。直到現在，我還清楚記得那些小巧座椅上的紅藍粉。在靠近玩具機頭的地方，有一道縮小版藍色螺旋梯，仿得唯妙唯肖。747早期版本都裝有一道螺旋梯，連接主艙和上層艙，因此出入通道看起來像是大廳一樣，宛如遊輪上的氣派前廳。一九八二年，我首次坐上真正的747，第一眼看到那排旋轉的排排梯級時簡直笑開了懷。那道樓梯在我的血中流淌，恰似一股基因螺旋，旋轉向上，直達某種飛行員極樂世界（747後期變體機型就改採傳統梯式階梯了，令人不勝唏噓）。

一九九〇年代，波音公司在雜誌上登廣告宣傳747，該則跨頁廣告的背景是一片暮色黃昏，搭配從機頭正面拍的飛機剪影。「這／會帶你／前往何方？」波音公司以手寫字體如此問道，斜斜字跡橫跨整張摺頁廣告；在這如夢似幻的三聯照底下，寫著一段文字：「隱藏在喜馬拉雅山峰暗影之下的石廟；賽倫蓋提廣闊平原上一簇簇帳篷；波音747正是為了這些地方而生——充滿冒險、浪漫情調與新發現的遙遠他方。」這樣極端浪漫的宣傳手法深深觸動了我，於是我剪下廣告，收進資料夾。每當事業看似原地打轉（這情況一天到晚都在發生），我就會抽出那張廣告來看看。

自然兼旅遊作家貝瑞・羅培茲（Barry Lopez）寫過一篇文章，把空747貨機機體內部，比擬為另一個時代的典型象徵——十二世紀歐洲哥德式大教堂。羅培茲寫道：「站在主艙裡『中殿』和『左右耳堂』交會之處，抬頭往上看，就是機師的『高壇』……這機器如此宏偉、美麗、複雜，有如一道二次方程式的細語呢喃。」

其他飛機皆無法引人這樣聯想。在我看來，在商業飛機製造史上，747可說是最令人激賞、最富於啟發的藝術之作——你想的話，不妨稱之為工業藝術。

……………

然而，遠在大西洋另一頭，設計師的思路卻大相逕庭。波音的主要競爭對手——歐洲航空公司空中巴士，旗下某位工程師幾年前曾說過一句格言：「光靠時尚又不能飛。」無論對錯，這話點出一項事實：現代飛機設計變得愈來愈平淡乏味，看起來幾乎如出一轍。除了747，深愛噴射時代的浪漫派也常追憶卡拉維爾（Caravelle）的誘人曲線、協和號的大方高貴、727的沉鬱傲氣；如今飛機再也不注重風格，遠比以前缺乏特色。他們說，為了效率和經濟，飛機非如此不可。

但是，當真是這樣嗎？還是空中巴士偷懶呢？從一九七〇年代開始，波音陸續打造了幾架賞心悅目的飛機，747就是其中之一，可是空中巴士出產的卻只有一架夠吸睛——長程客機A340。空中巴士生產的一系列飛機，儘管具備精良科技，外表卻單調無趣。就算盡量往好處想也只能說，空中巴士的設計哲學，似乎是基於「覺得坐飛機很無聊的人還不夠多」這個信念。（這裡形成奇特的文化對照：上流、有品味的美國人，大勝缺乏文化素養的歐洲人。誰想得到呢？）

有一次我站在登機室裡，一架小型噴射客機剛好經過窗外，這時坐在窗邊的一群年輕女生格格笑起來，其中一個說：「快看那架飛機，好呆喔。」那是空中巴士A319。我得承認它看起來確實有一點，呃，矮小，彷彿是從空中巴士自動販賣機掉出來，或是從蛋裡孵出來的。

這已經夠慘了，不過空中巴士對美學的輕蔑達到尖峰，是在Ａ３８０問世的時候。Ａ３８０是這間公司最大、最極力宣揚的作品，體積可觀，機艙分上下兩層，最大起飛重量超過一百萬磅，榮登史上最巨型、最強大、最昂貴的商業飛機。

可能也是史上最醜。Ａ３８０的機頭有種詭譎的擬人之態，猛然突出的前額令人聯想到類固醇過剩的白鯨，機體其餘部分膨脹、水腫、笨拙。這飛機明明是為大而大，卻又給人一種窘迫的矮胖感，好像為自己的腰圍感到丟臉一樣，根本是我見過看似最有自我意識的民航機。

況且，Ａ３８０真有那麼大嗎？一九七〇年，７４７初登場，即使拿當時體積最接近的競爭對手來比，７４７的大小、重量都是對方的兩倍以上。Ａ３８０只比７４７重了百分之三十左右。此外，它雖以最多可承載八百多名乘客著稱，但要把座位排得非常密集才行，因此確實容納這麼多人的情況大概很罕見。航空公司大多十分注重把頭等艙、商務艙弄得舒適，所以多數Ａ３８０都設置成可載五百位乘客，只比大部分７４７稍微多一點。Ａ３８０是大沒錯，卻算不上劃時代。

不過，只看新聞的話不會知道這種事。二〇〇五年春，Ａ３８０首次升空試飛，打從這時起媒體便極盡吹捧之能事，一則新聞報導激動寫道：「自一九六九年協和號從跑道升空以來，當屬這次飛行最受矚目。」另一則報導稱之為「身形龐大的超級巨無霸」，說這是「永留青史的一刻」。啊，人類之大不幸！空中巴士官方網站則被阿姆斯壯附身，力邀網站訪客聆聽「試飛機長賈克・羅賽（Jacques Rosay）說的第一句話」。

至於未來又會如何?就在A380渾身淋滿香檳、受盡溢美之詞時,747打從啟用開始,已經飛了四十多個年頭。身材圓滾滾的空中巴士新機外表不怎麼樣,可是內部搭載高科技裝置,座位里程營運成本更是創新低。747最後一次大幅修改設計是在一九八九年,縱使紀錄輝煌,依然迅速接近面臨淘汰的時刻。A380是否即將成為碩果僅存的巨無霸客機?

二〇〇五年十一月,彷彿(一九八一年過世的)胡安・特里普的鬼魂飄回人間來了場精神講話,波音終於踏出早該踏出的一步,宣布公司在數次起步失誤之後,將著手製造升級版747,命名為747-8(波音原本慣用的命名法是在名字後面依次加上-100、-200、-300,依此類推,這次則不採這種方式,藉此很有技巧的向亞洲致意,期望在亞洲創下銷售佳績,因為數字8在那裡是財富、幸運的象徵)。這架飛機於二〇一一年初開始服役,首先推出貨機型號,由總部位於盧森堡的「盧森堡貨運航空」(Cargolux)率先使用,德國漢莎航空在同年稍後啟用客機型號。

747-8客機型號機身加長十二英尺,還可以多容納大約三十五個座位。這些調整只是稍微加大空間,不過座位增加還是其次,波音真正的任務是要參考777、787已經採用的新設計,升級這架飛機的內部結構,達到世界一流的水準。相較於空中巴士,747-8提升了百分之十二的燃油效率,又省下驚人的百分之二十二旅遊成本,讓航空公司取得更多優勢。

然而,真正的問題在於:是否有空間讓兩架巨無霸噴射機並存?長途旅行市場正穩定趨向零散，市場趨勢走向較小的飛機，而非大飛機，在這種情況下，747和A380究竟能不能在這個產業中共存，仍然有待觀察。市場仍需要超高承載量的飛機，可是需求已經不如以往。

為了減少風險，波音採取一種方式：從一開始就推出貨機。貨機型號一般不是第一個上市，都會比較晚。747過去做為貨機使用的表現優異，聲譽卓著，假如客機型號賣得不好，貨機至少能確保一定的銷售數字當做緩衝。要是整個計畫一敗塗地呢？波音設計747-8，總共只花大約四十億美元，研發大部分都挪用先前已經注資的計畫。當初空中巴士從零開始打造A380，用的錢是三倍。

但是，依我之見，新747最大的優點，正是最為顯眼之處——外觀。最醒目的調整包括：充滿未來感的傾斜式翼尖、延長的上層艙，以及罩在引擎上、減少噪音的扇形邊引擎罩。不過從各個角度來看，這架新747都忠於原型，要說有變，也是變得更漂亮了。

小時候，眼看著一整個世代的飛機愈變愈醜，我常想：為什麼沒人找一架經典民航機，動一點空氣動力學整形手術，從頭到腳加上最新科技，賦予飛機新生命？這不是要刻意追求復古新鮮味，而是要做出可用、可獲利的民航機。747-8正是這種飛機。波音這場「回到未來」式的賭注，雖然不一定賺得了錢，至少看起來挺炫的。

在法國土魯斯（Toulouse），空中巴士公司指天發誓A380絕對不是花瓶。這話也不能算錯——看看A380的額頭，拿來跟漂亮的花瓶相比擬，也太委屈花瓶了吧。光靠時尚能不能飛？這問題也許問得不對，畢竟，只需一丁點想像力、敷衍了事，顯然就可以飛啦。

尾聲：在我認識的人裡面，第一個飛747的不是我，而是我的一個朋友，他在我飛往哈特福及哈立斯堡時，開著747飛去上海、雪梨。偶爾，我搭747會被安排坐在上層，那就是我最接近開747的時刻。上層艙的空間很舒適，天花板呈拱形，像小型飛機庫內部。我會在那裡坐下，心想這樣好歹算是爬過螺旋梯了，為此感到滿足。

有一次，我搭英國航空飛往奈洛比，座位剛好在上層艙。飛機後推之前，我想去駕駛艙看看，事先沒打招呼就晃了進去，心想裡面的人說不定有興趣知道機上坐了另一個機師。結果他們沒有興趣。由於我打斷那些人確認檢查表，他們把我請出去，一把摔上門。「對，我們介意。」副機長說，語氣跟英國喜劇團體蒙提派森名演員葛雷漢．查普曼（Graham Chapman）一模一樣。

那是什麼飛機？
飛機型號入門

今日，全球生產中的噴射客機，幾乎全來自兩大陣營：馳名當代，一九一六年創立於西雅圖的波音公司，以及歷史短得多的歐洲空中巴士集團。不過，情況並非一向如此。長年以來，市場上原有麥克唐納・道格拉斯、洛克希德，以及幾間來自北美和海外的製造商，例如康維爾、英國航太、福克（Fokker），這些公司如今都已經退場。

別忘了還有俄國。雖然現在情勢緩和許多，但是過去幾十年來，蘇聯的安托諾夫（Antonov）、伊留申（Ilyushin）與圖波列夫（Tupolev）等設計局，製造出成千上萬架飛機，儘管不少是抄襲西方設計的冷戰時代產物，但其中上百架都仍在服役，甚至有幾架更新的原型機問世。

美國第一架噴射機是波音707，它也是世界第三架商務噴射機（前兩架分別是英國的掃把星「彗星噴射機」〔Comet〕，以及蘇聯的Tu-104）。707初登場是在一九五九年，由泛美航空啟用，從愛德懷德機場（Idlewild）飛往奧利機場（Orly），也就是從紐約飛巴黎。在那之後，波音便推出一系列飛機，從727一路到787。這種命名法純粹是依照時間順序編號，和飛機尺寸沒多大關係，像720基本上就是矮一點的707。717這個名字（詳見下述），原本是要留給707的軍機型號，但後來未能實現。

一九七四年，空中巴士原創的第一架飛機A300才面世，其後的機型既有小型的雙引擎機如A320，也有長程廣體飛機如A330和A340。空中巴士的編號模式和波音類似，只是中間跳了幾個號碼，也未嚴格依照時間順序。比方說，A350仍在研發中，A380卻早在二〇〇七年就開始飛了。A360跟A370則完全被跳過，天知道為什麼。

空中巴士的編號系統有時略有變化，光是這樣便足以逼瘋飛機迷。A300-600其實只是A310的加大版；A319根本就是小一號的A320，A318甚至更小一號，後來A320又被拉長，衍生成A321。在我這個傳統派眼裡，像這樣把數字都攪在一起，讓一切都變得很沒格調。空中巴士命名機型時，竟然不乾脆全用破折號接數字，實在煩得要命。

看看大西洋我們這一邊，737-900一樣是737啊。

話說回來，波音後來併購麥克唐納．道格拉斯，接手該公司生產線，同時接管了MD-95，將之易名為波音717。可是MD-95其實就只是升級過的MD-90，而MD-80又只是升級過的DC-9罷了。一九六五年首航的DC-9，如今改頭換面成了717——這種做法根本是不對的。就說麥克唐納．道格拉斯自己吧，這間公司先前放棄已經廣為人知的前綴詞DC，換成MD，把後面接的數字衝得老高。大家都聽過DC-9，但到底什麼是MD-80、MD-83、MD-88？解答：更新過的DC-9。大家都聽過DC-10，但什麼是MD-11？解答：更新過的DC-10。

許多較早期的機型都不是以數字編號，換句話說，它們有名字，多半取得很好，十分收斂莊重：星座號、三叉戟號、先鋒號，還有最為人熟知的協和號。協和（Concorde），這詞的音調帶有某種特性，如此美妙，如此觸動人心，完美形容了這架飛機：滑順、迅疾、秀逸，有些高傲，你八成高攀不起。其他飛機則是名字加上號碼，譬如洛克希德的L-1011三星；還有英國航太的1-11（One-Eleven），寫法是把編號用英文完整拼出來，既是名字，也是數字。

787也算是名字加數字這一類，雖說我沒有特別喜歡「夢幻客機」（Dreamliner）這名稱。

這個意象總給人那麼一點顫巍巍、輕飄飄的感覺，乘客可不希望自己搭的飛機點頭睡著。不過原本情況可能更糟。二〇〇三年，波音還沒決定好名字，當時除了夢幻客機之外還有三種選擇：「環球巡洋」、「沖天者」、「e客機」。「環球巡洋」聽起來像是快艇或是超大運動越野車，「沖天者」聽起來像動作片主角，至於「e客機」爛到幾乎不需要考慮——這調調有點像「iPlane」。

區域客機（通用縮寫為RJ）製造商目前主要是加拿大「龐巴迪」跟巴西的「巴西航空工業公司」，最近中國、俄國、日本也投入這個領域。奇怪的是，儘管美國製造商叱吒大型飛機市場，卻從未研製區域客機。包括幾架渦輪螺槳飛機在內，較舊的區域飛機都是從國外進口，產地包括加拿大（哈維蘭）、瑞典（紳寶）、荷蘭（福克）、英國（英國航太）、德國（多尼爾）、西班牙（西班牙航空製造公司）、印尼（印尼飛機工業公司）；甚至連捷克（萊特庫諾維采）都製造了一架廣受歡迎、十七人座的飛機。

亂流嚇死我了。那是不是真的很危險？

亂流，會讓咖啡傾灑出來，會讓行李推擠碰撞，會讓人捧著嘔吐袋狂吐，還會令乘客心煩意亂。可是，它是不是墜機的元凶呢？要是從許多飛機乘客的反應來推測，想必會認為答案是肯定的；最令焦慮乘客擔憂的，絕對是亂流。單憑直覺，會覺得這很合理。踏上飛機的人多少會不安，而在三萬七千英尺高空遭遇大晃特晃的亂流，則是令人驚覺飛行隱含重大危險的最慘痛記憶。大家會很容易把飛機遇到亂流的情形，想像成在驚濤駭浪中顛簸的無助小艇。船遇到驚濤駭浪時有時會被淹沒、有時會傾覆、有時則被浪頭砸向暗礁——飛機想必也類似這樣。飛機感覺就是危險得要命。

只不過，事實並非如此，這些都是極為罕見的情形。再怎麼試，飛機也不會被翻得頭上腳下、失控打旋墜落，或是從天上直掉下來，即使遇到最強勁的風或下沉氣流也一樣。情況或許會很惱人或不適，但不至於墜機。包括機組成員在內，對每個人來說，亂流都是個麻煩事，但亂流也是……「正常」或許是最恰當的形容詞。機師遇到亂流，通常想的是該怎麼處理比較方便，而不會視之為安全問題。飛機為求飛得更順暢而改變高度，主要是為了乘客的舒適著想，機師不會擔心機翼解體，只是想讓乘客保持放鬆，讓大家的咖啡待在該待的地方。飛機本身就設計得足以承受巨大的力量，還必須符合正負過載的重力限制，因此最常搭飛機的人（或機師）飛一輩子，也遇不到強到足以造成引擎移位、折斷翼梁的亂流。

碰到亂流時，飛機的高度、傾斜角、俯仰角只會稍稍改變，在駕駛艙只會看到高度表輕輕一晃。此外，民航機的設計包含一種特性，機師稱為「正穩定度」。如果飛機在空中被推得偏離航線，飛機天生就會自動回歸原位。我還記得某天晚上飛往歐洲時，飛越大西洋的半路上，遇到激烈得不尋常的氣流，就是茶餘飯後大家會提起的那種。這道亂流毫無預警出現，持續數分鐘之久，強到足以弄翻艙廚的餐車。在亂流最猛烈之際，我聽著碗盤碰撞聲，想起一封電子郵件。來信的讀者問我，這種時候飛機在空中會偏移多少：飛機上下左右晃動的幅度，實際上到底是幾英尺？於是我密切注意高度表，結果發現，每個方向都偏移不超過四十英尺，大半時候都是十幾二十英尺，航向（就是鼻子所指的方向）偏移則完全探測不到。我猜有些乘客不這麼覺得，他們甚至會把亂流的劇烈程度高估幾十倍甚至上百倍：「我們兩秒內就掉了差不多三千英尺！」

遇到這種情況，機師會把速度減緩至預設的「穿越亂流速率」，以確保不會超越高速失速之保護範圍（不要問），避免機體結構受損。這速率相當接近正常巡航速度，你坐在位子上大概不會注意到減速。此外，我們也可以要求調升、調降高度，或是申請改變航線。你八成會想像機師汗涔涔的對付亂流：機身左右晃盪，機長高聲下達指令，雙手緊握方向盤——完全不是這樣。機組成員不需要弄得像和猛獸搏鬥，頂多只需靜候一切過去。事實上，一旦遇到強勁亂流，試著對抗反而是最糟糕的。一些飛機的自動駕駛功能會有特殊模式，專門用在亂流狀況，但並不會下達更多改善情況的指令，而是反其道而行，降低系統敏感度。

你可以想像駕駛艙出現這樣的對話：

機師一：「好，我們把速度調慢點。」（在控制速度的選單輸入較低的馬赫值。）

機師二：「你看啦，我的柳橙汁都潑出來流進杯架了。」

機師一：「來看看前面那些傢伙有沒有回報新消息。」（伸手拿麥克風，確認頻率。）

機師二：「你手邊有沒有餐巾紙啊？」

除了這些，機師也會向乘客廣播、通報空服員，確保大家繫上安全帶。如果情況看起來會惡化，機師經常要求空服員待在座位上。

要預測亂流將在何時、何地發生，以及多強烈，與其說是科學，它更像一門藝術。我們會根據天氣圖、雷達回波來判斷，其中最有用的就是其他飛機的即時回報。有些氣象指標比其他指標可靠，譬如說，那些棉球狀的湧動積雲總是讓飛行變得很顛簸，尤其是頂部像鐵砧、伴隨雷雨出現的那一種。飛過山脈、特定鋒面交界，以及通過噴射氣流，也會讓機艙警鈴作響。但是，偶爾會發生意料之外的情況。往歐洲途中遭遇亂流的那一晚，我們事前得到的資訊顯示，最糟不過是輕微震盪而已；稍後，到了原本預期會發生較強亂流的區域，我們卻飛得平穩無比。實際情況會怎樣，就是沒人料得到。

把報告傳給其他機組成員時，我們會替亂流打上等級，最低是「輕度」，最高是「極度」，如果遇到最嚴重的亂流，降落後會讓維修人員做飛行後檢查。每個等級都有一套評定標準，不過都是憑主觀判斷。

我從沒經歷過「極度亂流」，但也遇過不少中度，還有幾次強度。

其中一次強度亂流發生在一九九二年七月，當時，我在一架十五人座渦輪螺槳飛機上擔任機長，要從波士頓飛往緬因州波特蘭，航程共二十五分鐘。那天很熱，接近傍晚的時候，新英格蘭東部天空已布上一片稠密的塔狀積雲，雲層不長，頂端大約只有八千英尺，漂亮得讓人感覺不到危險。隨著日頭落下，不管往哪個方向看去，只見聚積起來的雲形成一束束粉色珊瑚柱，宛如無限延展的花園，那是我所見過最如詩如畫的景象。這景象美極了，事實證明這些雲也頗為猛烈，就像一座座小火山，吐出看不見的上升氣流，持續狂暴擊打機身，到了最後，感覺就像捲進上下顛倒的雪崩。我還記得，雖然身上緊緊繫著肩套帶，但我還是舉起一隻手穩住身體，生怕頭撞到艙頂。過了幾分鐘，我們在波特蘭安全降落，人機均安。

為免有人罵我美化事實，我承認，強力亂流偶爾也會造成飛機受損、乘客受傷，只是乘客受傷的原因，通常都是沒繫安全帶，結果跌倒或被甩出去。在美國，每年因亂流受傷的人大約六十名，裡頭三分之二都是空服員，扣掉空服員只剩大約二十名乘客——這個國家每年搭機人次約達八億，其中只有二十人因此受傷。

據我個人的經驗，亂流現象變得愈來愈普遍，算是氣候變遷的副產物。亂流是因天氣變化而生，是一種氣候徵兆；隨著全球暖化加強特定天氣型態，如果說我在緬因州的經驗會變得更常見，這假設是很合理的。

亂流實在太難以捉摸，所以大家都知道，每次有人問我要怎麼做最能避開亂流，我總是含糊其詞得惹人厭。

「晚上飛是不是比白天飛好？」有時候是。

「該避開經過洛磯山脈或阿爾卑斯山脈的航線嗎？」很難說。

「小飛機是不是比大飛機更容易受影響？」看情況。

「天氣預報說明天會有強風，這樣搭飛機會很顛簸嗎？」大概吧，誰知道啊。

「坐哪裡比較好，飛機前面或後面？」

啊，這我就回答得了了。

儘管坐哪裡差別不大，不過坐起來最平穩的位置是在機翼上，那裡最靠近飛機升力和重力的中心；起伏最大的位置通常是飛機最後端，最靠近機尾的最後一排座位。

很多常旅行的人都已經知道，相較其他國家，美國空服員更容易為了安全帶指示燈窮緊張。我們在起飛之後亮燈的時間更久，就算氣流平穩也一樣，而且只要有一絲晃動或起伏，就會再把指示燈打開。某方面來說，這是美國人過度保護的另一個例證，不過這是基於相當合理的責任考量，畢竟機長最不想遇到的，就是有人剛好摔斷腳踝，一狀告到法院，害機長被聯邦航空總署盯上。不巧的是，這麼做反而產生「狼來了」後遺症，大家太習慣看到指示燈看似毫無理由的明明滅滅，就乾脆裝作沒看到了。

起飛後沒多久，我們就被猛力甩來甩去，機長說是遇到「尾流擾動」。這是什麼？有多危險？

如果你可以想像船或小艇劈開水面，船後水流翻滾的畫面，大概就能了解了。換做飛機，翼尖渦旋會引起兩股渦旋氣流，導致這種效果加劇。在機翼最尖端處，下方的高壓空氣會被引向上方的低壓空氣，形成緊密的循環氣流，拖在飛機後面，有如一對位於兩側、叉子似的龍捲風。慢速飛行時，機翼必須非常費勁才能製造升力，這時渦旋最顯著；因此，「翼尖渦旋」是發生在飛機起飛後與降落前的時段。渦旋氣流旋轉時（轉速最高可達每秒三百英尺），會開始分岔、下沉。如果你住在機場附近，不妨找個靠近跑道的位置，趁飛機飛過頭頂時仔細聆聽，通常可以在渦旋氣流飄向地面時，聽見有如鞭打般的節奏聲。

飛機愈大，醞釀出來的尾流愈大、愈凶險；飛機愈小，撞上尾流愈容易受損，這可說是通則。最容易引發問題的是波音757，這架飛機尺寸中等，遠不如747或777，但基於某個空氣動力學上的可惡因素，757產生的尾流大得不成比例，根據研究，是所有機型中最強大的。

為了避免撞上尾流，飛航管制員必須讓大型和小型飛機格外保持距離。對機師而言，避開尾流有個訣竅：稍微調整進場或爬升梯度，讓飛機在渦旋下沉之際，維持在上方的位置。另一個訣竅是利用風力，強風跟湧動的氣流能夠打斷渦旋，或將它推到一旁。翼尖小翼（參見28頁，翼尖小翼）也是影響因素；這些配備能夠減低翼尖渦旋的強度，藉此增加空氣動力效率，所以在類似尺寸的機型裡面，飛機裝設翼尖小翼，尾流會比沒裝的飛機溫和。

儘管安全措施做盡，每個機師一生中遲早會撞上尾流一次，或許是碰到即將消失的渦旋，受到短暫的衝擊跟晃動，也或許是和強勁尾流短兵相接。這種時刻可能只持續短短幾秒，卻令人永生難忘。我那次經驗，發生在一九九四年的費城。

那天，我們駕駛的十九人座飛機坐滿了人，正要從東邊在27R跑道直線進場，速度緩慢、降落時間很長，附近沒什麼飛機，無線電大半時候都靜悄悄的。高度五英里時，跑道淨空，可以降落了。我們一直跟著前面的757飛，這時757已經離開跑道，滑向航廈。為了保護自己，我們和757保持額外飛航管制距離，還飛得比一般滑降路徑略高一些，以防萬一。檢查表已經確認完畢，一切正常。

到了高度兩百英尺，看得到下面的進場燈柱，標示跑道入口的粗白線就在前方，再過幾秒就要著陸了。這一刻，機身突然迅速晃動了一下，十分不尋常，彷彿開過一個路面坑洞似的。接著不到一秒，其餘氣流撞了過來。幾乎是一瞬之間，這架一萬六千磅重的飛機就被翻得單翼朝下，四十五度角向右側傾。

那一段航線原本是輪到副機長負責開，結果操縱桿上突然多了一雙手，四隻手臂使盡力氣往左扳。但即使擾流板全開（一般來說，飛客機從不會用到這個），機身依然繼續往右滾。我們就這麼斜斜掛在天上，用盡各種方法要讓機身往左，機身卻堅持往反方向翻。焦慮的乘客總是有股控制不住情勢的無助感，假如機師也感受到同樣的不安，情況簡直是慘到極點。

然後，一切混亂乍然停止，就跟剛開始一樣突兀。不到五秒，飛機恢復正常，轉回水平狀態，我們兩個連句髒話都來不及罵。

飛機著陸時，偶爾可以看到翼尖拖著一條長長的霧氣，那是什麼？

空氣在機翼四周高速流動時，溫度和氣壓會改變，如果溼度夠高，就會導致上一個問題提到的翼尖渦旋凝結，以致看得到它在飛機後面扭動，宛如一條條灰霧似的蛇。溼氣也會在其他地方凝結，譬如襟翼整流罩與引擎附接掛架。起飛之際，會看到引擎頂端湧出一道白煙，那是掛架旁看不見的氣流造成的水蒸氣。某些時刻，機翼上方的區域會突然冒起一陣白煙似的小雲朵，這也是因為溼氣、溫度與壓力都恰到好處，使空氣凝結而成。

什麼是風切？

航空方面的流行術語有些會讓大家一聽就嚇得屁滾尿流，「風切」是其中一個。這個詞是指風向或風速突然改變，雖然普通的風切極為常見，幾乎從不會造成危險，不過由於飛機起降僅維持最低允許速度，所以如果在這時遇到強力風切，可能會很危險。要記得，飛機的空速必須把當下所有的逆風都考量進去，假如那陣風速突然不見，或轉成另一個方向，航速就會消失。風切的方向可能是垂直、水平，也可能兩者同時發生，例如雷雨前的微爆氣流。微爆氣流是指風暴鋒面引起的局部性猛烈下沉氣流，龐大的氣流下沉後會朝不同方向往外散開。

一九七〇及一九八〇年代，大眾對風切所知較少，風切也因此占據不少新聞版面。一九七五年，東方航空六十六班機於紐約墜毀，該事故被視為分水嶺，學者專家開始更深入研究風切現象，從那時起，要預測、避開風切就比較簡單了。如今，大機場都裝有探測系統，飛機也是；機師則需接受逃脫動作訓練，並且能辨識可能危及飛機起降的天候情況。

我們搭747飛過大西洋上空，聽到一聲巨響，接著整個機艙一震，機長告訴大家說那是引擎失速。

正確來說是「壓縮機失速」，是指通過引擎的氣流短暫受到干擾的現象。在噴射機或渦輪螺槳飛機上，壓縮機裡頭有一連串不斷轉動的薄翼，每一片其實都是一面很小的機翼，要是這些薄翼四周的空氣無法順暢流動，或是在各壓縮段之間倒流，就叫壓縮機失速。這可能損害引擎，也可能不會。

包括壓縮機失速在內，引擎問題各種各樣，有時看起來恐怖得很，除了聽到巨響，說不定還會看到引擎罩後面（甚至前面）噴出長長火舌。即使令人不敢置信，但在這種時候引擎並不會爆炸，也沒有起火——噴射機本來就會這樣。只要引擎正在運轉，燃油就會燃燒，如果發生特定異常狀況，便會導致燃燒現象特別明顯。

阿拉斯加航空的737有一次為此上了新聞。有人在地面用錄影機拍到飛機噴出一道火焰，影片十分嚇人，可是壓縮機實際上無損。假如這種事發生在機艙門或是滑行時，大家都知道，乘客會擅自開始撤離。這在達美航空的飛機上就發生過，地點是佛羅里達州的坦帕，驚慌失措的乘客四處亂竄，衝向出口，根本不聽從空服員指示，事後有兩人嚴重受傷。

要是飛機上的引擎全部失效，飛機能不能滑行降落？

說了你或許很驚訝，飛機下降時經常採取機師稱為「空中慢車」的方式，即引擎回到零推力狀態。這時引擎仍在運轉，供電給重要系統，然而不提供推力。所以其實你已經滑行過很多次，只是不知道罷了，每一班飛機幾乎都會滑行。

當然，空中慢車滑行跟引擎直接失效並非同一回事，可是滑行本身仍然沒有差別。比起開車時關掉引擎、慣性滑下坡，這種空中滑行當場發生事故的可能不會比較大。車會繼續前進，飛機也會。

實際上，如果切斷電力，相較於派柏或西斯納這種輕型飛機，大型飛機的表現還比較好。大飛機滑行所需速度高很多，但飛行距離和下降高度的比例（差不多二十比一）也是幾乎兩倍，若是在飛行高度三萬英尺，足以滑行一百里。

引擎完全失效的機率，大概就跟空服員主動幫你擦鞋子一樣低，不過的確發生過，凶手包括燃油耗盡、火山灰、撞上飛鳥等等。在其中幾樁意外，飛機順利滑行降落，無人傷亡；其他案例中，飛機都在落地前便重新啟動至少一個引擎。

機艙是如何加壓的？為什麼？

有些事物其實很少人了解，卻讓很多人怕得很沒必要，加壓就是其一。不知為何，大家聽到「加壓」這個字，總愛把高空想像成某種氣壓地獄，還有人問我：「飛機沒加壓，眼睛會不會迸出去啊？」

搭機航行，並不是坐深海潛水鐘掉進馬里亞納海溝。機艙之所以加壓，不是為了確保你的眼睛待在眼窩裡，而是要讓你能在高空順暢呼吸，因為高空空氣稀薄，氧氣濃度極低。加壓系統利用流入引擎壓縮機的空氣，經過機身閥門，把來自高空的低密度空氣壓縮之後，重新做成像在海平面一樣，密度高、氧濃度高的空氣（或者該說接近海平面，要是果真加壓成海平面的空氣濃度，不僅沒有必要，還會使飛機結構承受過大壓力，所以飛機裡的氣壓，通常等同五千到八千英尺高的空氣，就像在丹佛或墨西哥市呼吸，只差沒有汙染）。

就這樣而已。

「那就好，」你心想：「可是如果壓力消失了呢？到時候氧氣罩掉下來、大家尖叫個不停……」

的確，機艙減壓可能會很危險。航行途中，飛機內部（氣壓較高）跟外部（氣壓較低）的壓力差，大約介於每平方英寸五到八磅之間，視飛行高度而定。可以把機身當成類似氣球的東西，每一英寸都承受最多八磅的壓力，只要在上面戳一個洞或縫，就出問題了。失去壓力代表失去氧氣，假如這種情況來得非常猛烈，譬如炸彈引爆造成減壓，引發的力量可能傷到機身，甚至當場毀掉整架飛機。

然而，減壓案例絕大多數都不是猛烈引爆型，對機組成員來說很好處理。怪事確實發生過，例如二〇〇五年太陽神航空的詭異事故。但是就算機身破洞或產生裂縫，導致急速減壓，因壓力問題而墜機或傷亡還是極為罕見。

若機艙壓力掉到特定閾值以下，氧氣罩會從艙頂落下，讓大家置身於「橡膠叢林」，要是你以後遇到這種奇觀，盡量避免尖叫或心跳停止，請戴上氧氣罩，試著放鬆；飛機很快就會降至安全高度，備用氧氣也夠大家撐上好幾分鐘。

在飛機前方的駕駛艙，機師也會戴上自己的面罩，著手操縱飛機，迅速降至一萬英尺以下。如果你覺得飛機下降速度快得危險，那不是因為要墜機了，而是機組人員在做該做的事，過程或許震盪，不過高速緊急下降本身是安全的。

有天下午，我值勤的班機要從南美飛到美國。到加勒比海高空，原本一切平靜，忽然間傳來一陣很大的呼嘯聲，好像是憑空冒出，又像是從四面八方傳來，我可以感覺耳內傳出爆裂聲。往儀器看了一眼，果然，上面顯示艙內壓力正在下降。機長和我戴上面罩，拿出手冊，開始解決問題，方式包括前面提到的驟降。執行這種驟降需要多重手續：在高度視窗輸入一萬、從自動駕駛面板選擇「變更飛航空層」、把速率指令提升到將近最高速度、啟動減速板、把推力操縱桿收到閒置狀態……乘客想必覺得像在搭雲霄飛車，但一切都經過謹慎設置。自動駕駛從頭到尾都開著，也沒有打破任何速限。

如果失壓發生在山脈或地勢較高的區域，機師會飛一條預先設定好的失壓路線，有時又叫做「逃生路線」，這種下降會分成好幾個階段，比較循序漸進。即使是飛過安地斯山脈或喜瑪拉雅山脈，在氧氣補給用完之前，也絕對有機會降至安全高度。

我常從路易斯維去紐約，可是只有像跳水機那種區域客機會飛這條路線，看起來很不可靠，我不太想搭。這種飛機會不會危險啊？

簡短的答案是：不會。商務客機都很安全，跟危險差得遠了。至於長答案就比較細緻周全：區域航線客機在某些方面，安全程度到底是不是比主流航線客機來得差，一直有討論空間。沒有任何實際理由支持民眾乾脆拒搭小型飛機，但這事依然值得討論。

嚴格說來，尺寸不構成問題。我沒辦法解決幽閉恐懼症或是沒地方放腳，可是飛機大小跟墜機機率幾乎無關。製造一架現代渦輪螺槳飛機或區域飛機，需要花費上千萬美元，不曉得你注意到沒有，錢可不是砸在餐飲或臥鋪式座位上，而是花在高科技航空電子系統跟升級駕駛艙，這些東西跟波音或空中巴士用的一模一樣。飛機或許小，但設備絕對不復古。順帶告訴你，就像環境科學家聽到「戀樹狂」會不爽一樣，機師聽到「跳水機」也會很火。

當然了，飛機安不安全還是要看機組人員的專業素養。區域航線的機師該具備多少經驗、接受多少訓練，一向飽受爭議，偏偏薪資是出了名的低於水平，區域航線的航空公司的工作環境也是出了名的不合理，所以愈來愈難招募並留住經驗豐富的機師。現在，只要出奇少的總飛行時數，新人就可以登機。這個議題留待第四章再深入討論（參見162頁，區域航空機師）。

不論你是愛是恨，區域飛機已經成為常態。目前在美國，區域飛機航班比例高達百分之五十。許多不同的「快運」或「接駁」分公司都隸屬大公司旗下，數量說是成打絕不誇張。多數乘客不知道的是，那些飛機是獨立於大公司之外運作，兩者只共享飛機班次跟機身塗裝；分公司其實是外包廠商，管理結構、員工、訓練部門都和大公司完全獨立。

有一次搭飛機，我們盤旋了一個小時才著陸。飛機都儲存多少燃油來應付這種情況？航空公司會不會為了省錢而偷吃步？

如果你愛看大數字，現在就會拿起螢光筆把以下幾句話畫線：加滿一架747，需要的油總共比四萬五千加侖多一點；加滿一架737或A320，需要大約一萬一千加侖；十五人座的螺槳推進飛機或許只需不到一千加侖，雖然相較之下很單薄，還是夠你開車從華盛頓到加州開個六趟了。燃油儲存位置包括機翼裡、機身中央，甚至是機尾或水平尾翼。我以前開的貨機有八個油箱，我工作內容的一大部分，就是要把裡面的油移來移去，好讓油箱保持均衡。

然而，飛機起飛時很少加滿，因為拖著過重的機身飛來飛去，不但花錢、不切實際，也會限制貨物或乘客酬載量。該準備多少油需要經過科學計算，也設下了硬性規定。你開長途車之前，或許只是草草瞄一眼油表，粗估一下油量，但是機組人員不會這樣；燃油量是簽派員和飛行計畫人員負責，計算須嚴格遵照一份長長的規則清單，過程複雜精細，要飛國際時更是如此，確切油量也因國家而異（飛機須遵守註冊國家的規定，如果飛航當地的規則更嚴格，也得照那些規範來）。想知道一切有多嚴謹保守，美國國內規定是很好的例子：首先，油量一定要夠飛到預定目的地，再加上足以飛到備用機場的油量（備用機場可能不只一個），再加上夠飛四十五分鐘的油，全部加起來就是最低油量，不容再低。偶爾，為了因應氣候狀況（條件非常明確），飛行計畫必須再加進兩個以上備用機場，總油量也因此增加。假如預測班機會延誤，還得再加更多。整個數字是由簽派員和飛行計畫人員算出來的，不過最終決定權在機長手上，機長可以要求加更多油。畢竟，雖然帶太多油飛很花錢，但總比臨時改航引起的麻煩要好得多。

飛行前，文件報告中必須逐項詳細說明預期油耗。飛機一起飛，就會仔細記錄油耗量，從特定航點飛至另一個航點時，會比對預計耗油量和剩餘油量。一路上，機上數據藉由資料鏈不斷傳送給調度員，所以機組人員和調度員都持續監控總油量。因此，飛機降落之前，大家早就知道著陸時確切會剩下多少燃油。要是因為某些緣故（例如出乎意料的逆風、機具問題），導致數字掉到法定門檻以下或逼近門檻，還有充分的時間計畫改航。

航空公司會不會為了省錢偷吃步？新聞偶爾會出現一些聽起來很可惡的事件，說飛機起飛時燃油「少於正常量」，推測因此導致班機延誤、進入待命航線等不安全的狀況。在某些狀況，公司確實會砍掉飛機的額外油量，因為帶著那些油到處飛實在太重又太浪費錢，不過請注意「額外」這個字——航空公司砍的是追加部分，不是常規油量。儘管此舉減少了飛行彈性，卻絕不危險，大家毋須承受墜機的惡果，只是回航時間要比預期的早一點，想當然耳，也會給乘客、機組人員帶來後勤方面的麻煩。

考量上述所有情況，真的把飛機開到沒油很不可思議，不過燃油耗盡的意外的確發生過幾次。要探討這些事故怎麼發生、為何發生，得花好幾頁來做（對你我而言都）很無聊的分析，這本書的篇幅不夠，簡單說，那些是機率好幾億分之一的意外，況且大部分都幾十年前了。總之，意外背後的原因十分複雜，絕不只是航空公司想省錢，也不可能是機長打了個瞌睡，醒來才驚叫：「媽啊！油快用光了！」

我知道飛機可以空中棄油，這是為了減輕重量以便降落嗎？有時候，就在飛機著陸之前，可以看到油從翼尖流出來……

偶爾會有人向公司投訴，說目擊靠近地面的飛機後面流出一道機油，可是這些人其實是看見一道道水氣——渦旋的核心凝結後，從翼尖流了出來（參見65頁，尾流和渦旋），溼度一高，這種情況很常見。比起飛機空中放油，你還比較可能看到一袋袋百元鈔被丟到海裡。

再來，沒錯，空中棄油是為了減輕載重。起飛容許的最大重量，往往遠大於降落容許的重量，這有幾個原因，最顯而易見的理由是：相較於起飛，著陸施加在飛機結構上的壓力更大。通常航行途中就會耗掉適當的油量；好，假設飛機起飛後出了狀況，必須回到機場，如果問題真的很緊急，機組人員會不管重量，直接讓飛機猛力降落，不過幾乎總有時間減輕重量，以符合落地限制，最簡單的方式是從機翼導管棄油，不用丟掉乘客或貨物（有一次，由於引擎故障，我得這樣在緬因州北部上空投棄超過十萬磅的油，花了頗長時間，成本夠我在邦哥機場希爾頓花園飯店度過一個奢華的夜晚）。棄油都是選在高度夠的地方，石油早在落地之前便會霧化、消散。還有，不會，引擎排氣管不會點燃棄油。

並非每種機型都有棄油功能，大型飛機才會有，像是747、777、A340、A330，737、A320、區域飛機則辦不到。那些較小的飛機只能在上空盤旋，若有必要便超重降落。某些飛機降落和起飛的重量限制相同，那就沒有棄油問題了。

要知道，假如飛機空中棄油或預防性回航，十有九次都不是真的身陷緊急危難。「緊急降落」這個詞被乘客和新聞媒體用得太過氾濫，其實機組人員只會在緊要關頭、飛機或人員可能受傷、飛機狀況不明的時候，才必須正式向飛航管制人員宣布進入緊急情況。即使跑道上等著一整排消防車，預防性降落大半都正如其名：只是預防。

閃電打中飛機會怎樣？

飛機被閃電打到的頻率比你預期的要多（一架噴射客機平均兩年左右被擊中一次），所以也為此設計了預防措施。飛機表面的鋁合金導電能力非常優秀，因此電流不會傳到機艙電擊乘客，只會流過飛機外裝。飛機表面三不五時就會燒傷（很淺的穿入傷或穿出傷），或是飛機電力系統略為受損，但是被閃電打到通常不會留下多少痕跡。一九六三年，一架泛美航空的707飛過馬里蘭州時被擊中，造成機翼爆炸，在那之後，聯邦航空總署便實行幾項保護措施，包括修改油箱、每架飛機都須裝設放電器等。

一九九三年，我擔任一架三十七人座飛機的機長，一個藏起來的細小積雨雲胞打中機鼻，我們只感覺到眼前隱約一閃、聽到一記悶撞聲，警示燈沒有大作，發電機沒有跳掉。我們的對話如下：

「那是什麼？」

「不知道。」（聳肩）

「閃電嗎？」

「一定是。」

事後，維修人員在機身前段發現一道黑色汙跡。

我不只一次在搭飛機時，看到機身某些部位貼著很像銀色絕緣膠帶的東西，拜託，告訴我那不是絕緣膠帶。

每隔一段時間，就會出現這種看似用絕緣膠帶修飛機的照片，藉由電子郵件流傳或被貼在部落格上，搞得人心惶惶。照片往往誇大了實際情況。那種材質根本不是絕緣膠帶，而是一種強韌耐用的鋁膠布，稱為「快速維修膠帶」，貼在表層的非關鍵部位，以待稍後確實修補。這種膠布可能會貼在襟翼整流罩、翼尖小翼、起落架艙門上，諸如此類。快速維修膠帶一捲價值數百美元，能夠使用的氣溫幅度相當大，皆可自由伸縮。

有一次飛過海洋上空，我看見一架747飛近，緊挨在我們旁邊飛了好幾分鐘，位置就在左邊下方，近到可以從窗戶看見裡面的人。我常常看到其他飛機像這樣擦肩而過，距離近得嚇死人。這些情況就是「空中接近」嗎？

這例子非常適合說明我簡稱為「加油」的現象，全名叫做「乘客加油添醋因素」，經常伴隨著起飛時搖搖晃晃、兩架飛機好像差點相撞之類的故事。把這頁摺起來，要是下次你又在茶餘飯後聽到這種故事，就有所準備了。

不是要罵你觀察力很差，只不過在高空很難判斷距離，乘客又真的超級習慣小看兩架飛機之間的距離。飛行途中，飛機之間必須垂直相距至少一千英尺，或是水平相距三英里。跨海航線系統上的班機（參見127頁，海洋航班）常遇到其他飛機，狀況差不多像你說的那樣，可能會很令人驚嚇（747體積龐大，就算相隔一千英尺，看起來一樣近得可怕），但絕對是安全、稀鬆平常的。起降的規定就又不同了，舉例來說，如果兩架飛機同時在平行跑道進場，可以飛在相同高度，距離一英里內，但飛航管制員仍然會嚴密監控，而且也要讓對方保持在視線範圍裡。

至於從窗戶看到人，這就是典型的「加油」現象，我一天到晚都聽人在講。就算飛機停在登機門，靜止不動，距離你只有幾英尺之遙，還是很難看到裡頭的任何人。在空中，你跟其他飛機的距離根本不可能近到看得見乘客，相信我。

即使是搭飛機再平常不過的感受，老是會被乘客放大。他們無法控制這種事（尤其是焦慮的乘客），可是他們感覺到的高度、速度、角度，往往比現實嚴重得多。遇到亂流，乘客以為飛機一下子掉了幾百英尺，其實偏移範圍很少超過十幾二十英尺，高度表上的指針不過稍稍一晃（參見60頁，亂流）。左右傾斜或爬升也是類似狀況，通常轉向大約只有十五度，急轉彎二十五度左右；爬升最陡是機鼻向上二十度，即使是急速下降，機鼻向下也不超過五或六度。

我可以預見你寫信過來：你會說我騙人，你搭的飛機鐵定是四十五度爬升，鐵定是傾斜六十度，而且你鐵定有從窗戶看到人。可惜你鐵定錯了。抱歉講得這麼蠻橫，真希望帶你進駕駛艙親自示範，讓你知道四十五度爬升究竟是什麼樣子，你一定會整張臉綠掉；六十度轉彎時，重力可會強到讓你幾乎沒辦法把腳從地板上拔起來。

飛機被鳥撞上有多危險？

鳥撞上飛機很常見，通常損害都很輕微，甚至毫髮無傷——除非是從鳥的觀點談這件事。你大概已經料到，飛機各部位都能夠承受這種衝擊。網路上有些影片，拍到一種宛如飛雞砲的東西射出禽鳥屍體，測試擋風玻璃跟進氣口等零件是否堅固。我自己曾經歷幾次鳥撞上來的意外，最慘不過是輕微凹陷或彎曲而已。

我大概不太需要再提，只不過，鳥撞上來偶爾也很危險，特別是牽涉到引擎的話。二〇〇九年，全美航空一五四九班機撞上一群加拿大雁，滑行迫降於哈德遜河。現代渦輪扇引擎很耐用，可是碰到異物會消化不良，尤其是高速撞上旋轉扇葉上的東西。鳥不會阻塞引擎，但有可能弄彎或撞裂裡面的扇葉，造成動力損失。

鳥愈重，潛在傷害愈大。如果飛行時速二百五十節（在美國，這是高度一萬英尺以下的最高容許速率，一萬英尺以下又最容易遇到鳥），撞到一般大小的雁，飛機會承受超過五萬磅衝擊力。即使是小鳥，一整群撞上來也是個威脅。一九六〇年，東方航空一架渦輪螺槳飛機撞上一群椋鳥，結果在波士頓墜機。

那麼，下個問題就是：為什麼不在引擎前面加個防護罩？這個嘛，除了可能擋住部分空氣流入之外，防護罩還要夠大才行（推想應該做成錐形），又要極端堅固。假如防護罩破掉，馬達裡就多了一隻鳥跟一堆金屬碎片。撇開上述事故不提，鳥一次撞壞好幾個引擎的機率極低，所以設計防護罩顯得不切實際。

有些意外聽說和飛機積冰有關。冰雪會對飛機造成多大危害？

飛機上有冰雪可能會非常危險，特別是附在機翼上。關鍵不在於重量增加，而在於冰雪一旦附在外形悉心打造的機翼上，會打斷上面和四周的氣流，從而毀掉升力。此外也伴隨滑溜溜的跑道，以及其他各式各樣的挑戰。

在地上：

就像車子上會堆滿冰雪一樣，雪也會堆在停在登機門的飛機上。如果是車子，只要大略刷掉，就可以安全上路；換做飛機就不行了，只要結上四分之一英寸的冰霜，機翼附近的氣流就會改變，不利航行。這對起飛來說極為重要，因為起飛之際速度緩慢，升力限度低。為了清掉冰霜，飛機會噴上混合乙二醇酒精和水的加熱液體。

在乘客眼中，噴灑過程或許頗為隨意，其實須遵守特定步驟、受到嚴密控制，視情況灑上成分、溫度和黏性不同的液體，常常好幾種混合使用。例如，飛機或許會噴上可以融掉大塊冰霜的第一類溶液，再噴較有黏性的第四類溶液，防止後續積冰。機師會遵照一份檢查表，確保飛機上一切配置妥當，準備好噴灑溶液，通常是把襟翼和前緣縫翼降至起飛位置，關掉主引擎，以輔助動力系統供電；空調系統也會關閉，以免艙內起煙。

等除冰結束，地勤人員會告訴機師用了哪種溶液，以及開始除防的確切時間，如此一來，就能記錄「持續時間」。如果持續時間已經過了，飛機卻還沒有機會起飛，說不定會需要第二輪除冰及防冰。持續時間長短不只視溶液種類而定，也會受到有效降水的類型和程度所影響（乾雪、溼雪、冰珠，規模是小、中或大）。我們會用很多圖表弄清楚這些事。

除冰溶液不具腐蝕性，但也不是世上最環保的東西。這些溶液乍看很像蘋果汁或杏仁草莓水果泥，不過我自己可不敢喝，畢竟有些乙二醇有毒。溶液價格也相當昂貴，一加侖可達五美元，再加上處置和儲存的成本，要除去一架飛機上的冬雪，得花上好幾千美元。另一個方法是，加蓋天花板裝設強力加熱燈的特殊飛機庫，把飛機停進去就好，某方面來說，這方法比較環保，只是消耗的電力大得驚人。

在空中：

航行過程中，雪不會黏在飛機上，冰就未必了。由於氣流和空氣動力的緣故，冰往往不是黏在面積較大的表面，而是黏在較薄、較隱密的區域，譬如機翼和機尾前緣、引擎進氣口四周、各種探針和天線上面，逐漸積累起來。假若不處理，可能會損害引擎、使螺槳組件失去平衡、奪走機翼最寶貴的升力，最糟的後果是造成飛機澈底失速，即機翼完全停止飛行。

好消息是，所有可能受害的表層都裝有避免結冰的裝置。螺旋槳飛機上有種充氣式「除冰帶」，能夠弄碎機翼和水平尾翼前緣上的冰；噴射機則利用引擎壓縮機的熱氣，將之吹送到機翼、機尾和引擎進氣口；擋風玻璃、螺旋槳葉、其他不同的探針跟感測器，都是以電力保溫。這些系統是利用剩餘電源供電，分別安置在不同區域獨立運作，以免一個故障全機遭殃。

機身結構上的冰有三種基本形態：白霜、透明冰、混合冰，以白霜最為常見，看起來像白色絨毛。依照結冰速度，積冰等級可分為「輕微」到「嚴重」。嚴重積冰最常發生在飛過凍雨的時候，非常棘手，但凍雨也頗為罕見，範圍往往較窄，很容易就能避開或飛離。整體而言，在飛行途中結凍，對小型非商務機的威脅比較大，對民航機則較小。即使下了滂沱大雨，噴射客機上連輕微白霜都不太看得到。

跑道危機：

不消說，跑道結冰就會變得滑不溜丟。機場針對每一條跑道（甚至是同一條跑道不同段）發布「道面煞車狀況報告」，機師會仔細留意這些報告與最新風向、氣候報告，這些數據綜合起來，能協助機師判斷起降是否安全。降落的滑行距離一定要足夠，若飛機起飛中斷，也需要適當空間停靠，因此假如煞車報告低於特定數值，或冰雪及雪泥超過一定深度，就會禁止作業。在下雪天，起降速率跟電力、襟翼設定，往往和晴天不一樣。不只如此，如果仔細看跑道，會發現路面上嵌著上千細小橫向溝槽，每條僅相距幾英寸，它們可以幫助飛機牽引，現代飛機上的精細防滑系統也具備相同功能。

我在冬天駕機著陸的經驗相當多，有件事每次都會嚇到我，那就是剛下雪過後，真的很難看清跑道並對準。正常情況下，跑道看起來和周遭事物（管他是路面、草坪或是其他什麼東西）截然不同；下雪時，一切都是白的。跑道上裝設了一連串不同顏色的燈光，大半時候你只會草草瞥一眼，直到你衝破低矮密布的陰雲，發現眼前的風景是全然相同的無垠白色，突然間，那些燈光跟顏色就變得很有用了。

意外與事故：

多年來，有些飛機機翼結冰仍企圖起飛，發生過幾次事故。最近一次是一九九一年全美航空墜機於拉瓜地亞，在那之前九年，是惡名昭彰的佛羅里達航空華盛頓特區墜機事故，當時機組人員不僅忽視機翼上的積冰，也未開啟引擎防冰系統，導致結冰的飛機探針發送錯誤推力數值。一九九四年萬聖夜，美鷹航空4184班機墜機，六十八人死亡，被歸咎於ATR-72的除冰系統設計不良，從那之後設計便已修正。此外，飛機因路面積雪滑出跑道盡頭的情況也多不勝數，罪魁禍首包括天候資料或煞車數據出錯、進場不穩卻未及時中斷、偶然故障，或是好幾種原因綜合。

我沒辦法說這種冰雪相關意外不會再發生，但我可以保證，航空公司和機組人員對待結冰的態度比以前嚴肅得多。我們學到很多事（大部分都是吃過苦頭才學到的），這些知識化成正式明確的流程，如此便不需冒太大風險。

飛機廁所馬桶裡的東西是在航行途中投棄嗎？

幾年前，我從馬來西亞搭火車去泰國。我走進廁所，掀起馬桶蓋，只見一幅令人目眩的奇景——碎石、泥土、枕木在我下方呼嘯而過。旅人三不五時就會遇到這種狀況，說不定就是我們這種人開始散布那些奇奇怪怪的傳言。答案是：不是，飛機馬桶內容物絕不可能在飛行時倒掉。

至少不會是刻意的。有一次，一名加州男子為此打贏一樁官司，因為好幾塊「藍冰」從一架飛機掉出來，砸破他的帆船天窗，究其原因，是飛機馬桶外部噴嘴的接頭滲漏，導致馬桶水凍結、累積，最後像顆冰霓彩炸彈一樣空降。這還不算最慘的，有架727曾因機上馬桶廢棄物滲出來，結冰後撞進引擎，導致引擎脫落，從此流傳一句話：「狗屎打到渦輪扇——太大條了。」

班機降落之後，你奉獻出來的東西會跟藍色馬桶水一起，輸送到某輛水肥車上的槽桶（水肥車司機的工作內容比飛機副駕駛還爛，可是薪水比較好），接著司機會掉頭開到機場後方，偷偷摸摸把廢棄物倒進停車場後面的排水溝。

好啦，其實我也不知道他是怎麼處理廢棄物。是時候創造新的都市傳說了。

登機前，機場宣布由於系統故障，班機有載重限制。碰到重要系統失靈時，誰來決定要不要起飛？

零件無法運作（通常有兩到三個備用的非必要設備），飛機還是可以起飛，條件是要符合規定。

這些規定寫在兩本厚厚的手冊裡，分別叫做「最低裝備需求表」和「外形差異表」。只要符合任何明定規章，用我們的話來說，這兩本手冊裡列出的零件都「可暫緩」修理。規章有時頗為嚴格，所以機組人員報到之後，第一件事就是快速看一遍寫明緩修設備的文件，確認相關規定；舉例來說，若防滑系統故障，起降所用的跑道可能要長一點。之所以制定這些手冊，可不是要讓航空公司更容易鑽漏洞，任由設備損壞的飛機四處飛。正如你希望的一樣，很多東西根本不容許暫緩修理。此外，所有故障零件都必須在規定日期或時數內修復。機長也有最終裁決權，如果機長覺得不夠安全，可以拒絕接受任何暫緩。

我曾在登機門看到機師在飛機附近走動，檢查外觀，可是好像不是很深入的樣子。

外觀檢查很有用，不過只是最基本的，像你在公路旅行前也會檢查油量、輪胎、雨刷，飛機外觀檢查就跟這差不多。外觀檢查最常發現表層凹陷、面板鬆脫、小規模滲漏，以及輪胎問題（割傷、刮傷等等）。飛行前，駕駛艙內會進行較嚴密的例行檢查，你卡在空橋上時，我們正在測試駕駛艙的各種設備和系統。此外，飛行前後，維修人員都會檢查飛機內外，如果是跨海航行，還要再加上特殊檢查與核可。觀察看看飛機停進機棚的狀況，或許會看到一名以上的機械師在下面轉來轉去，另一個則走向前方，和機組人員討論、翻看飛行日誌，為確保下次航行一切準備就緒。

我有點介意搭到比較舊的型號，這需要擔心嗎？

如果你擔心的是機艙內裝、舊世代引擎排放微粒，儘管去抱怨吧。不過，如果你介意的是發生意外事故的機率，相關數據顯示，服役時間和安全程度其實沒有多少關聯。客機本來就設計成使用期限很長，幾乎是永久（所以飛機才會這麼貴），一架噴射機服役達三十年以上，是很常見的事。

飛機愈老，在飛機庫內愈需要悉心照料，檢測標準也會愈來愈嚴格，影響因素包括飛機總機齡、總飛行時數、累積下來的確切起降次數（這叫「飛行週期」）。聯邦航空總署最近針對特定老舊機型，實施嚴謹的新檢測、記錄過程，項目包含侵蝕、金屬疲勞、布線系統。

令人驚訝的是（或許也沒那麼令人吃驚），美國航空公司的機隊平均機齡最老，歐亞、中東航空公司的機隊最新。美國航空公司擁有的許多架MD-80，都是一九八〇年代製造的；達美航空旗下尚存幾架DC-9，製造日期可追溯至寶瓶座時代，是併購西北航空時取得的。

飛機「退役」是個很曖昧的詞。飛機之所以被賣掉、交易、封存，不是因為太舊了快壞掉，而是因為缺少經濟效益，這不一定跟製造日期有關。例如，達美和美國航空便棄MD-11不用，卻留下機齡老上許多的MD-80跟767，而且計畫繼續使用很多年。飛機會為了特定角色和市場而調整，在賺不賺錢之間維持搖搖欲墜的平衡，支出和收入的百分比差距相當微小、不斷浮動，所以績效差就代表銷售額會迅速下降。對另一間航空公司而言，由於成本、路線、需求都不同，同樣一架飛機或許反而可以賺錢。

○里維爾幻想曲：憶故鄉

聽見飛機引擎轟鳴聲，有時會讓我想起海邊。

我想你應該不懂為什麼，除非你像我一樣，童年時對噴射客機極度著迷，夏天又經常去海邊，那片海灘還剛好在主要機場進場路線的正下方。

以我來說，那個地方就是里維爾海灘，位於波士頓北邊，時間是一九七〇年代中後期。那時候，里維爾市就像現在一樣，滿是砂礫，許多層面都毫無迷人之處：一排又一排三層公寓，以及一個街區又一個街區的殖民時代屋子，外面飾以俗麗的熟鐵欄杆（里維爾這個城市的建築簡直毫無希望，完全無法像波士頓其他地方的郊區一樣，改頭換面一番或蔚為風尚）。愛爾蘭和義大利家庭操著一口北岸口音，總是略去字母R的音不發。愛嘴砲的小屁孩開著科邁羅和火鳥跑車，胸口印著老派、鄉下的惡魔角標記，在胸毛間閃爍。

里維爾海灘是美國第一個公立海灘，但如同這個城市的其他角落，這地方不會讓人用上好聽或感性的形容詞。雲霄飛車早就燒掉了，街上林立著單車愛好者聚會空間跟喧鬧酒吧，那種酒吧沒一個小孩敢踏進去，不管多尿急都一樣。常有海鷗俯衝而下，在廢棄桶和大型垃圾箱滿溢出來的垃圾上飽餐一頓。

然而，里維爾也有沙灘，有適合游泳的乾淨海水，波光粼粼的海浪長而平和，退潮時彷彿會一路退過納罕特，直向地平線而去。我們總在這裡度過夏天，每到週末幾乎都來，週間也常來。我爸媽早上十點就會把東西全放到車上，我還記得有折疊椅、毛巾，以及永遠用不完的夏威夷熱帶防曬乳液，那股椰子防曬油香味，混合了奧斯摩比座椅皮革被太陽曬的熱臭味。

我在海裡游泳，在沙灘到處挖螃蟹，還有跟朋友打例行的泥巴仗。不過，真正會讓我熱血上湧的，是飛機。里維爾的海灘足足有一英里長，幾乎完全對準洛根國際機場的22L跑道，每隔一定的時間便有飛機抵達，低空飛過海灘，高度之低，讓人誤以為只要用被人隨手丟棄、從沙灘冒出一截的麥格黑啤酒瓶，就可以丟中飛機。我會帶本筆記本，記下每架在頭頂呼嘯而過的飛機。

一開始，飛機看起來就像個黑點，等到飛機終於出現在塞冷或馬波黑德上空，你會先看到煙——707或DC-8機後如蛇般的黑煙，這時大人小孩都會摀起耳朵。舊時代噴射機的聲音有多刺耳，現在的人大概無法理解。那些飛機都是低空飛過，距離沙地大概只有一千五百英尺，愈飛愈低、愈飛愈低，最後消失在比奇蒙的山丘，幾秒後便會著陸。

每架飛機我都記得：環球航空的707和L-1011，機身塗上古早味的雙地球標誌；聯合航空的DC-8、DC-10，機身印著七〇年代的蝴蝶結雙色標記；飛虎隊的DC-8跟747；阿利根尼航空的DC-9和英國航太BAC1-11；東方航空的727，外號「輕聲機」，雖然它發出的聲音一點也不輕；布蘭尼夫航空、皮德蒙航空、卡皮托航空、海岸世界航空、TAP葡萄牙航空、中北航空、贊托普航空、越際航空。「區域客機」這個詞，還要再過十年才會出現。那時我們有「短程客機」，普洛溫斯-波士頓航空和西斯納402號；新英格蘭航空的雙水獺飛機和ＦＨ－２２７；巴哈伯的畢琪９９號、朝聖者航空、帝國航空、蘭森航空、下東航空。

往後快轉三十年：

飛機抵達２２Ｌ跑道的模式依然如故，仍舊總是直飛過里維爾海灘上空。終於當上民航機機師之後，最讓我興奮的事，莫過於在飛進洛根國際機場時，坐在控制面板前，往下看著那片海灘──孩提時代，我就在同一片海灘抬頭往上看。可是，其他事情已經不同於以往了。

譬如，這座城市和海灘上的人口組成變了。在我年少時期，里維爾幾乎每個家庭都是義大利人、愛爾蘭人，或是兩者混合，海灘上也是一樣。今天，里維爾社區和海灘這兩個地方，幾乎稱得上是北岸聯合國，除了原本強悍、跳過Ｒ的口音，又多了印地語、阿拉伯語、葡萄牙語、高棉語的音調。無袖汗衫、義大利惡魔角、酢漿草仍在，只是除了曬紅的愛爾蘭臉孔，又多了索馬利亞人、迦納人、海地人、摩洛哥人的臉孔，形成反差。

天上則少了一條條散發油味的煙霧。如今飛機更環保、更安靜，也更無聊了。我十二歲時，隔著十英里外就能判斷是ＤＣ－１０還是Ｌ－１０１１，因為每架飛機的外形各不相同；現在的飛機就算是近距離瞧，也往往難以分辨。以前，７０７或ＤＣ－８馬達聲轟轟作響，機尾吐出黑煙，總是令人熱血沸騰，吸引曬日光浴的遊客舉手指著天空；現在，空中巴士和區間飛機不斷飛過，卻沒有相同的效果。

多年來，里維爾即使失去了些舊特徵，卻也多了些新風味。可是，頭上的天空已然特色盡失。

CHAPTER

3

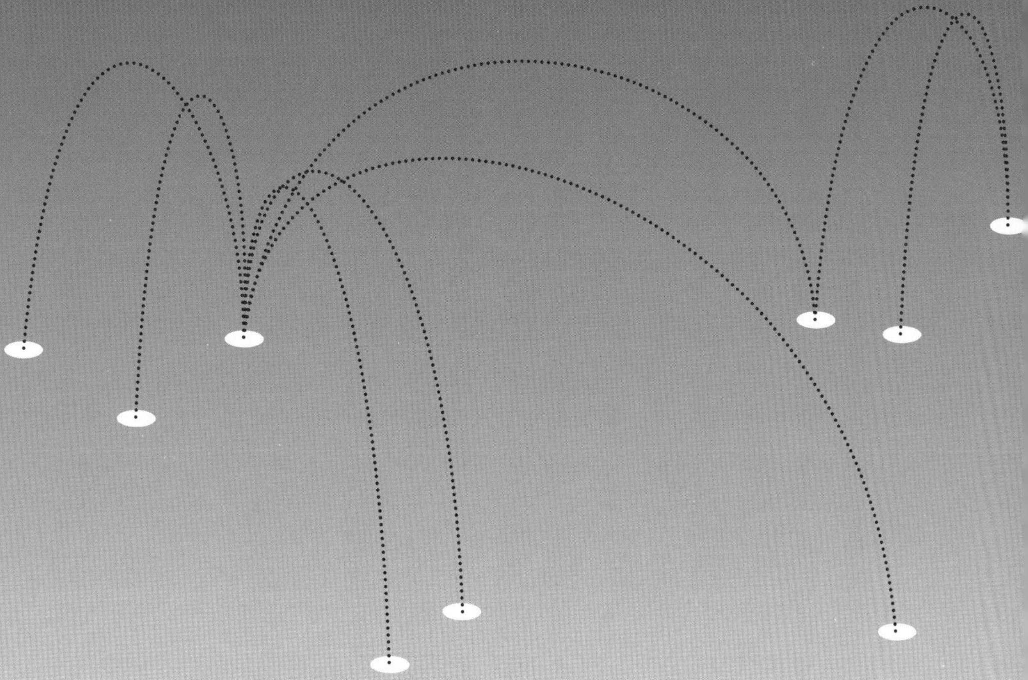

上頭發生了什麼事……

起飛、降落，還有中間那段神祕的過程

What Goes Up…

○機場怎麼了？

空中旅行對我們這個世紀的建築與設計，影響之大可能凌駕其他事物，甚至比汽車帶來的影響更大。

——約翰·史可夫斯基，《飛航建築》

出於很多原因，機場常令人困惑抓狂。現代的航站有很多事情會激怒旅客，令旅客困惑與苦惱。該從何說起呢？

舉一個普遍的現象為例：少女會把大而蓬鬆的枕頭帶上飛機。這是怎麼開始的？又怎麼會變得如此風行呢？（我承認這個點子還滿有用的。除了長途航程，現在很多航空公司都不提供扎實的小枕頭了。）問題是，像我這樣的人並不熱衷此道。除非願意被人取笑，否則大人是不會帶著蓬鬆的大枕頭在機場裡晃的。我們走到哪都無法擺脫這種保護脖子的玩意兒。）另一個令我大惑不解的現象是數獨熱潮：數獨之於這個世代，就像早期人們喜歡玩填字遊戲一樣。而且依我所見，對無聊沒事做的旅客來說，數獨根本是消遣活動的首選（我不是說這個遊戲沒有挑戰，但這就像跳水或吞劍，不需要人人都做）。

不過過去半個世紀以來，機場裡最讓人恐慌的不是遊戲、枕頭、自殺劫機行為，或是美國運輸安全局對乘客頗具情色意味的搜身舉動。統統不是。最讓人困擾的是機場的噪音。

有一點，是美國的機場應向歐洲或亞洲的機場師法的，那就是不要用連珠砲式的公開廣播，把一堆無用又多餘的資訊塞給旅客。安全警示、登機通知、交通停車指示……，美國的機場常常同時廣播放送這些訊息，聲音層層疊疊得實在教人難以忍受。我曾聽過多達四個廣播同時放送，整個機場就像颳起聲音風暴，每則廣播都模糊而難以辨認。

讓這種噪音轟炸情形更雪上加霜的，就是登機口旁那些可惡的螢幕傳出的，有線電視新聞網刺耳的機場新聞。有一份調查顯示，多數旅客都強調他們很享受、甚至很珍惜能在登機口看電視的機會。這份調查或許是事實，我也不是說應該立刻剝奪這些人看電視的權利，但娛樂與騷擾是兩碼子事。要是電視有權設在這兒，那如果有旅客不喜歡電視帶來的噪音，難道就沒有權利遠離它們嗎？這正是大家忽略的一點，機場隨處可見這些喋喋不休的電視機，而且還關不掉——你找不到按鈕、找不到電源線，根本不得安寧。每個登機口都配有一台電視，二十四個小時強力放送，連機場員工都不知道要怎麼關掉它們。還有尖叫的孩童、嗶嗶作響的代步車、講手機講個沒完的人，諸如此類的噪音。它們從四面八方襲來，讓人無法逃避，無論白天還是夜晚，都充斥在機場的每個角落。

不久前我在韓國仁川機場短暫停留，因而獲得以下靈感。我不是要貶低像是阿姆斯特丹的史基浦機場、新加坡的樟宜機場，這些評價向來名列前茅的機場（樟宜機場甚至設有電影院、游泳池，還有蝴蝶園），但仁川機場是我造訪過的機場中，功能最齊全、最吸引人，對旅客來說也最方便友善的。它寬敞整潔、有條不紊，氣氛像教堂般肅穆安靜。機場的海關與安檢處有如微風般流暢，國際航線之間的轉換也相當輕鬆；提供多語服務的櫃檯友善親切，給予旅客很大的幫助。機場內的公共設施包含免費的網路、淋浴間、行李托管處、行動電話出租櫃，以及郵局與按摩設備。讓旅客放鬆休息的區域設有沙發、舒適的座椅，也跟主要通道保持一段距離。

機場內部有文化中心、博物館，安檢區域內也提供完整服務的旅館，讓需要延長停留時間的旅客無須辦理過海關手續，就有房間可以休息。如果你精力旺盛，有一個旅遊專門櫃檯會安排免費的導覽行程，帶你繞一繞仁川市。如果你要去首爾，機場也有高速鐵路，不用一個小時就能抵達首爾市區。為什麼不能每一座機場都像仁川機場這樣呢？

機場必備的十五項服務與能力

一、快速又便宜前往市區的交通方式

從某方面來說，選擇喜歡的機場就跟選一間喜歡的醫院一樣：撇開便利的設備不論，沒有人想在那兒多加停留，能愈快愈輕易地離開是再好不過了。所以呢，每個機場都應該像歐洲與亞洲的機場一樣，擁有公共運輸系統。除了波特蘭機場、奧瑞岡機場與華盛頓雷根機場，美國其他地區的機場鐵路系統相當不方便，有些地區甚至沒有鐵路系統。在我家鄉波士頓的洛根國際機場，從我住的地方到機場之間六英里的距離，搭乘大眾運輸工具得花將近一個小時，還要換兩次車，其中有一段還要搭乘銀線公車，乘客必須仰賴汽車交通，需要駕駛出現手動開啟電源才能抵達機場。約翰·甘迺迪機場又是如何呢？耗費好幾億美元之後，甘迺迪機場的捷運終於完成——該系統連結各個航

廈，最遠只連到皇后區地鐵線。光是從一個航廈到另一個航廈，就要花四十五分鐘，上下行經一連串複雜、迂迴曲折的手扶梯、電梯，還有通道，更不用說去曼哈頓有多麻煩了。

二、處理轉機的能力

說來丟臉，美國的機場不知道出了什麼問題，它們沒辦法理解「轉機」這個概念。所有從其他國家前來的旅客，即使只是短暫經過，之後就要轉往第三個國家，仍會被要求過海關檢查、過海關辦理入境手續，重新檢查行李、再過一次安全檢查。在全世界其他地區很少這樣大費周折。為什麼在法蘭克福或杜拜都可以迅速輕鬆地轉機，但是在美國還要排成三排、拍照留指紋、重新檢查行李，並且接受美國安全運輸局的嚴密檢查呢？所以囉，像阿聯酋航空與新加坡航空等公司會這麼成功，是有道理的。

三、免費的無線網路

我們在機場時會做什麼？答案是打發時間。說到消磨時間，上網可說是最好、最具生產力的方式了。你可以寄封信給老婆大人、上我的網站（askthepilot.com）讀讀文章，或是跟遠在斯洛維尼亞的朋友視訊。多數航廈都有無線網路可用，但通常所費不貲，使用上也很困難複雜（信用卡付款頁面幾乎是人生中最讓人惱怒的東西了），所以機場應該到處設有免費的無線網路。

四、便利商店

好像直到航廈與購物中心結合，機場設計的演變才算完成了。我對星巴克與紀念品小店沒意見，但是到處都有高級精品店，有事嗎？顯然大家都非常想要一百多美元的萬寶龍鋼筆、遠端遙控的直升機，或是好幾千美元的按摩椅。還有那些賣行李箱的商店是怎麼回事？到底有誰會到機場才買行李箱？我們在機場真正需要的，是那些在一般連鎖藥妝CVS或街角便利商店販售的東西：一些簡單的雜貨零食、文具、個人保健商品。布魯塞爾跟阿姆斯特丹就做對了，它們的機場航廈都有販賣食物的超商與藥局。

五、充電站

我不覺得旅客有權利——不對，應該說是義務——向他選定的航空公司要求免費的充電服務，但現在爭論這件事只是徒勞。航空公司就乖乖認命，設置更多充電站吧。

六、淋浴間與短暫投宿旅館

有規模的重要機場都應該提供能讓旅客梳洗、睡上幾個小時的地方，讓來自他國的旅客前往下一站前能夠洗洗澡、換個衣服。如果是轉機時間更長的旅客，則可以在那些以小時計費的小房間裡睡上一覺。

七、供小孩玩樂的地方

說真的，機場設置遊樂區會鼓勵小孩子叫得更盡興、更大聲，但至少他們是待在特定區域，讓其他人可以輕易避開。遊樂區最好設在離機場六英里遠的隔音間裡，設在機場大廳的角落也不錯。在波士頓的洛根國際機場裡，達美航空所屬航廈有一個還滿酷的兒童遊樂區，不過再怎麼比，都比不過阿姆斯特丹史基浦機場的「兒童森林」，如果沒有人在看，連我都想進去玩一玩。

八、更好的餐點選擇

福來雞、漢堡王、聖百諾披薩連鎖餐廳。機場設置的餐廳跟購物中心的美食街幾乎大同小異。我們不要連鎖餐廳，我們要獨立的餐廳提供真正的食物，最好還能符合當地特色。

下次你到紐約的拉瓜地亞機場時，去看看位在海洋航站的洛可．馬尼羅的洋基快船餐廳。那是一棟圓形建築，大門上有藝術裝飾、屋頂上有飛魚浮雕，就在達美快線旁邊。洛可是位在圓形大廳左側的平價自助式餐廳，絕對不屬於任何連鎖企業（如果安東尼．波登要做一集節目談機場餐廳，洛可一定是他第一個要拜訪的對象）。

海洋航站是第一個執行航跨大西洋及全球航線的據點，所以餐廳牆面用了一些歷史照片裝飾。你可以點餐內用，或外帶三明治坐在木製長凳上，抬頭欣賞詹姆士．布魯克斯繪製的壁畫《航程》（*Flight*）。布魯克斯在一九五二年受邀作畫，畫作回溯了飛航的歷史，從神話時期到當代，從希臘神話中的依卡洛斯到泛美飛剪（一款飛機型號）。這幅畫大膽表達對社會寫實主義的認同，但由於一九五〇年代是麥卡錫主義的巔峰時期，所以就跟迪亞哥．里維拉在洛克斐勒中心所繪的知名壁畫一樣，《航程》也引發了不少爭議。有人宣稱這幅畫是政治宣傳的手段，所以後來以灰色顏料覆蓋，直到一九七七年才恢復。

九、詢問處

洋基快船餐廳在哪裡？最近的提款機在哪？前往市區（根本不存在）的捷運在哪？每個入境大廳應該都配有工作人員指引旅客方向、提供地圖，或是兌換零錢。

十、書店

在飛機上閱讀是很自然的事，我沒說錯吧？既然如此，為什麼在機場要找一家販賣紙本書的書店卻這麼困難呢？（不是每個人都會預先在Kindle電子書上下載要看的書。）不久之前，每個主要機場都設有真正的書店，現在要在機場找書店已是難上加難，取而代之的是書報架，販售少量商業書刊、恐怖小說，還有一些沒營養的流行文化書籍。信不信由你，旅人的品味不侷限於數獨與企業總裁的自傳。而且不用說，真正的書店一定會進很多《機艙機密》供旅客購買。

十一、登機口有足夠的座椅

如果在登機口等候的飛機能乘載兩百五十人，那候機室至少需要準備兩百五十張椅子，畢竟等待登機時坐在地板上還滿野蠻的。難道我們等餐廳或候診時會坐在地上嗎？新加坡的樟宜機場建造時，登機口都安裝了至少四百二十張椅子，跟747的平均座位數相符合。

十二、電扶梯禮儀

美國人到現在還不知道電扶梯禮儀。如果你不趕時間，就應該站在電扶梯的右手邊讓它載你一程，空出左側讓需要趕飛機的人走。但我們美國人總是站在正中間，把兩側的通道都擋住。自動人行道也是同樣的情況。自動人行道的目的是幫你加快前進速度，而不是用來縱容自己的惰性。你不應該「站」在上面，而該「走」在上面。再看看歐洲與亞洲機場的優點，為什麼我們不在電扶梯或自動人行道上裝設動作感測器呢？這樣一來，如果沒人使用，電源就會自動關閉。目前美國機場的傳輸帶無論是否有人使用，始終不停運轉，實在太耗電了。

十三、景觀

機場就是飛機起降的場所啊，為什麼這麼多建築想掩蓋這件事呢？登機口旁邊的座位通常背對窗戶，窗戶也常常不透光，或是被什麼東西給擋住了。何必呢？許多人都很享受能好好坐下看著飛機起飛降落，即使你不是飛機迷，還是會覺得這樣相當放鬆，甚至有點有趣刺激。還有啊，更多窗戶代表會有更多自然光，而自然光永遠比日光燈來得討喜。

在波士頓機場指揮塔台所在的十六樓，曾經有個讓人歎為觀止的觀景台，它的特色是有兩扇相對的大型窗戶，窗面從膝蓋的高度延伸到天花板。這個觀景台擁有整個市鎮最好的景觀。從洛根國際機場邊界的海岸堤防到市中心只要短短兩英里，在觀景台上，你可以細細觀察城市與機場彼此如何協作運行。旅客可以放鬆地坐在鋪有墊子的長凳上，週末時則有父母帶著孩子來參觀，他們投幣使用機械式雙筒望遠鏡，一邊坐在地板上野餐。這種設備讓機場也變成像公園或博物館這類景點，將大眾緊密地凝聚起來，這種凝聚力現在已經非常少見了。現在各地仍能找到一些觀景台，在歐洲更是常見。波士頓的觀景台在一九八九年停止營運，表面說法是考慮到安全因素而決定關閉。

十四、還我們登機梯！

你仔細看過空橋嗎（專業術語為「登機用橋式走廊」）？那是一種連接航廈與機艙，像臍帶般的奇怪東西。這東西已經造得過度複雜多餘，這一點很值得注意。不過就是個簡單的通道，真的需要這些金屬、纜線、電線，還有液壓系統嗎？

當然，我個人是反對使用空橋的。我比較喜歡傳統的移動式登機梯，我發現某些國際機場仍使用這種舊時的梯子，它們經常帶給我刺激的快感。用梯子登上飛機的過程感覺很戲劇化：乘客必須走在與地面同高的柏油路上，再緩緩向上爬升。這種效果就像電影的開場——就像是對旅程簡潔正式的介紹。相反的，空橋讓飛機跟我們漠不相關，你只是從一個很惱人的室內空間（航廈），轉移到另一個（機艙）而已。

不用為此寫信給我。這只是我自己浪漫的想法。空橋的優點顯而易見——不受惡劣天氣影響、方便肢障旅客，諸如此類——我知道這一切都回不去了。

十五、最後一點，審美眼光也很重要

如果機場具有一項美學義務，那就是要傳達一地的感覺，讓你體會到：你身在此處，而非他方。在這方面，歐洲與亞洲又做了好榜樣。我想到的是里昂的國際機場，還有聖地牙哥．卡拉特拉瓦（Santiago Calatrava）設計的壯麗機場大廳，或是吉隆坡機場的室內雨林。這些機場的設計強烈表達了自身的尊嚴——無論是低調的時髦感還是了不起的建築構造，都確切傳達了某種概念。

再拿泰國曼谷的素那萬普機場為例，機場中央的航廈是我見過的機場建築中，最令我歎為觀止的。夜間，如果你由高速公路從市區前來，就會見到一座像巨人一般的機場在黑暗中聳然而立——那是由玻璃、燈光與鋼鐵所組成的一幅美景，巨大的橫梁沉浸在藍色聚光燈中。如果完全從風格特色來看，那就試試位在馬利共和國廷巴克圖的小型機場，那是一棟美觀氣派、很有蘇丹風格的建築，是仿造在這個國家很常見、以泥土建造的伊斯蘭教寺院。

除了零星的特例（丹佛、舊金山、華盛頓、溫哥華），整個美洲根本沒有可以與前例匹敵的機場。我們倒是有砸了很多錢翻修一些機場，但成果讓人相當失望。捷藍航空在紐約甘迺迪國際機場的航廈，就是個大家都過分高估的案例。第五航廈——航空公司喜歡稱它「T5」——耗費了七億四千三百萬打造，占地七十二英畝，二〇〇八年啟用時還大張旗鼓地宣傳。建築的內部，天井式的美食街有一整排商店，讓這座機場變成了購物中心。無線網路免費、噪音也免費，登機門邊過度擁擠所造成的幽閉恐懼症更是免費放送。不過，整體外觀才是真正的悲劇。臨街的那一面已經夠慘了，柏油路那面更是慘不忍睹——一個寬闊、低矮、工業版野獸派風格的灰色混凝土區塊，還有醜陋的褐色遮罩。看起來又像是個購物中心，不對，更精確來說，像是購物中心的「背面」，只差一些木棧板與大型垃圾桶而已。這棟建築所傳達的就是漫不經心、空虛而沒有內涵，還有枯竭的靈感——這些都不應該出現在機場的航廈上。難道這我們的能力只能做到這樣？

很諷刺的是，芬蘭建築師埃羅・沙里寧（Eero Saarinen）的著名建築地標美國環球航空中心，就坐落在T5的正對面，它也是捷藍航空的建築群。環球航空中心在一九六二年啟用，是第一座專門為噴射客機建造的重要航廈，也被視為現代主義風格的傑作。它應該是用來當T5的入口通道大廳與票務廣場，不過現在有點像是廢棄了，只有一部分重新翻修而已。我希望能好好整修這棟建築物，這樣一來，才能讓更多人欣賞、了解何謂機場建築中最壯觀的航廈。沙里寧執行過的建案還包括聖路易斯的大拱門，以及華盛頓杜勒斯國際機場的航廈，他將環球航空中心的內部形容成「合而為一」。大廳是整個空間中流暢且具整體感的一處雕塑，不僅具有未來感，還相當有系統。這棟建築的風格簡直是高第的翻版，那個刻鑿成中空的天井，讓人聯想到土耳其卡帕多細亞的洞穴，建築物上方所覆蓋的，是從中央的脊柱延伸而出、以懸臂支撐的一對天花板，就像巨大的雙翼一樣。

過去在T5的北方，曾有一棟屬於國家航空、由貝聿銘設計的航站。這棟航站於一九七〇年啟用，命名「太陽航廈」，以向國家航空的黃橘色太陽標誌，還有往返美國東北部與佛羅里達之間的熱門航線致敬。泛美航空收購國家航空後，美國環球航空便接管了這座航廈。後來捷藍航空接手使用，這座建築就遭遺棄拆卸。

貝聿銘與沙里寧，以往只要半分鐘的路程就能看到這兩名大師的作品。我們的機場已經今非昔比。這部分我講太多了嗎？航廈的設計，還有提供旅客友善親切的服務環境固然重要，但最重要的仍是機場的營運——跑道、滑行道的狀態，還有後勤的基礎設施。不是嗎？是沒錯，但這些方面的情況同樣讓人憂心，那些環遊世界的美國人都可以做證。這方面同樣是資金問題。美國的機場正在凋零衰退，但沒有人願意投入資金。這只占聯邦預算的一小部分，而且機場與航空公司不像製藥業或軍事工業複合體那樣，有強大的遊說力量來說服政府。

在二〇一二年的一場會議中，國際機場協會北美地區的會長格雷格・普林奇帕托（Greg Principato）說：「世界上其他地區的航空政策要比我們先進多了。」他補充道，美國的機場很需要資金維修翻新，但國會成員對此都不甚了解。他還說：「他們只知道機場在經濟層面來講很重要，但原因是什麼他們根本一竅不通。」普林奇帕托警告：「由於機場基礎建設逐漸折舊，美國在國際飛航網絡當中，面臨陷入變成支線系統的風險。」

準備一次航程，駕駛員得花多久？他們要準備什麼呢？

在我任職的航空公司，國內航線的簽到時間是起飛前一個小時，國際航線則是一個半小時，這算是標準的。飛國際航線的行前準備，會在組員休息室進行，組員自我介紹後，我們會把飛行資料整理齊全，到另一個小隔間重新瀏覽一次。這些文件包含完整的飛行計畫（詳見下文）、所需的天氣報告及預報，以及很多補充資料。資料總共有數十頁，內容從關閉的滑行道，到中途休息的旅館的電話號碼都有（資料有的是以雷射印刷在標準尺寸的辦公室用紙上，但多數都是以驚人的點陣式印表機滾印出來）。越洋航線的飛行路線，是很老派地用手繪製在航線圖上。一旦登機抵達，所有航行配備與資料（例如頭戴式耳機麥克風、手冊、紙夾筆記板等），都必須置於定位，飛機內外也要檢查一番。駕駛艙的儀器系統都要檢測確認、飛行日誌要檢查核對，所有航路、風向還有性能資料，都要輸入飛行管理系統。還有，別忘了最重要的事：看一下菜單，決定晚餐的前菜要吃什麼。

有時候駕駛與組員會聚在一起開行前會議。有時是在簡報室開完這種會議，大家再前往飛機，有時則趁旅客登機之前，先在飛機上開會。會議開頭大家會先介紹自己的姓名，機長接下來會講三、四分鐘的話，包含飛行時間、預期會碰到的亂流、目的地的天氣，還有其他跟航行特別相關的資訊。長程航班的組員通常會與彼此相處一個星期以上，所以這場簡報除了提供航程相關資訊，主要是要讓往後幾天要相處的同事彼此更加了解。

國內航班的行前簡報比較簡短輕鬆，大多數會在駕駛艙完成，紙本資料也比長程航班來得少。登機口的工作人員會用指揮台的影印機印出資料，交給機長或副機師。組員簡報差不多就只是機長把座艙長叫到一邊，交代一下飛行時間、亂流與天氣狀況。一個小時綽綽有餘。沒有菜單可選。

航空公司的駕駛不會正式提出飛行計畫，或主動制定他們的飛行計畫。幾乎所有需要調查、呈報、申請的事，從飛行計畫到申請境外飛行許可，都是由後勤人員處理。後勤是領有執照的簽派員與飛行計畫員，在航空公司的營運控制中心工作，營運控制中心就跟美國太空總署老舊的任務控制中心一樣，塞滿了機器設備。我們不應該將簽派員草草帶過，他們的工作相當重要。正式來說，一段航程的責任歸屬一半由機長負責，另一半則由簽派員負責。從飛機起飛到著陸這整段航程，飛機會與調度員透過無線電或數據鏈路保持聯繫。

你可能會好奇：到底什麼是飛行計畫？那是一份包含空中飛航管制的文件，當中列出一段航程運作的重要事項，像是飛機類型、機身編號、要求的飛行路線、飛行高度，以及飛行時間。組員通常不會看到這份文件，甚至連影本都看不到。不過我們真的會看、還會帶在身上的，其實是這疊文件中的一部分，一份數頁長的綜合概括資料，不僅包含這些重要訊息，還有航程中每個航點之間非常詳細的分析，從起飛到降落，包含預期燃料燃燒的統計數字，到風向、溫度的分析，還有飛機的性能表現。我們稱這份資料為飛行計畫，雖然真正的飛行計畫不只這樣。

為什麼飛機要迎風起降呢？

在飛航的世界有兩種速度：飛機相對於空氣的速度（空速），以及飛機相對於地面的速度（地速）。空速才是讓飛機飛行的關鍵——空氣推升機翼，將機翼往空中托。還記得在第一章講的，將手臂伸出車窗外，讓車子起飛嗎？其實你不用真的開到每小時六十英里才能起飛，如果有每小時六十英里的風朝著你吹也可以。你完全不用動，風就會完成所有工作，即使你的手臂（也就是機翼）的地速為零，空速也會達到每小時六十英里。真正的飛機就是這樣的，逆風起降最主要的益處，就是能縮短在跑道上行駛的距離。

然而，由於航空交通管制的限制與消音的規範，飛機不一定能時常逆風起降，而且有時還會有側風與尾風來攪局。尾風在巡航時很有幫助，但對起飛與降落就毫無助益。飛機在跑道上起飛時，尾風會將飛機往前推，增加地速，讓飛機在跑道上多滑一些，但對實際飛行速度（也就是空速）則毫無幫助。所以起降時尾風的限制通常非常低，只有十節左右。

可以解釋一下飛機如何起飛嗎？還有，為什麼飛機爬升時會顛簸、上下晃動，還有轉彎呢？有時角度還滿陡的。

飛機加速到預先設定的速度後，駕駛就會將機頭抬升至某個角度，開始爬升。這個速度是多少、發動機會耗費多少動力、需要多長的跑道……，這些問題都要視情況而定，也會預先計算出來。這不只得考量飛機的重量，還有溫度、風向與其他因素。

基本上，起飛比降落來得重要。起飛是飛機從地面轉移到空中的過程，相較之下，大家對降落的掌握要來得多。緊張膽小的乘客很討厭降落的時候，但是依照升力、重力以及動量的原理，降落沒什麼好怕的。你根本不需要緊張，但如果你堅持如此，該緊張的也是起飛的時刻——也就是從飛機離地之前，到整段航程的前二十秒鐘之間。

離開地面、收起起落架，到達目標航速與飛行高度之後，駕駛會將襟翼收回（通常是在飛機加速的階段），同時機身傾斜、爬升，飛到指定的航向高度。由於不停轉換馬力、轉彎，還有調整俯仰，會製造很多噪音。如果你發現機組人員異常忙碌，很有可能就是他們在執行起飛減噪的流程，畢竟還是要顧慮到地面住戶的權益。這個流程需要一連串複雜的低空轉彎，還有更陡峭的爬升。

向東飛行的飛機，起飛之後可能會先往西飛；往南飛的飛機一開始可能會先朝北飛，諸如此類。駕駛員並沒有迷路，只是遵照公告的啟航模式而已。機場會有很多這種標準離場程序（也就是俗稱的SID），這項程序會由航空交通管制中心指派給你所搭乘的飛機，這是飛機離場前許可的項目之一。舉例來說，從紐約甘迺迪國際機場的31L跑道起飛，標準離場程序會要求飛機，無論目的地在哪個方向，起飛後一律往南疾轉。這樣做是為了適當安排每個航班的順序與間隔，避免任何障礙、避免跟鄰近的機場交通互相影響。等飛機到了更高的高空就會轉往正確航向，不過還是要有心理準備，在航程的前幾分鐘，會有一些轉彎、階段式爬升，還有調整航速的情況。航程的最後幾分鐘也有同樣情況——抵達目的地時也會經歷同樣流程，只是它稱為「標準進場程序」。

如果就在飛機離地的那一秒有個發動機掛了，要怎麼辦？

即使是在最糟的情況下，有一個發動機故障了，客機還是能確保起飛。在乘客看來，這個時候大概就只是機頭往空中抬升的那個瞬間；對駕駛員來講，這個時候就是「V1」，也就是「起飛決斷速度」，只要起飛速度低於這個參考速度，飛機就要考慮中斷起飛。每次起飛時V1都不盡相同，飛機重量、跑道長度、方向、溫度，還有襟翼的設定，都會影響V1的數值。如果在V1這個時點或之後發生重大故障，機組人員受的訓練是要他們「繼續起飛」，因為即使有一個發動機澈底失效，每一架符合規定的飛機一定有能力繼續加速或爬升，這樣子的保障顧及機場周圍的建築、山、天線，還有其他東西。對每座機場來說（當然對跑道來講也是），處理估算這些資料數據不僅是為了確保飛行的能力，同時也能避免離開機場之後會碰到的障礙。

那在Ｖ１之前呢？整架飛機滿載，難道中斷起飛不會讓飛機歪歪斜斜地滑到跑道終點嗎？答案是不會。商用噴射客機開始滑行之前，有兩件事在分析數據時就確定了。第一，誠如我們所見，即使一個發動機故障，在起飛決斷速度（Ｖ１）的時候，飛機一定仍能安穩爬升。第二點也很重要，如果起飛故障是發生在Ｖ１之前，那麼飛機仍有能力安全地終止起飛。將Ｖ１想像成一個槓桿的支點，如果飛機在Ｖ１之後發生任何問題，機組人員都知道飛機必須起飛並飛離障礙物。如果在到達Ｖ１之前就發生問題，大家都知道可以選擇中斷起飛。中斷起飛就得考量某些不利情況對跑道的影響，像是冰雪的干擾，或是其他會影響性能表現的事情。這就是為什麼使用較短的跑道時，會有重量限制因素，不是因為跑道不適合起飛，而是不適合讓飛機中斷起飛。

倒也不是說從來沒有飛機中斷起飛，或是滑出跑道尾端過。這種事件還是偶爾會發生，只是不常見。想想一個好幾百噸重的東西以每小時幾百英里的時速前進，事情總不會永遠照著數據預期的那樣走。所以為了盡量避免發生這種情形，飛機都備有相當精密的煞車閘，還有經驗非常豐富的駕駛。大型飛機擁有馬力強大的發動機，以及頂級的高升力設備（襟翼、前緣縫翼等），能讓它以相對較低的速度起飛與降落。舉例來說，巨大的Ａ３８０跟機身較小的Ａ３２０進場著陸的速度是一樣的。所以，假定大型飛機所需跑道長度比小型飛機來得長，這是錯的——有可能需要較長的跑道，也有可能不必。一架負載量輕的７４７所使用的跑道長度，可能比一架滿載的、尺寸是它四分之一的737來得短。

在飛機爬升的初期，發動機的推力彷彿突然被關掉，飛機好像要往下掉似的。那究竟是發生了什麼事？

飛機起飛時運用的推力一般來講相當足夠，所以根據飛行剖面圖，大概在一千英尺的空中，就會將動力減低為爬升推力。如此一來，就能降低發動機的耗損，也能避免飛機的速度超過低空速限。所以飛機只是不像初期爬升得那麼迅速，並非正在下降或減速。

說來你或許會很驚訝。除了爬升，還有加速飛行的期間，飛機其實很少馬力全開。只有在一些特定情況（重量影響、跑道長度、天氣因素），飛機才會運用最大的推力，不過一般來說面對這些情況，飛機就會採用次級的效能設定，很少會馬力全開，這樣對發動機比較好，爾後真的要用時就有動力可用。

飛機離地時速度有多快？落地時又是多快呢？

本書中最重要也最煩人的話又出現啦：這要視情況而定。起降的時候，某些特定飛機的速度會比其他飛機來得高，不過這不是那些常見因素（如重量、襟翼設定、風向、溫度）所造成的。大致上來說，美國國內航班的飛機起飛速度大致是一百三十節，落地速度是一百一十節；空中巴士或波音的飛機，起降速度大概都要多上四十節。我駕駛的757跟767，離地速度會落在一百四十跟一百七十節之間，落地速度大概介於一百三十節至一百五十節。落地速度比離地速度來得少，飛機降落時使用的跑道長度，也會比起飛時少上許多。

機長跟我們說，飛機會用拉瓜地亞機場的三十一號跑道起飛。機場怎麼可能有三十一條跑道呢？

當然沒有囉。這些數字表示的是跑道磁場（指南針）方位。想像一個三百六十度的圓，圓上有（北、南、東、西）四個主要的點，分別是三百六十、一百八十、九十，還有二百七十。想要知道跑道是對準哪個方向，就把跑道的編號加上一個零。同一條跑道其實可以分成兩條跑道：三十一號跑道就是指向西北方的三百一十度，這條跑道的另一端就會是編號13，指向東南方的一百三十度。如果兩條跑道的位置平行，就會在號碼前面加上L或R，表示左邊或右邊（如果你也很好奇滑行道的命名規則，滑行道是以字母或字母加數字來表示——A、N、KK、L3……，諸如此類——指的是語音的字母：Alpha、November、Kilo-Kilo、Lima-3）。

機場跑道的分布可能會組成各種幾何圖形，像是三角形、直角、平行線、十字、井字，或是只有一條跑道（也就是有正反兩個方向）。如果俯瞰芝加哥的歐海爾國際機場，那像是一幅從高空往下看的納斯卡圖形，當中總共有七條不同的跑道，形成一片由十四條跑道組成的龐大圖形。不像大聯盟棒球場會規定到外野的距離，機場跑道沒有標準長度，這樣一來，應該可以讓某些機場擁有自己的特色吧。拉瓜地亞機場跟華盛頓雷根機場皆以寬度較窄、長度較短、大約七千公尺長的跑道而聞名。紐約甘迺迪機場的31L跑道長度是這的兩倍有餘。一萬或一萬兩千英尺的跑道才是典型的「長」跑道。

開鑿、鋪平，甚至點燈、加裝各種設備，都是為了因應不同的天氣狀況，所以建造跑道非同小可，絕對不只是把瀝青鋪平、畫上直線而已，光是丹佛國際機場的第六條跑道，就耗費了一億六千五百萬美元呢。

起飛與降落最棘手的是什麼？駕駛需要特別小心某些機場嗎？

你可能時不時在網路還是哪裡看到跳出「世界上最嚇人的降落畫面」以及「全世界最危險的機場」這類清單。這些東西看看就好，不必當真。絕對沒有民航機場是危險的，真有的話，也絕對不會有航空公司願意在那裡起飛降落。駕駛會說某些機場頗具挑戰性，但這跟「危險」也完全是兩回事。不管什麼職業，總有某些作業特別困難或繁複（以駕駛飛機而言，起飛與降落便是如此），不過即使這樣，受過專業訓練的人仍舊能夠勝任。

對飛機起降形成挑戰的，通常是機場的跑道長度與周遭地勢，有時兩者皆是，有時是其中之一。很多位在安地斯山脈、喜馬拉雅山或落磯山脈的機場，由於周遭山峰的緣故，飛機起降模式都特別複雜。還有些機場的跑道以長度短、寬度寬而聞名，紐約的拉瓜地亞機場、芝加哥的中途國際機場，還有聖保羅的孔戈尼亞斯國際機場，就是絕佳例證。

複雜的起降模式可能會讓作業量變得相當密集，不過這嚇不倒駕駛。面對較短的跑道也是一樣，就像我們在前幾個問題中看到的，為了確保能夠安全起飛，跑道的長度一定要夠長。降落也是一樣的道理，駕駛並不是盯著跑道，然後推斷出「好像沒什麼問題」，接著踩下煞車，祈禱一切平安順利。把重量跟天氣因素納入考量——包含下雨、冰雪這些惡劣天候會讓跑道變得很光滑——數據必須要顯示，飛機能在跑道總長的百分之八十五之內停下來。起飛與降落遠比大家想像的來得科學許多。我們可能會聽說機長需要具備專家級的判斷力，還有直覺判斷的技巧，這些說法有可能是對的，不過到底要在哪裡起飛降落，絕對不是憑個人主觀判斷的。

不用說，長度較短的跑道容忍錯誤的限度也比較低，歷史上也記錄了一些飛機滑行超過跑道的事件，其中有些甚至造成致命災難。天候惡劣時，一切都可能變得亂七八糟。能見度低、側風強大，還有跑道表面變得滑溜溜，這些因素加在一起，就會使飛機在相當惡劣的情況下著陸。著陸情況不穩定時，最好的辦法——當然也是最正確的辦法——就是立刻終止。這個我們留待下一個問題來說明。

眼看著即將著陸，我們的飛機突然提升動力，取消降落。飛機回來準備第二次降落之前，轉彎傾斜的角度很大，很多乘客都嚇壞了。這種情況有多常發生？為什麼會這樣呢？

來囉，繫上安全帶準備降落了。降落的過程很平穩，天氣也晴朗無雲，往下、往下、再往下。差不多來到了大約五百英尺的高度，你能清楚辨識地上的廣告看板，再過幾秒鐘就要著陸了。突然之間，沒有任何預警，發動機開始咆哮狂吼。飛機大幅上仰、開始爬升，起落架收回、襟翼重新設定時，機身開始震動呻吟。地面愈離愈遠，飛機也大幅傾斜飛行。你抓緊座位扶手，心想：「現在到底是怎樣！」漫長的一分鐘過去了，廣播系統發出騷動，機長說話了：「大家都注意到了，我們必須放棄剛才那次著陸，在空中重新繞一圈之後再次降落，約莫十分鐘後就會著陸。」如果你常搭飛機，你至少會經歷過一次這種情形。這叫「重飛」，對於容易擔驚受怕的乘客來說，這是令他們相當驚恐的一種情況。我收過一些受到驚嚇的旅客來信，他們用駭人的語氣描述重飛有多可怕，還很好奇自己是不是死裡逃生。

事實說穿了還滿無聊的：重飛相當常見，而且鮮少是危急狀況造成的結果。多數重飛只是因為間距這類小問題：飛航管制員無法維持所需的間隔範圍，或是前一架飛機還沒離開跑道。重飛是不理想，但大家還是得弄清楚：那不是什麼死裡逃生，重飛的目的其實就是要避免災難發生。確實曾經發生千鈞一髮的狀況，但那真的相當罕見。

有時候重飛與航空交通沒有關係。有時飛機會因為天氣因素，而執行相同的重飛步驟，這時重飛又稱為「迷失進場」。如果飛機進場時，能見度低於預先設定的數值，或是飛機到達最低允許高度時仍看不到跑道，飛機就必須爬升離開（通常會改飛到其他替代機場）。倘若進場過程變得很不穩定，飛機也必須隨時重飛。滑降軌道偏離、下降率太高、側風過大、風切警示——以上任何因素都可能導致重飛。

爬升得很突然或角度很陡峭，這些都是重飛時會發生的狀況。飛機沒有必要在低空徘徊，最安全的方向就是往上，而且愈快愈好。從原先溫和的降落，到迅速陡升，突然間的轉換一定會製造很多刺耳的噪音，這是再自然不過的事。

對駕駛來說，執行重飛是非常直截了當的事，當然要執行的程序也就非常密集。第一步是將動力提升到重飛的推力、把襟翼及前緣縫翼收到中間位置、把機頭調整到目標仰角——大約是機頭向上十五度。飛機準備好爬升之後，起落架就會收起來，接著縮回襟翼與前緣縫翼，再來就會增加額外的動力、調整仰角。一旦飛機又恢復平飛，飛行管理系統就需要重新設定，自動駕駛組建重新設定、檢查表重新核對一次，還要確認天氣等等——同時接收來自飛航管制單位的指令。整個流程要密切聯繫，各作業的轉換也相當快速，這就是為什麼在幾分鐘內你聽不到駕駛廣播。

等到你聽到從駕駛艙而來的廣播時，他們對重飛的解釋通常都很簡潔——雖然我不想這樣說——也表達得不夠清楚。其實駕駛跟麥克風通常都不是最佳拍檔（參見332頁，機上溝通）。在避免使用專業術語，還有試圖簡化複雜情況的同時，我們很容易把情況講得太恐怖、太誇大。當然，乘客不需要聽一場專業學術演說以了解航管的間隔限制，也毋須知道進場能見度的最小值是多少，但「我們跟前面那架飛機靠得有點近」這說法就算不恐怖，也會誤導乘客。所以事發當晚，乘客在寫信告訴他們的摯愛（或寫給我），描述他們是如何度過生死關頭時，駕駛可能早已把這件事拋到九霄雲外了。

天候很糟時，飛機要如何找到跑道？在大霧中降落總是把我給嚇壞了。

從好幾十年前直到現在，碰到壞天氣的時候，飛機的標準進場程序就是使用儀器降落系統（或稱ＩＬＳ）。在這種情況下，飛機會按照地面的無線電台所發射的兩道指引光束來行進，一道是水平光束，另一道則是垂直光束。這兩道光束被放在一種電子十字線的中心點，飛機降落到指定的高度時——通常是距離地面兩百英尺，有時候稍高，有時略低——就一定要看到跑道。另外，雖然ＧＰＳ現在比較常用在航路導航，近來也開始用於飛機進場降落。

為了安排交通動線，即使在天氣狀況很好時，航管單位也會指派ＩＬＳ協助進場。在必須使用儀器降落系統的狀況下，這個系統分成三類——ＣＡＴⅠ、ＣＡＴⅡ、ＣＡＴⅢ（駕駛會念成CAT而不是Category），每個種類的能見度與配備要求都不同。ＣＡＴⅠ比較基本，ＣＡＴⅡ跟ＣＡＴⅢ則更複雜，能在能見度零的時候帶領飛機進場——假設跑道有這個設備、飛機也授權許可，駕駛亦受過相關訓練才行得通（但情況並非總是如此）。

飛機起飛時也一樣。如果當時能見度低於特定標準，跑道與機組人員都要特別核准才能起飛。以跑道而言，大概就是燈光跟跑道標記的限制；對機組人員來說，就要依靠受訓時學到的能見度最小值，還有實際通過核准的最小值來判斷。假如我們人在阿姆斯特丹，跑道36Ｒ的能見度是二百五十公尺，這樣能飛嗎？趕快去找圖表來看吧。

跑道能見度是利用跑道視程（ＲＶＲ）來評估。機場跑道旁會架設一些感光機器，它們提供的數值是以公尺或英尺為單位。

我最近一次搭機時，飛機降落得相當糟糕，著陸時歪向一邊，機身重重落地，在跑道上發出巨響。為什麼有些駕駛降落得比較平穩和緩呢？

駕駛難免會遇到無法完全控制降落的狀況。雖然乘客都深信駕駛的技術與降落平順與否關係很大，但這個指標其實很不精確。只因降落不順就貶低整段航程，就像是只因為作者用了個怪詞或下錯標點符號，就批評整篇文章寫得不好。在整段航程中，這種狀況有時是非同小可沒錯，但通常不是很重要。有時候重重地、很扎實或是「歪一邊」地降落，或許正是駕駛要的。在短跑道降落時，駕駛的首要任務是讓飛機安全降落在著陸區裡，而不是講求姿態要多完美。碰到颳側風時，正確的技巧是讓校準稍微傾斜，讓一組輪胎比另一組輪胎先著陸。

降落的過程中，機身著陸之後，飛機就發出像是發動機正加速旋轉的聲音。我無法想像這時候發動機是怎麼運轉的，難道它們是使用反推力嗎？

噴射發動機確實會反向運轉，而你聽到的聲音正是反向運轉的聲音。每一部發動機都配有一根油門桿，駕駛會將反推力油門桿往上拉起，讓反推力器向上或向後滑動。如果你的座位剛好在看得見發動機的地方，你就可以清楚看見這些反推力折流板。大概花個一、兩秒鐘，等折流板就定位之後，發動機的動力就會提升——不過只提升到一定限度，所有反推力只是可用向前推力的一小部分而已。反推力所引導的方向並不是完全相反、一百八十度的反向，而比較像是「半向前」，就像是吹一口氣到凹成杯狀的手掌所造成的效果（渦槳發動機也會反槳旋轉；螺旋槳的扇葉是縱向旋轉，把空氣往前推而不是往後推）。使用動力的總量，會依照跑道長度、煞車閥設定、跑道表面狀況而有所不同；駕駛想要使用哪一條滑行道岔路，某種程度上也會有所影響。雖然反槳旋轉幫得上忙，還加上襟翼所發揮的阻力、擾流板的協助，整體來講煞車才是讓飛機停下來的主力工具，我們提過飛機必須在跑道總長百分之八十五之內停下來，這是在沒有使用反推力下的限制。所以不管是哪一種輔助，對飛機來說都是額外的。

老式的道格拉斯DC-8有規定，允許在飛行時讓內側的發動機使用反推力，以協助飛機下降。現代的飛機不允許這種狀況：飛行時絕對嚴禁發動機使用反推力，而且反推力裝置自動鎖上，以免駕駛不小心啟用。

飛機在巡航的高度時，我不時聽到巨大的隆隆聲，好像發動機的動力增加了一樣。這持續幾分鐘後就消失了，聽起來就跟起飛時一樣，不過飛機感覺沒有在爬升啊。

如果不是坐你隔壁的人腸胃不適，那就是飛機在「巡航爬升」。巡航爬升是指飛機在巡航時，從現處高度攀升到更高的地方，這麼做可能是因為空中交通、天氣因素，或是為了節能。由於發動機提升推力，所以形成吵雜的轟隆聲，只是飛機巡航時爬升的角度比起飛時來得小，所以你未必察覺得到它正在爬升。這個聲音只有坐在靠近發動機的人才會注意到，坐在前排的人應該就聽不到了。

天氣是如何造成飛機延誤的呢？為什麼天氣變差時，飛航交通系統好像整個崩潰瓦解了？

飛機因為天氣惡劣而延誤的原因有兩個。第一個是實質層面的影響——如果人類必須在比平常更嚴酷的環境下履行職務，動作難免會變得比較慢。如果碰到雨天或下雪，飛機起飛的時間會延遲，就跟我們去上班上課會遲到是一樣的道理，人與交通工具都會移動得比較慢，簡單的事也會花比較多時間完成。

第二個原因的影響比較大，也更難預料，就是整個航管系統的堵塞。其實「因為天氣而延誤」是錯誤說法，更正確地說是整個「航空交通延誤」——這是起航點、目的地，以及這中間任何一點都塞滿飛機所造成的結果。即使是天候很好時，也是飛機滿天飛，班機延誤也很稀鬆平常。再加上冰、雪、能見度低、側風強烈、跑道表面變滑等天氣因素，每小時可以起降的班機數就減少了。跑道需要除雪撒沙、飛機需要按照儀器進場模式的順序來排列，而側風或能見度過低可能又導致跑道停用，這都會造成延誤。如果某地發生航空滯留的情況，甚至連幾百幾千英里遠的地方都會受到波及。一架飛往紐約的班機，可能會被要求先在匹茲堡上空保持待命狀態。為了避免空中交通大堵塞，準備起飛的班機有時會滯留在地面，直到公告預定的放行時間。

飛航管制延誤令航空公司及旅客抓狂的一件事，就是他們下的指令很容易改變，每個小時、甚至每一分鐘都在變。以下是很典型的場景：機組人員正準備中午從華盛頓飛往芝加哥的班機，飛機就要後推離開登機門了，結果由於俄亥俄州某處上空有一排雷雨雲，飛機於是滯留地面。機長這時會收到指令，說「離場」時間（參見365頁，詞彙表的「離場時間」）是下午兩點鐘，或是從現在往後推兩個小時。乘客被請下飛機，預計大約一點十五分時重新登機。但是過了十五分鐘，飛航管制單位突然公告飛機改成立刻起飛，可是這時乘客早已四處閒晃，到書店逛逛或是在星巴克排隊了。

美國政府統計資料顯示，超過八成的班機是準點的，這個數字相當傲人，而且還在進步中。不過眾所周知，飛航管制的延誤仍讓數千萬名旅客深受其害。這個系統太不可靠，即使大晴天仍會發生班機堵塞的情況。這種現象到底是誰的錯（從老舊的飛航管制設備，到那些堵塞航線、白吃白喝的商務噴射機），還有要如何改善，大家都爭論不休。這議題非常重要，但有一點大家避而不談：航空公司把太多飛機（特別是那些小型的區域客機）塞進原本就水泄不通的系統裡，愈多飛機需要起降，就會造成更多延誤。當然，我們需要讓飛航管制系統更現代化——舉例來說，利用GPS技術的優點，來減低飛機之間水平距離的限制。但是，主要機場的跑道跟滑行道畢竟有限，能供應起降的班機數也就這麼多，所以大家都以為是航空領域的問題，說到底其實是機場的問題。

談到誤點延遲，我們非得談談數量龐大的區域客機。過去三十年來，乘客人數成長超過一倍，飛機數量也是，但飛機的尺寸卻一直縮小。在一九八〇年，從紐約到邁阿密或芝加哥，乘客可能會搭乘二七五人座的L-1011，最小也有一百六十人座的波音727。但是今天，如果你搭的是只有七十個座位的區域客機也不意外。現在噴射客機的座位數平均是一百四十個，比過去少上許多。光是過去十年來，載客量差不多九十人的區域客機，使用量就增加了三倍之多，現在美國國內航線中，這款飛機就占了百分之五十三，相當驚人。航班的數量占了一半，載客量卻少了四分之三，這是相當沒有效率的比例。如果在拉瓜地亞機場或華盛頓雷根機場，看到連續十幾架區域飛機起降，也已經不足為奇了。

除了興建很多又新又大的機場——這大概就跟在金星上面建立文明一樣困難——最合理的替代方案，就是讓航空公司將航班合併、使用更大架的飛機。不幸的是，市場競爭讓這個辦法難以達成。現在的航空公司數量比以前多，市場占有率也很零散。航空公司為了提升競爭力，最有效的辦法就是提供更多往返繁華大都市的航班，所以愈來愈多航空公司使用較小的飛機、增加更多航班。

同時，這種做法也滿足了旅客的需求。航空公司詢問乘客的意見時，乘客永遠會舉雙手贊成——有愈多航班可以選當然愈好。一天有五班飛機往返甲、乙兩地還不夠，有十個航班不是更好嗎？假如這十個班次的乘客量沒有多到要使用大型飛機，那就派區域客機上場吧。於是航班頻率成了航空公司行銷的終極目標，能提供更多選擇，票就賣得愈多。但是當這些飛機根本無法準時起降，這麼多航班自然只是虛幻的假象，只不過航空公司票照賣、乘客也照樣買單。

不如我們來舉辦一個純粹玩票性質、非正式的民意調查。如果不要一天有十二個航班，但其中四個航班平均誤點半小時，而是每天有六個由大型飛機執行的航班，而且每一架都準時降落，這樣會比較好嗎？將這個想法推展到整個系統上，我想應該就能消除飛航管制的堵塞。不只如此，從更宏觀的節約規模來看，這樣能省下幾百萬加侖的燃油，同時減少汙染排放（不過也可能讓好幾千人失業，所以我許這個願的同時還是謹慎為妙）。

那考慮看看其他可能的辦法怎麼樣？像是增加衛星機場的使用量、尖峰時段的定價策略，或是多蓋一些高速鐵路？我們來看一些較常提出的替代方案。

一、我們需要將飛航管制現代化

雖然早就應該重新整頓，但現代化之後最大的受益者還是高空中、已在航行狀態的交通狀況，對於最需要改善的——機場內部及其周圍——影響卻比較小。現代化之後主要優點在於，能夠縮短飛行時間、節省燃油、減少汙染排放，還有天候不佳時能稍稍改善交通管制狀況。這些確實都是優點，只不過這個主張忽略了一事，就是跑道每個小時能起降的飛機數還是固定的。

二、那為什麼不多蓋幾條跑道呢？

原因很多，以下是最重要的一項：興建跑道必然會引起機場管理單位、政客以及反對擴建的周遭居民，這三者之間冗長又激烈的紛爭。在我家鄉波士頓的洛根國際機場，有一條跑道花了三十年才建造完成，但是機場當時迫切需要這條跑道，它的長度也僅僅五千英尺。同樣讓人氣餒的是，資金跟技術層面也很棘手，還要興建滑行道、安裝複雜的照明系統、裝設助航設備、建立飛行模式以及試飛。丹佛國際機場最新的跑道就花了一億六千五百萬美元。但是，丹佛好歹有空間放一條新跑道，那拉瓜地亞機場、紐華克自由國際機場，還有甘迺迪國際機場呢？哪裡有地方可以蓋新跑道？

三、不然，鼓勵航空公司在尚未充分利用的衛星機場提供服務，不要擠在那些已經飽和的大型機場？

這是個更惱人、反覆有人提起的煙霧彈。首先，會有這麼多航空公司往返繁忙的大型機場，只是因為有很多旅客都需要在那裡轉運。乘客從一個航班接到另一個航班——從小飛機換到大飛機，從國際線換到國內線。衛星機場提供的點到點航班（所謂的起迄點〔O&D〕交通）數量有限，幾乎都提供像是飛往佛羅里達州這種輕鬆的航程，基本上沒有什麼轉機的選項。所以除非航空公司要把營運總部整個遷到衛星機場，不然結局只會是把更多飛機塞進整個系統。假如美國航空要從（位於紐約市西北方的）紐堡斯圖爾特機場飛往倫敦，飛機不會直飛倫敦，還是會到甘迺迪國際機場轉機到倫敦。或者以西南航空為例，該公司將數百萬名旅客運送到曼徹斯特、普洛威登斯及艾斯利普等城市，省去在波士頓的機場、甘迺迪機場或拉瓜地亞機場轉機的麻煩，藉此獲利。那麼，競爭的航空公司有因此減少在繁忙大機場的班次嗎？當然不會。如果有一定數量的旅客被搶走，航空公司的應對辦法不是立刻減少航班，而是將大飛機換成小飛機。原本767就會換成737，737又會變成區域客機。航空公司之間的競爭鮮少是你死我活的零和賽局，市場分散後仍會繼續成長。

而這個盲點，同樣在興建高鐵做為「解決之道」中誤導大眾。我們無須否定鐵路的優點，但是興建鐵路對飛航交通的影響微乎其微。看看歐洲吧，他們的鐵路快速可靠，還非常方便，但他們每年搭飛機的乘客數只比美國少一點點。

四、如果航空公司的航班安排是罪魁禍首，那麼建立制度，向尖峰時刻的航班收取額外費用如何？

尖峰收費制度是很熱門、也頗具爭議的構想，就很像為了舒緩市區的交通堵塞，而向汽車駕駛課徵重稅一樣。在倫敦，這種勸阻民眾開車的手法顯然相當成功。但是飛機跟汽車不一樣，航空公司也不是個人汽車駕駛，真的這樣做，只會導致票價上漲，卻無助於解決交通堵塞。現在機票價格低廉，適當調漲票價對航空公司來說並不困難，況且在你選擇自己最想要的航班時，航空公司已經額外多收費用了，我猜你應該不介意再多付一點吧。

……………

科技無法解決這個問題。不管是多加利用小型機場、敲詐航空公司，或是幻想能多蓋幾條新跑道，都無濟於事。如果你問我的意見，我想唯一的希望只能寄託在一個不切實際的空想上，就是請航空公司別安排這麼密集的班表，拋下這種自取滅亡的執著，還有揚棄愛用區域客機的習慣。但期盼航空公司共同配合這項措施，就像期望他們回到過去，回到經濟艙餐點只供應三種起司蛋捲的年代，根本是天方夜譚，只是我仍想一吐為快。現在我們看到的常態，就是乘客與航空公司都願意勉強接受某種程度的不便，所以還是樂觀一點吧，畢竟有八成五的航班都準時，把所有因素都考慮進去，這個數字算滿不錯的。

塔台在我看來滿過時的。駕駛都是在跟誰交談？在飛行途中，他們又是怎麼溝通的呢？

基本上，塔台是飛航管制單位比較口語的說法，不過塔台管轄的只有在跑道上與鄰近機場的飛機而已。這當中還有相當多細節，為了讓你有一些概念，我們來看看一段橫跨美國北土的航線，從起飛到降落中間所有的過程。請記住，我們的飛機是使用應答機這種電子設備，來傳送地點、速度與高度到飛航管制單位的雷達屏幕。很多機場也會利用應答機與雷達之間的連結，來追蹤飛機在滑行道上的動態。

假如今天從紐約飛往洛杉磯，航程的一開始，我們會先從駕駛艙的數據連線電腦中，獲取本地的天氣資料與飛行計畫的許可。準備好離開登機門時，機組人員會用無線電接收後推許可，接下來還會有使用滑行道的指示，以及一個啟動發動機的許可指令。光是從登機口到跑道之間，交談頻率就相當高，差不多會發生四到五組對話——傳送許可指令、登機口管制、計量資訊、地面管制，還有其他訊息——每座機場都不太一樣。最後，飛機會通過塔台的許可滑進跑道，然後起飛。

飛機一離地，我們就切換到離場管制模式，管制單位藉由雷達追蹤飛機的位置，發布轉彎、飛行高度等資訊，讓飛機按順序依照航路的架構飛行。一個航班可能會接收到幾個離場管制底下子部門的指令，每個指令的頻率都不同。一旦飛機進入更高的高空，就由一系列航路管制中心的指令來引導，這個單位通常簡稱為「中心」，像是紐約中心、丹佛中心等等。航路管制中心負責的空中範圍非常廣大，這一點反而從他們的名稱中感覺不出來，這個中心距離機場也有一段距離。舉例來說，波士頓中心負責的空域，從南邊的新英格蘭到加拿大海洋省份，中心據點在新罕布夏州的納舒厄。各個中心內部也會細分成不同的子部門，每個子部門由獨立的管理人員掌控。

最後，飛機下降到了洛杉磯國際機場，要做的事差不多就是將上述流程順序倒過來。中心會將我們轉交給進場管制單位，要是天氣不好、抵達的航班堵塞，管制單位的人就會分配待命航線給我們。如果你聽到起落架重重放下的聲音，那就是機組人員收到塔台的降落許可，接下來在安全、當然還有準時降落之前，飛機跟地面還有登機口管制人員之間又會頻繁對話一陣子。

在美國境外，上述術語會有所改變，不過基本的順序不管在何處都是相同的。

橫渡海洋的航班通常不是透過雷達管控，但它們確實也會遵照分派的特定航路。這些航路在某些地區稱為航跡，在正常的飛航管制狀況下，就是先將起點跟目的地的出入口固定，再由中間經緯交錯的點所連結而成。航班都依照速度與時間來安排順序，藉由定位經緯度，航管單位就能回報飛機現在在誰的管轄範圍內，而跟你交談的那個人可能身處幾千英里遠。這份回報是利用高頻無線電來傳遞聲音，或者是自動透過衛星數據鏈路來傳送，內容包含確切的邊界通過時間、飛行高度、剩餘燃油，還有到下一個點的預估時間。

英文是商用飛航的通用語言，全世界的航管員與駕駛都得說英文，不過根據國家的不同，他們也可能使用當地語言。舉例來說，在巴西，你會聽到無線電同時傳來英文跟葡萄牙語，航管員對著外國組員說英文，對著巴西的組員說葡萄牙語。很多其他國家，像是法國、西班牙與俄羅斯，也都是這麼做的。

從西雅圖飛到聖地牙哥的航班上，我從椅背後的螢幕中看到飛機前進的路線。我們的航線很多都是Z字形而不是直線，為什麼呢？

除了隨處可見的衛星GPS，美國的空域系統仍然以地面助航電台為基礎，所以非直線的航路還是相當常見。飛機從點到點的飛行模式，都是用一個已有幾十年歷史的導航信標來定位，這個導航信標就是「非常高頻的多向導航臺」（VOR），它是使用一系列長又迂迴、在空間中的定位點。機組人員會使用GPS來取代跟VOR相同的位置，以產生虛擬的定位點，藉以取代導航用實質信標，但是基本上這兩個辦法是同一件事。美國聯邦航空總署大肆宣揚（卻沒什麼資金）的新一代飛航管理計畫，試圖讓這些系統更精簡、更現代化，但這個長期計畫現在也才剛開始而已。

同時，如果你有在飛機的娛樂系統（參見216頁，偷聽駕駛艙對話）裡聽過陸空之間的通信，航管員會指引飛機航向各種很奇怪、聽起來很離奇的地方，你大概會聽得一頭霧水。你可能會聽到：「聯合航空626，往ZAPPY前進。」或是：「西南航空1407，允許直接前往WOPPO。」只要看一看航行圖，就會發現整個美國——還有世界其他地區——都蓋滿了好幾萬個空中定位點，點上帶有這些由五個字母所組成的怪異名稱。ZAPPY跟WOPPO是我自己掰的啦，但是我敢打賭圖中一定有這兩個名字。大多數定位點的名字都是任意選定，不過有一些是根據地面上的地理或文化特色來命名，反映出當地的氣息。SCROD是位於（加拿大地區，位處大西洋沿岸的）拉布拉多的海岸附近，跨大西洋出入口的定位點，距離OYSTR、PRAWN，還有CRABB不遠。靠近我住的地方有個定位點叫BOSOX（可以聯想到棒球隊：波士頓紅襪），還有很多類似的例子。在西維吉尼亞州跟賓夕法尼亞上空有三個定位點，分別叫做BLOWN、BAABY，還有LAYED，到底名字怎麼來的？地面發生了什麼事？我想只有老天爺才知道吧。

往返美國與歐洲的航班經常會往北邊繞遠路，行經加拿大東北部，離冰島也很近。我猜是不是因為怕有緊急狀況發生，所以想要愈靠近陸地愈好？

這跟緊急狀況毫無關係，單純只是這樣飛距離最短。在各個洲之間，飛機會遵照「大圓航路」的路徑，也就是依照地球的曲度來飛行。如果你用的地圖是傳統的平面地圖，你就不會了解這個航路的定義。一旦地球自然的圓弧形被壓成平面圖，經線與緯線就會被伸展拉開，整個地球也就變形了（根據不同的版面配置——也就是製圖師稱為「投影」的東西——扭曲的樣子會相當怪異。小孩印象中的格陵蘭比實際上大十倍，這全都要怪常見的麥卡托投影，把極地的面積扭曲得相當誇張）。如果你手邊有地球儀，大圓線就會清楚呈現眼前。拿紐約跟香港為例好了，如果拿一條線測量看看，你就會發現：兩個城市之間最短的距離，並非像平面地圖所示的直線往西邊飛，而是直接往北邊飛過北極，接著再往南邊走。換言之，就是越過地球的頭頂。

這是最極端的例子，不過這個原則同樣適用於很多長程航線，所以來往美國與歐洲的乘客才會發現，原來自己不只是在**地面上**飛行，而是在**地球的上頭**飛行——飛越紐芬蘭、拉布拉多，有時還經過冰天雪地的格陵蘭。橫越太平洋的時候也一樣：從洛杉磯飛往北京的班機，會飛越阿留申群島還有俄羅斯最東邊的地區。

有一天晚上我人在甘迺迪國際機場，正好有一群穆斯林蹲伏在地上尋找麥加的方向，我就把我認為最正確的方位告訴他們。我感覺他們當時是面對著康乃狄克州的布里奇波特，便建議他們把祈禱地毯稍微轉向東南方。但是我早該想到，紐約與麥加之間最短的距離不是朝向東南方，而是面向東北方。因為他們定時要面向幾千英里遠的地方跪拜，所以許多穆斯林都熟知箇中道理。為了要面向位在麥加的神聖克爾白，穆斯林會利用「朝向」來判別方向，也就是指麥加跟他們所處位置之間最短的距離——就像是穆斯林的大圓線一樣。所以我那天在機場碰到的穆斯林朋友只是想找到朝向，結果碰到我這個雞蛋裡挑骨頭的機長——這名機長全世界飛透透，早該想到地球應該是立體而不是平面的。

三個字母組成的機場代碼令我非常好奇，因為很多都沒有真正的意思。

三個字母的縮寫是「國際航空運輸協會」IATA設計的。IATA是航空產業中負責全球貿易與倡導的組織（另外也有由「國際民航組織」ICAO所施行的四字識別代碼，只不過這個四字代碼只具有導航與技術相關的用途）。有些代碼淺顯易懂，像BOS指的是波士頓，BRU代表布魯塞爾；有些則滿直觀的，像是倫敦的希斯洛機場是LHR，大阪的關西國際機場是KIX。有很多看似隨意亂取的代碼，其實是沿用機場的舊稱。像奧蘭多國際機場的前身是麥柯依空軍基地，所以現在機場的代碼就是MCO；芝加哥歐海爾國際機場的代碼ORD，是為了紀念過去的舊名Orchard Filed。有些代碼與地理環境相關，或是要向某人致敬，另外有些代碼就比較難懂。如果到了里約熱內盧，你的班機會降落在戈韋納多島的加利昂國際機場，所以代碼就是GIG。而在茂宜島，機場代碼OGG是為了紀念夏威夷出生的機師伯特倫．霍格（Bertram Hogg），他是夏威夷的原住民，也是太平洋的飛行先驅。

二○○二年美國發生了一次清教徒意識高漲的運動，他們想把愛荷華州蘇城的代碼SUX改得討喜一些（SUX與sucks同音）。最後抗爭失敗，代碼依舊存在，隨後也就繼續俏皮逗趣地使用下去。芬蘭人不在意有一座「地獄」首都（代碼HEL與hell同音），敘利亞人民也不介意首都被稱為「該死的城市」（代碼DAM跟該死damn同音）。我不熟悉日本的髒話文化，所以不確定日本人對福岡的代碼FUK做何感想。安全起見，假如你的航程經過的地點是FUK-DAM-HEL（福岡-大馬士革-赫爾辛基），去機場報到時請不要只念縮寫代碼。

CHAPTER

4

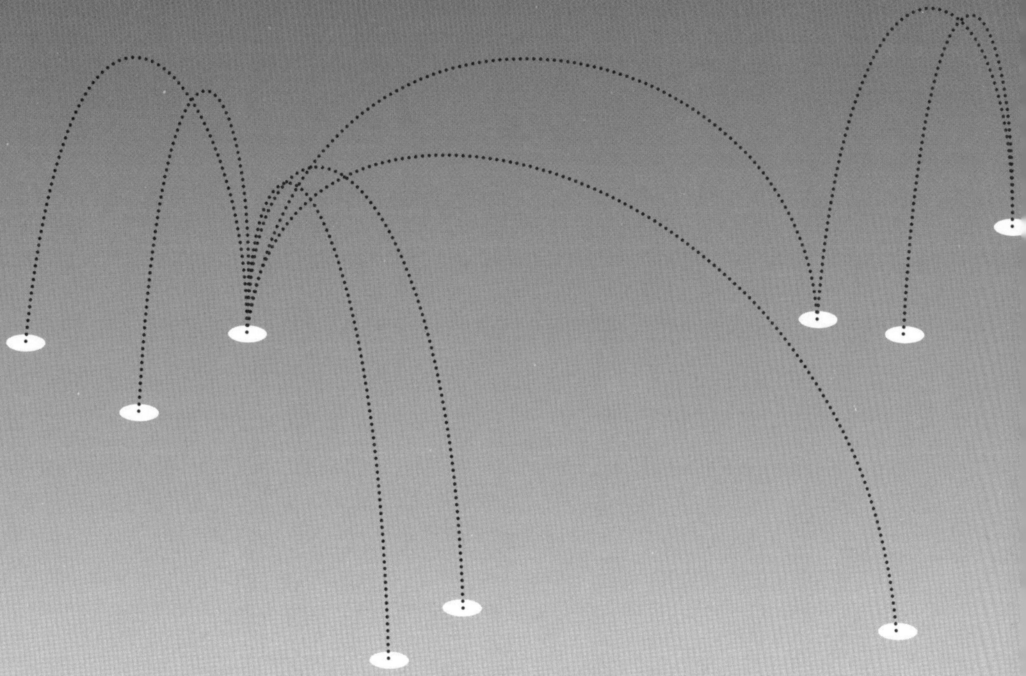

靠天吃飯

空中人生的驚奇與怪事

Flying for A Living

○坐對位置：螺旋槳、聚脂纖維及其他往事

一九九一年，波士頓

我伸手去開左引擎的發動機開關。這天早晨十分酷熱，外面缺乏氣流，所以我們拚了命想讓螺旋槳轉動。時值七月，這架畢琪99號停在洛根機場的停機坪上，儼然是座烤箱，要是機組人員中暑倒下，乘客想必不會高興。

在盛夏時節飛往南土克特的班機最難熬，每班都坐滿了人，這些來自島上的乘客又焦慮不安、暴躁易怒。今天的班機已達最高載重，乘客共十五人，全都來自充滿格調的波士頓郊區，清一色戴著反光的飛行員太陽眼鏡、草帽、梯瓦鞋款，手提快爆掉的行李箱，裡頭塞滿從箱桶之家買來的藤製品。我們花了幾分鐘整理乘客行李，中央機艙地板上突起的翼梁害某個衰鬼絆了一跤，替他拍拍衣服之後，是時候擦擦汗準備起飛了。「出發吧。」我說，手上拿著一張破破爛爛的檢查表，紙被汗水弄得溼答答的。

打開發動機開關，立刻聽見隱隱約約的渦輪運作聲，螺旋槳開始轉動，一根白色小指針顯示燃油流量。可是，才過二十秒就出了問題——沒有啟動成功。棒透了。於是我關掉開關，一切停止運作。為免發動機過熱，我們等了一段規定時間，再次核對檢查表，然後重試。結果一樣，引擎是動了，卻沒啟動成功。我注意到點火器該有的「喀答、喀答」聲不見了，不知為何，火星塞沒有點火。

我輕聲說：「凱西，能不能幫我看一下，是不是有斷電器跳開了？」我可以感覺到有人盯著我看。乘客第一排座位離我們只有數英寸，駕駛艙跟機艙中間連塊隔開的布簾都沒有。「左邊的火星塞？」

凱西是我的副機長，身材嬌小，一頭金髮，學生時代可說是校園風雲人物。她原先擔任空姐，後來反常的轉換跑道，花了不少力氣當上機師，在我多年來認識的人裡頭，像她這樣的人只有幾個。本來凱西在達美航空任職，後來放棄當空姐（同時放棄大半薪水），跑來開螺旋槳飛機。我真好奇，她當初可曾想到：她必須待在一架比車子大不了多少、機齡三十年的悶熱機器裡，聽憑別人使喚？

凱西回報斷電器沒事，一手滑過控制面板，彷彿摸過壁紙上一條不規則裂縫。接著她指指備用無線電，揚起眉毛做出疑問的表情。我點頭，她於是調起無線電頻率。「維修人員，這裡是804號飛機，有人在嗎？」接著，我們得花十分鐘等機械師來，此時機內氣溫飆至攝氏四十一度。

渦輪螺旋槳發動機，基本上就是渦輪引擎。燃燒的熱氣推動渦輪，渦輪推動壓縮機跟螺旋槳，我們現在少了燃燒這個階段。

我尷尬的用廣播通知全機，這時忿忿不平的乘客已經在確認渡輪班表。然後我才注意到，坐在我正後方的女子腿上放著超大的藤編海灘包，先前我們不知怎麼搞的沒看到。我對她說：「不好意思，起飛過程中，您不可以把包包放在腿上，要收進行李架。」

「起飛？」她說，接著停頓一下，把那副飛行員太陽眼鏡拉低，清了清喉嚨。「與其管我他媽的行李，或許你該先發動這架他媽的飛機再說。」

這名女子輕視地噘起嘴唇狠狠瞪我，鏡片上倒映出一名年輕機長的臉龐，那張臉因為太熱、太沮喪，顯得神色苦悶。這機長剛過二十四歲生日，對他而言，工作上最難的事情，就是要不斷告誡自己這份工作得來不易。我控制住脾氣，勉強露出笑容，一個苦苦的假笑。我這樣控制脾氣，不是為了西北航空（就是他們僱我來在這種燒窯般的酷暑受折磨），而是為了以前十二歲的我。就在不久以前，我還是個孩子，最大的夢想，是總有一天要戴上機師的翅膀別針和肩章。如果實現夢想意味著途中要忍受一、兩個爛乘客虐待，那我願意承擔這個代價。

……………

對於初次單獨駕駛小飛機的日子，我只剩下朦朧印象，不過我還記得初次擔任民航機機師那一天，細節鮮明得不可思議。那是一九九〇年十月二十一日，這個日期被我在飛行日誌裡用黃色螢光筆畫起來，永垂不朽。那時候，儘管我賺的薪水低得荒謬，卻快樂得不得了。在這我珍而重之的日子，早上九點半，也就是報到一個小時前，我還開車去西爾斯，因為領帶弄丟了（我告訴店員領帶要「純黑色」、「聚脂纖維，不要絲的」，店員的表情也讓我印象深刻）。稍後，正午前不久，我在愈堆愈厚的陰雲底下啟程，從新罕布夏州曼徹斯特飛往波士頓，這條航線名聞遐邇，共二十分鐘，機上常客正如你所料，包含好萊塢影星、阿拉伯頭目、重要高官等。

那個班機上沒有空服員，我得自己關上機艙門。在這走馬上任之日，我依照所受訓練執行關門動作，轉動把手將門閂上，迅速流暢、一氣呵成——右手前三個指節刮到一顆鬆脫螺絲，割出一道傷口。起飛前的滑行途中，我一直用餐巾包著手指，餐巾都被血染紅了。

基於奇異又令人不可置信的巧合，我首飛是降落在洛根國際機場。民航機機師時常遷徙，尤其是新手，必須受一份依年資排的地點清單所支配，頻繁從一城遷往另一城，所以像我這樣被派駐在從小長大的機場，確實是件很稀奇的事。我這句「從小長大」的意義，大概只有飛機狂才能理解。一九九〇年那個下午，飛機開過托賓橋，沿著15R跑道進場之際，我微瞇起眼看著底下的停車場和觀景台——好幾年前，我總帶著望遠鏡和筆記本坐在那裡，記錄抵達班機的註冊編號。

我們公司叫做東北快運航空，是間迅速崛起的地區性公司，使用西北航空的代號、塗裝，以西北航空的名義開飛機（東北、西北，有些乘客很容易搞混）。雖然東北航空成長很快，用錢卻省到我們連正式制服都沒有，只能拿到老巴哈伯航空（Bar Harbor Airlines）剩下來的。公司老闆卡羅索先生以前就是巴哈伯航空的老闆，我懷疑他整個車庫都塞滿多出來的制服。過去，巴哈伯航空算是短程客機中的傳奇，有種古板、新英格蘭式的味道，即使後來終究被羅倫佐的美國大陸航空併吞，但我記得一九七〇年代晚期，還是小孩的我坐在後院，看著巴哈伯航空的渦輪螺槳飛機在眼前飛過，一架接一架，呼嘯經過東區和里維爾的山丘。

十幾年後，我拿到一套原廠巴哈伯制服：軍艦灰羊毛料，膝蓋、手肘部分磨損、沾滿塵土，外套的內襯還用別針固定住，下領看起來像被松鼠咬過。不知是哪個可憐的巴哈伯副機師把這件衣服穿得破破爛爛，弄破口袋，還把機油沾到肩膀上，我滿肯定這件衣服從沒洗過。硬件（翅膀別針跟帽子上的金屬徽章）也差不多，都是從巴哈伯拿來的二手，已經磨損褪色。我們幾個同屆的新進同仁站在一起，穿著新（舊）制服拍合照，看起來活像是在恩德培停機坪上，從保加利亞貨機走出來的機組人員。

給我們制服的同事叫做哈維，身材瘦高，頂著光頭，講話速度很快，不信任別人，戴著厚重的圓框眼鏡，老愛咬著一根沒點的長雪茄。他解釋該怎麼洗制服、推薦我們用醋來清肩章上的菸灰，那根雪茄就隨著講話動作上下左右晃動，有如一種平衡作用力，看起來總是恰恰好穩住了他偏頭的角度。「不要脫掉帽子，」哈維瞪圓眼睛警告：「你們有些人看起來太年輕，會把乘客嚇死！」他微笑，露出麥根沙士顏色的牙齒。

一九九一年冬天某一日，哈維貼出一張振奮人心的紙條，告訴我們制服設計改了，原本的修車站員工服將換成全新制服——深海軍藍配上金色條紋，十分帥氣。硬件也全部換新，原本巴哈伯航空的徽章是隻老鷹，像極納粹軍官戈林與希姆來帽子上的展翅之鳥，簡直詭異到極點，現在這徽章也出局了。據哈維所說，新制服是為了使公司形象「在細節上與西北航空更一致」（雖然我們公司本來就談不上有什麼形象），這理由表面上很合理，畢竟我們本來就是以西北航空的名義運作，飛機也都塗成西北航空的樣式，不過其實，就算我們都穿香蕉色連身衣，西北航空也不在乎。哈維只是想拿這些海軍藍毛料哄我們，好趁機賣衣服撈一筆。

我第一架飛機是畢琪機型99，即畢琪99，或簡稱「99」，就是我五年級在里維爾看到的那批巴哈伯老飛機，這要嘛很令人感動，要嘛極度令人鬱悶，端看要從哪個角度來談。有些99

甚至完全是同一架，靠近機尾的地方仍漆著ＢＨ的註冊字樣。在這間小氣、注定倒閉的公司管理下，這架機艙非加壓密封、速度緩慢的飛機，簡直不合時宜得荒謬。洛根機場的乘客坐著紅色接駁公車前來，滿心以為將坐上７５７，卻被丟在一九六八年造的十五人座小客機旁邊，公車尺寸都還比飛機大一倍。每次起飛前，我忙著用紙巾塞住駕駛艙窗框，防止雨水打進來，生意人便從樓梯上來，邊走邊罵旅行社，怒氣沖沖坐到位子上，拒絕繫上安全帶，還對著駕駛艙大吼大叫。

「快開啊！你們在搞什麼？」

「先生，我在準備載重平衡表。」

「不過是去趟該死的紐馬克！要那張表幹麼！」

諸如此類。不過，欸，這可是我的夢中職業，所以要尷尬也是有限，何況年賺一萬兩千美元，比我當飛行教官的薪水要來得多。

工作不只讓我剛好夠付生活用品跟汽車保險，還因為名義上與西北航空有關係，帶給我一種假想的快感。公司裡二十五架渦輪螺槳飛機都漆上帥氣的紅與灰，跟西北航空的７４７和ＤＣ-１０相同。雖說我們和西北之間的關係僅止於此（這後來變得很重要，因為薪水支票開始跳票了），實在可歎，不過目前我起碼可以共享榮耀。如果有女生問我飛哪一家公司，我就說「西北」，算是沾到邊邊的實話。

我第二架飛機是仙童航空出產的美多號，是更加精細的十九人座飛機。這架渦輪螺槳飛機又瘦又長，像隻蜻蜓，以機艙狹小和其他惱人特點聞名。在位於聖安東尼奧的仙童公司，那些口袋插著筆的人面臨一項難題：如何把十九個人塞進飛機，讓他們坐得愈不舒服愈好？解答：讓乘客排排坐擠在一個直徑六英尺的圓筒，安裝一對史上最吵的渦輪引擎蓋瑞特ＴＰＥ-３３１，至於隔音就弄得簡單點吧。

總共算下來，一架只要兩百五十萬美元就行（某處，有個仙童公司退休工程師對此深感侮辱，可是他活該）。

身為這架醜八怪機器的機長，我的責任不只是把乘客安全送達目的地，還要在乘客大肆嘲弄、口吐惡言時含羞帶愧躲起來，那些嘲笑言詞包括：「這東西真的可以飛嗎？」跟「老兄，你是惹到誰啦？」針對第一個問題，答案是：還算可以。美多號配備的副翼只能發揮最小功能，方向盤上面需要貼張公告標明「純裝飾用」。我是說，這飛機的反應有點遲鈍，可是要在吹側風時著陸有時是很刁鑽的。

美多號跟９９一樣，因為機艙太小所以沒有駕駛艙門，十九名乘客因而化身後座駕駛，這些人目不轉睛盯著設備看的時間，比我們機師還要長。為了對付這些窺視目光，有個不具名機師特別改造一本活頁夾，用字母貼紙在封面貼上「怎麼開飛機」幾個大字，再把這本書放在地板上，前幾排乘客都能清楚看到。航行途中，他會把書撿起來，開始翻頁，逗得乘客發自內心笑出聲音——或是尖叫出聲。另一個機師則覺得，在頭上的備用磁羅盤前面掛一對鮮紅骰子會很好笑。有的客人看了發出竊笑，有的伸手指骰子，有的拍拍這名機師的背，有的直接投訴到聯邦航空總署。可憐的艾瑞克因此丟了張支票，紀錄上多了個汙點，大公司的人資部門看到這紀錄，想必會在履歷蓋上「不予錄用」章。

偶爾，會有人用口水在雷達螢幕上黏張雜誌照片，讓駕駛艙風景更顯趣味盎然。雷達螢幕盤踞在面板正中央，連站在後隔板的位置都看得到，看起來就像迷你電視。班機降落後，機師會從報紙或雜誌剪下一張荒謬的圖片，貼在空白螢幕上，留給下一批機組成員看。

第三架飛機是哈維蘭公司的衝刺8號，是架外形方正、可容納三十七名乘客的渦輪螺槳飛機，我頭一次開到這麼大的機型。衝刺8號新機一架要價兩千萬美元，這次機上甚至有一名空服員。整間公司裡，只有十三名機師夠資深坐機長席，我就是第十三個。我在一九九三年七月七日考完飛行檢定，剛好是二十六歲生日之後一個月左右，整個夏天剩下的日子，我每天早上都打給安排航班的人，苦苦哀求讓我加班。能開衝刺號是個分水嶺，畢竟這架飛機才配叫做貨真價實的民航機，美多號和畢琪99永遠比不上。我這輩子開過大大小小的飛機，其中，我對衝刺號的感情還是最深。

我開衝刺號的時間不長，東北航空再過短短一年就會倒閉。一九九四年春天，事態開始惡化，西北航空認為我們公司不夠可靠，拒絕續約。公司在五月破產，一個月後便直接垮掉。一切宣告終結的日子是某個週一，我對那天記憶鮮明，正如我清楚記得，在那之前四年，我在新罕布夏州帶著流血的指節進行首飛。確實，這不像東方、布蘭尼夫、泛美倒閉那樣驚心動魄，我也才二十七歲，大好事業正要展開；可是，眼見警車在飛機旁來回梭巡，空服員紛紛掉淚，員工把行李丟到柏油路上堆成一落，這景象依然令人心碎。所以，我在航空公司第一份工作的起頭與結尾，各有讓我激動難忘之處，只是，第二個回憶我寧可不要。

麻煩解釋一下，機長、副機長、機師、副機師這幾個詞差別在哪裡？

現代飛機全是由兩人小組駕駛，包括機長和副機長，後者也俗稱「副機師」，但「副」這個字很容易使人誤解。副機師不是在旁邊待命的備用人選，不須扮演小幫手學徒，機長更不會把他當成助手，說：「孩子，來，給你試開一下看看。」不論在何種飛行狀態，副機師完全有資格駕駛飛機，而且操控飛機起降的次數跟機長一樣多。機師是輪流開飛機，如果有組人員要從紐約飛往芝加哥，再從芝加哥到西雅圖，會由機長飛第一段，副機長飛第二段。沒在開飛機的機師一樣很忙，該做的雜事可以列成長長一張清單：溝通聯絡、設定飛行管理系統和導航設備、讀檢查表等。機長在航程中掌握最終決定權，薪水也比較高，然而他不見得是真正動手開飛機的人（他之所以當上機長是年資的緣故，這我們稍後再談）。

機長的袖子跟肩章上是四條線，副機長三條。在北美以外地區，制服設計略有不同，有時會用星星、冠飾或其他記號。

一些仍在服役的舊機型（譬如經典的747）需要第三名機師，稱為二副機長，即飛航工程師，工作區位於駕駛艙右側，就在副機長後面，包含了一整面儀表板牆。二副機長的職責是管理機上數個系統（電力、液壓、燃油、加壓與其他系統），並支援機長和副機長。

要是你很好奇領航員在做什麼，打從一九六〇年代早期，西方製造的飛機上就已經沒有這個職位了。美國已知最後一名領航員，是以前的節目《鮑伯．紐哈特秀》裡的霍華．波登這個角色。

媒體最最討人厭的習慣，或許是幾乎每次提到飛航事故，總是愛說「該名機師」。我沒有辦法理解，為何媒體累積了數十年經驗，卻至今都說不清楚駕駛艙中至少會有兩名資歷相等的機師。用「機師」這個詞是無所謂，但這只是任一機組成員的通稱，強調「該名機師」等於排除了「另一名機師」，這種說法既誤導又不正確，更別提對像我這樣的副機長而言極為失禮。

根據規定，長途班機必須增加三到四名機組人員，如此一來就能輪班休息。這方面的確切規定因公司而異，不過通常若航行時間達八到十二個小時，要加一名副機長。起飛跟著陸時，三名機師都要待在駕駛艙內，等到穩定飛行之後，機師可以輪流休息，每次一人，所以在整個飛行過程中，每個機師大約有三分之一的時間休息，去睡覺、吃東西、看電影，要不然就是放鬆。若飛行時間超過十二個小時，須額外增加兩名機師，這時候機師會兩兩一組輪班。在一班十四個小時的飛機上，每個兩人小組都要值勤七個小時左右。

機師休息的設施多豪華，要看是哪家航空公司、哪種機型。像747、777或A380這種比較大的飛機，機組成員休息室空間大得出奇，裡頭裝設臥鋪。休息室可能位在主艙上方，可能在下方，或是藏在主艙裡面某處，有些是蓋在一種可卸式下層吊艙裡，要爬梯子或走樓梯才到得了（問：那機長要睡哪裡呢？答：睡在貨艙裡啊）。空服員在飛行途中也可以休息，只是他們的藏身處不見得像機師的那麼舒適愜意。

來個很基本卻讓人不解的問題：如何才能成為航空公司機師呢？

在歐洲和世界上其他地區，「初學」課程愈來愈流行，簡單說，航空公司會從那裡挑選、打理、從零開始訓練機師，這些人飛行經驗很少或完全沒有是必然的。然而，傳統上，商務航空公司只會僱用過往經驗豐富的機師。在美國，應徵大公司的機師一般都已擁有上千飛行時數（包括各式聯邦航空總署執照，以及額外檢定），再加一張大學文憑。

要累積經驗，機師需要從兩條路二選一：民間或軍方。踏上從軍之路的好處是政府會幫你付訓練費，此外相較於以民間管道一路爬上來的機師，航空公司對軍機師的總飛行時數要求往往比較少；壞處是名額有限、競爭激烈，又必須服役好幾年。根據歷史資料，百分之八十的航空公司機師都是從軍隊招募而來，但現在，主要公司的機師只有百分之五十左右原本是軍機機師，至於區域航空，只有百分之十五左右。

民間管道是一條漫長、難以預測、貴到咋舌的艱苦行路。

第一步是基本飛行訓練。最起碼，你要有聯邦航空總署商用駕駛員執照，還得考過好幾種引擎、設備檢定，拿到一張飛行教官執照也不錯。好消息是可以逐步進行，照你自己的步調來，在當地飛行學校一次上一個小時的課。缺點是會花掉成千上萬的錢，又必須付出極大心力。還有另一種選項——現在航空學院很多（佛羅里達的安柏瑞德航空大學最有名），既有基本飛行訓練課，又提供學士學位，你可以直接報一間，這方法最為快速、一石數鳥，不過也更貴。

下一步是盡可能累積飛行時數。拿到聯邦航空總署的商用駕駛員執照這件事，或許能讓派對上的女生對你加分（這招對我從來不管用就是了），卻不保證執照持有人一定可以進航空公司工作──還差得遠呢。你還是得在飛行日誌上累積上百或上千時數，航空公司才會正眼看你。準備好花個幾年當飛行教官、拖廣告布條在空中飛，做些純粹累積經驗的活動──機師就等於打零工，沒一份工好賺。達成一千五百個小時的目標以後，你還要念書，準備考民航運輸駕駛員執照，畢竟聯邦航空總署發的證照不嫌多，可以進一步提升競爭力。

對了，要是你沒報安柏瑞德航大，你也必須受過大學教育。雖然沒有明文規定，但航空公司強烈偏愛擁有大學以上學歷的應徵者（和大眾所想相反，機師不一定要念科學、數學、科技相關領域，不少民航機師是讀經濟、音樂、文學、哲學等等）。

如果你夠有韌性，到這裡還沒因為欠債被拖去關，那過一段時間，你就會獲得一本厚厚滿滿的飛行日誌，該做的都做了，終於準備好丟履歷給航空公司。

我是說，區域航空公司。拿棒球打比方，你頂多只有三A畢業。現在，你可以好好期待再多打拚幾年，爆肝賺少少的薪水，然後才會有大公司把你的履歷歸到對的那疊，前提是有公司徵人。如果沒有，你的事業非常可能從此停步不前。數十年前，在區域客機公司工作，就像是暫時當學徒一樣，是進入大公司、賺更多薪水的墊腳石。不過，那時候已經無法保證能夠跳槽，時至今日，這又更像一場賭博。況且，區域客機市場大幅擴張，在區域航空公司工作已經較少被視為一種手段，而是一輩子的事業，不管這種發展是好是壞。

我自己的機師之路是這樣子：

父母極為慷慨，資助我早年的飛行訓練。有爸媽替我付學費，我不到二十歲就開始上飛行課，一週兩到三次，地點是某個波士頓之外的機場，學得還算快，二十一歲就拿到商用駕駛員執照（學歷部分我就沒下那麼多工夫，先在當地社區大學取得副學士學位，再修一個函授學程，把原有學歷轉成學士學歷）。接著，我開始擔任飛行教官，在不同的派柏和西斯納飛機上累積一千五百個小時，花了三年。一九九〇年是我人生中的重大突破，我受僱擔任副機長，開一架十五人座區域渦輪螺槳飛機，一個月大概賺八百五十美元（參見132頁，坐對位置）。

四年後，公司破產。我先後在另外兩家區域客機公司短暫任職，後來拿到一份飛航工程師的工作，開DC-8貨機，也是我人生第一架噴射機。又過了四年，終於，一間大型商務航空公司給了我工作，希望我往後職業生涯都不用再換公司了。那時，我的飛行時數已經累積到五千，年紀是三十五歲。

以上是份頗為標準的資歷，但是公司聘僱員工的趨勢比什麼都重要，例如航空業是否健全、公司裁員或擴張將釋出多少缺，這些事情決定了機師拿到工作的地點和時間，甚至是找不找得到工作。區域航空公司的流動率跟遇缺不補機率最高，主要航空公司則說不定好幾年都不招新機師，有時還超過十年。不管想進哪間公司，這個產業的應徵過程都很標準：假如符合某公司的最低需求，就投履歷過去，然後等電話鈴響，剩下都不是你能控制的。除了請已經入行的機師寫一兩封推薦信，沒有什麼增加機會的辦法，商界講的人脈在航空業並不存在。

說說訓練吧，要通過哪些考驗與試煉，才能達到航空公司的條件？

受僱之後，每間公司的訓練課程都非常相似，不管是要學開區域航空公司的飛機還是777，訓練計畫的時間跟結構差不多都一樣。

新進機師會在公司訓練中心待一個月以上，第一件非撐過去不可的事是基礎教育訓練，或稱「基礎訓練」，為期一週。這不像名稱聽起來那麼恐怖（沒人要理平頭，也不會被逼著做伏地挺身），不過必須全心投入行政文件，並學習每間公司自己的規定跟流程，相當沉悶。除了填保險資料表，還要花很多時間學「航務作業規範」（或簡稱「航務規範」），聽起來就很刺激吧。新人學到起飛能見度標準、選擇備用機場時需要的雲幕最低飛行高度之後，可以打電話回家，好好讓丈夫、妻子目眩神迷一下。

實地訓練大約要上三週，公司會依據你設定的偏好順序、同期機師的年資（看出生日期，或是運氣問題）、剛好有哪些空缺（本章稍後會進一步說明），來決定要分派哪架飛機給你。真正碰到動態模擬機之前，會先在電腦化駕駛艙實體模型裡練習，那是一種小型模擬器，裡頭的儀器跟控制桿完全可用，只差沒有視覺影像，也不會實際動起來。你在這裡要熟悉機上各個系統，排練不同故障排除方法與緊急情況，並且大量練習「飛」儀器進場。

「系統」是機師術語，用來指飛機內部裝置，譬如電力配置、液壓和燃油管線、自動飛行系統各部位如何運作，諸如此類。以前機組人員要坐在教室裡，接受漫長的系統訓練，現在則強調自修，公司會寄給你一個裝著書跟光碟的包裹，等到你來公司受訓時，就該具備健全的飛行系統知識。這非常需要強大的自律能力，以及謹慎把各種資訊在腦海中分門別類的技巧。

然後就是模擬機了。你應該在電視上看過，外形就像巨大的塗料混合機，還長了毛骨悚然的液壓腿。

大家都聽說過這些儀器有多逼真，你可能對此半信半疑——千萬別懷疑。「盒子」裡的災害模擬特別逼真，那些三D影像投影在四周架設的螢幕上，或許不是最寫實的，好比航廈和地景的圖片就比不上電腦成像，但是飛機跟系統的反應和現實世界分毫不差。

每次模擬器訓練大約四個小時，不包括訓前準備和簡報。訓練內容可能是操作簡介，教官會一再重新擺好模擬器，讓大家反覆練習；也可能依照真實時間，實際演練一次班機航行，從一個登機門到下一個登機門，連文件報告、無線電通訊等等都要做。共同受訓的機長和副機長不但要分開測驗，也要小組合作測驗。殘忍無情的教官則坐在新人背後，職責是把這些人搞得愈慘愈好。

開玩笑而已。教官是老師、是教練，並不是為了把人刷掉才來的。不過，對我來說還是一樣，我寧可去任何地方，也不想坐在動態模擬機裡面。在外頭，許多準機師跟航空宅願意把全家賣去當奴隸，只求在這該死的盒子裡待一個小時（模擬機還真的能租到，只是一個六十分鐘的時段就要噴掉好幾千美元），有些諷刺的是，模擬機卻是我全世界最不想待的地方。我恨模擬機，模擬機也恨我——仔細想想，這其實是最能發揮效益的關係。

完全被當掉的情況很稀少，但是每個機師都會搞砸幾次操作，追加一兩次模擬機訓練時段、重做特定練習，這種事完全不算少見。大公司的淘汰率頗低，大概百分之一或二吧，但千萬別盲目相信自己一定能留到最後。飛行檢定沒通過，可以啊，公司再給你一次機會；第二次再沒通過，情況就開始尷尬了。大公司的訓練方式通常比較包容、紳士，區域航空公司不見得那麼有耐心，訓練環境也沒那麼溫馨友愛。

機師通過最終模擬機飛行檢定，就能碰到貨真價實的飛機，累積所謂的「初步操作經驗」（簡稱IOE），由一名訓練機長帶著你飛幾趟付費班機，進行個別教學。也就是說，你頭一次起飛，背後便載滿乘客，從訓練到實際載人之間完全沒有暖身。

如果被派到國際航線，需要再上一堂關於長途導航的簡短課程。此外，還有一種「影片訓練」，內容特別針對挑戰性較高的機場或地區，比如南美某些區域或非洲。這部分的訓練，副機長通常要自修，至於機長，則要在訓練機師陪同下實地飛一趟，才能自己上路。

到此，訓練終於結束。只是這麼說也不對，因為機師訓練不會真有停止的一天。每年總有一、兩次（依據職位和公司可以上的課程，頻率會有所差異），機師必須回訓練中心溫故知新，叫做複訓，這場義務方式包括念書、模擬飛行好幾個小時，持續累積壓力。假設複訓一切順利，你就可以簽退，回到崗位上了。

以下分段詳述我上次複訓模擬的內容，好讓你有個概念：

首先，從華盛頓杜勒斯國際機場出發。升空的那一刻，碰！左引擎故障起火。為了讓情勢更精采可期，教官讓我們用第一類儀器天氣導降系統，設定了一個勉強可以飛的天候狀況，要求在沒有自動駕駛的輔助下手動操作。然後，只差四分之一里就要著陸時，一架747失控進入跑道，逼得我們非重飛不可。下一個情境：飛機位於安地斯山脈上空，高度三萬六千英尺，突然急速失壓；如果是在海上，解決方式頗為簡單明瞭，可是換做這種地勢高的地區，只能採取事先設定的逃生路線，改走細心規畫的偏航路線，於是一陣手忙腳亂。接下來是遇到兩次風切（起降各一次）、使用全球定位系統進行一連串複雜的進場，還有一次從厄瓜多的基多起飛時引擎失靈，偏偏又是發生在山區，只得採取特殊又難搞的解決方案。

這還只是第一天而已。練習？是這麼說的嗎？或許吧，但我一點也不認為外野手賽前練習打高飛球時，會是一樣的感覺。至少，時間過得飛快。每當訓練結束，我在鬆了口氣之餘，很快就會想起有些人相信開飛機很簡單而且現代飛機基本上都是全自動飛，於是再度心生怨恨（參見165頁，自動駕駛迷思）。

等一下，我還沒說完。你還得不定時參加「航路考驗」，這每隔一段時間就會抽考，要由訓練機長陪同飛一段航線；聯邦航空總署的人也會不請自來，坐你背後的組員座位。我愛這份工作，但我一點也不喜歡在飛歐洲時，都有個聯邦航空總署督察從肩膀後面偷瞄，在筆記本中寫下看不見的評語，持續整整八個小時。

最後，機師必須隨時遞交報告，對付永無止境的文件——背誦操作必要項目、公告、修改飛行手冊等等，宛如一場行政風暴。幾乎天天都有事情改變。

受訓過的機師可以飛好幾種機型的飛機嗎？747機師能不能飛757？

是，也不是，大部分都不行。雖然管理和培訓人員偶爾會同時具備好幾種資格，但每個員工都是被派給特定某架飛機。在一些情況下，不同機型的執照相同，例如空中巴士A330和A340，以及波音757跟767，但是這些飛機從設計之初，便決定要讓機師能夠取得雙重資格，所以算是例外。不同機型差異極大，要學會飛另一架機型，得上長長一串課程跟模擬機訓練。我目前飛的是757跟767，要是把我扔進空中巴士A320駕駛艙，光是發動引擎都會讓我窘迫得不得了。

想改飛另一個機型，或是從副機長升上同一機型的機長，都要接受完整訓練計畫。就算你先前已經對特定飛機瞭如指掌，可是再上一堂詳盡的資格認證課程，還是辛苦到讓人直冒汗。

以前大家都說機師薪水非常高，現在仍是這樣嗎？

大家經常聽說機師年賺二十萬美元以上，航空公司和業界權威在談合約時，很愛舉這些機師為例。事實上，業界機師只有很小一群人賺這麼多——都是已經在大公司爬到年資最頂層，已屆退休之齡的灰髮機長。你很少聽說那些只賺三萬、四萬、六萬的機師，如果是區域航空公司，也可能只有兩萬。

也有像我們這樣還過得去的機師，相信我，這薪水來得並不容易。整體而言，這一行薪資已經不如以往。根據航空公司飛行員協會及美國勞工局數據，一九七七年至二〇一〇年間，美國航空公司機師平均薪資跌了百分之四十二，二〇〇二年至二〇〇七年間降幅最大，航空公司一口氣砍掉百分之二十以上。不僅如此，退休金被取消，福利也減少了。

在大公司，年薪是從三萬左右起跳。即使年年加薪，一樣要工作八到十年才賺得到六位數，而且這個機師還要夠幸運才能達到這種等級。很多人一開始就想進大公司，卻始終沒達成目標，只好留在區域航空公司發展。相較之下，區域航空的薪水少上一大截，初級機師一年可能只賺一萬九，資深機師頂多賺十萬。

各位引述機師「平均」薪資時，最好小心注意資料來源，因為「平均」可能只和這個產業的某部分有關，像是只計入主要航空公司，卻忽略了另外百分之四十的區域航空機師。這數字也不會告訴你，一名機師拿到機長肩章、獲得還算豐厚的薪水，可能已經五十好幾，過去數十年都只領不怎麼樣的薪資，說不定還被資遣過一、兩次。

另一件不能掉以輕心的事是時薪。依時計薪的確多少彌補了機師薪水，但能計的只有飛行時數，而不是大多數人以為的工作時數。一小時一百美元看似優渥，其實機師不計薪的時間還得做其他瑣事，例如飛行前制定計畫、轉機之間待命、在飯店等候的時間；算下來，機師連續工作好幾天，通常只有一部分是在空中度過。如果機師一個月登記的實際飛行時數是八十小時，他說不定其實值勤了兩百五十個小時，離家兩個星期以上。我曾聽到廣播節目名嘴酸機師：「一個月只要工作七十個小時。」照這麼說，機師一個月若只工作七十個小時，職業足球選手一週不就只工作一小時？

你覺得機師該拿多少薪水？你開一次飛機值多少？這個問題不好回答，裡面暗藏陷阱。棒球員是不是值得拿千萬年薪？換個角度，老師和社工是不是只值兩萬四？這種問法，等於是對由市場機制決定的產品下道德判斷。機師領的薪水跟應不應得無關，而是透過協調、集體議價，看自己到底能拿多少。不過，就當做好玩好了，假設有家航空公司，機師的錢是由乘客自由捐款而來，每次班機降落，就會在機上傳一個杯子；現在，你要從紐約搭機飛去舊金山，對你來說，安全飛越整片大陸值多少？你願意放多少錢在杯子裡？

現實生活中，你放了差不多十二美元。算一下大規模航空公司的平均薪資，駕駛波音767的機長（這機型在這條航線很常見）飛一個小時賺一百九。767共有兩百一十個座位，航程共六個小時，算下來每個座位貢獻五．四二美元；一架飛機通常只會坐滿八成，算下來每名乘客出了六．七八美元。所以，機長只從你的機票錢拿了不到七塊，副機長拿了大概五塊。

好，現在來算算看區域航空公司。實際薪水因年資而異，但大致可以估出，六十五人座飛機機長飛一個小時賺九十五美元，如果是一趟九十分鐘的班機，你給了他二．七四美元，至於副機長只拿了一塊多。

有人說，開飛機就像演戲、畫畫、打小聯盟（或是寫書碰運氣）：幸運之人將獲得獎賞，其餘無數人卻在廣大的煉獄受苦受難，無人賞識。對機師而言，訣竅在於盡快累積年資（參見下一個問題），剩下只能祈求好運了。獎賞不會提早降臨，需要耐心等待。雖然許多行業都隱含風險，航空業卻特別難以預料，絕不允許犯錯。我自己在事業之路上也出了不少狀況，儘管如此，我還是必須承認，我非常喜歡這份工作。至少，在公司依然盈利，也沒人開飛機撞大樓時，任職大航空公司仍是一份好工作。

怎麼樣評鑑機師，予以加薪或升遷？副機長升上機長是誰決定的，又是根據什麼？

包括這題在內，要理解接下來幾個問題的答案，需要先搞懂航空公司的年資制度。在美國和許多國家，影響機師生活品質的變因，都是由年資決定，確切年資是從僱用日期算起。我們機師的命運和個人特質幾乎無關，一切都看時機，儘管經驗和技巧的無形價值甚高，現實中卻沒有任何意義。年資才是衡量價值的單位，任何東西都比不上我們口中的「排行」。這攸關我們的先後順序：不論是填補職缺（機長或副機長）、機型、派駐城市、每月行事曆、假日，諸如此類，最終機師被指派什麼，都是基於同一個階層中的相對關係——在整間航空公司裡的排行、在特定基地裡的排行、在特定機型裡的排行，什麼都是排行、排行、排行。

副機長想升上機長，不僅要先有職缺釋出，還要年資足夠才行，不管你多有天分、個性多好，也無法更快到達駕駛艙左邊的位置。就算在緊急情況中救了多少人免於一死也不行，只有排行能夠辦到。

該說明一下，不是每個年資夠的機師都會選擇升上機長。畢竟，從副機長轉為機長，等於是從一個階層的頂端，來到另一個階層的底端。雖然大概會加薪，但也不是定數，再考量到飛行時間表、可能會飛哪些地方之類因素，繼續當高級副機長，生活品質也許比升上初級機長來得好。因此，相較於許多機長，有些副機長反而年資較深、經驗較豐富，這種情況不在少數。

很多國家都照搬美國的模式（或是仿照一部分），但是並非每個國家的年資制度都這麼嚴格。空服員的制度也與此相同，只有些微改動。年資制度既公平又有失公允，是種終極的侮辱，一種講求平等的終極工具——缺少人性、令人憤怒，偏偏又舉足輕重。一旦機師換了東家，無論此前經歷多豐富，都得從名單最底層開始努力，只拿試用期的薪水和福利，重新走一遍緩緩往上爬的漫長路。這是航空業的規矩，絕無例外，管你是不是傳奇機師薩倫伯格（Chesley sullenberger，因二〇〇九年一月臨危不亂，挽救全美航空一五四九號班機全機人員而史上留名），是不是前航太總署太空人，誰都一樣。當初，東方、布蘭尼夫、泛美跟其他幾百間航空公司破產，眾多措手不及的機師流落街頭，眼前只剩可怕的二選一：像以前一樣從菜鳥幹起，或是乾脆轉行。

遇上景氣不好，航空公司開始裁員，年資制度會逆向而行：機長變成副機長，初級副機長去開計程車。航空業宛如一座搖搖欲墜的雲霄飛車，被資遣的員工（我們稱之為「留職停薪」）大批來、大批去，往往一口氣遣散上千人。在美國，二〇〇一年九一一恐怖攻擊之後，超過一萬名航空公司機師遭留職停薪，筆者也是其一，許多人至今尚未重返崗位。在這種時候，航空公司會依照僱用日期，裁掉員工年資名冊裡頭身處底部的所有人，如果公司決定打發掉五百名機師，第五百零一個人如今便成了公司最資淺（也最焦慮）的機組成員。有些機師運氣很好，進來的時機對了，便這麼一路走過毫無波折的長久年月，但也不乏機師的履歷表紀錄了三次以上降等或留職停薪，有些甚至持續數年之久。

留職停薪表面上還是員工，照理說等情況好轉，或是公司遇缺不補時，會再把這些人找回來。假如裁掉你的公司還在，這一天也真的來臨，舊員工回去的順序同樣嚴格依照年資排行——第一個出去的機師，就是最後一個回來。這會歷時多久？當年，我總共留職停薪了五年半。

想降低留職停薪的機率，可以投奔更加賺錢、但沒那麼風光的貨機國度。假如凌晨四點倉庫的閃爍燈光無損你的格調，你可以進入較能抵抗經濟衰退的貨運公司，譬如聯邦快遞、優比速、亞特拉斯航空等等，躋身年資名單的一角。你沒辦法幫小孩子簽名，生理時鐘可能也會變得哪裡怪怪的，不過貨機這一行比較不常裁員。

如果你年紀尚輕，打算進入這個瘋狂的行業，請準備好這種事會發生在你身上。發生了的話，試著放鬆一點，這（還）不是世界末日，別加入什麼邪教組織，別做公司董事的巫毒娃娃，別開飛機去賴比瑞亞載未爆彈，還有，就算未來看似一片慘澹，也不要在eBay上賣掉翅膀別針跟帽子，聯邦調查局不喜歡這種行為，而且你以後可能又會需要這些東西。

雖然你沒問，依我之見，還是這幾首老派的龐克搖滾最能道出留職停薪跟失業的精髓，請容我推薦兩首好歌——衝擊樂團的〈工作機會〉（Career Opportunities），以及攪和合唱團（The Jam）的〈史密勒斯．瓊斯〉（Smithers-Jones）。〈工作機會〉收錄在衝擊樂團一九七七年發行的同名出道專輯，震耳欲聾唱出英國七〇年代末的經濟低迷社會。〈史密勒斯．瓊斯〉是攪和合唱團團員法克登所寫，敘述一名英國工人一早上工，態度樂觀積極、準時得分秒不差，卻被主管叫進辦公室，直接遞給他一張解僱通知。

告訴你一件事，

本公司已經沒有你的位置，

抱歉了，史密勒斯．瓊斯。

這首歌唱到「瓊斯」時乍然收斂，樂團演奏的每顆音互相碰撞，旋律美麗極了。聽到這段，總讓我湧起一陣暈眩、戰慄，因為我知道那種感受。

一直有人說機師瀕臨短缺，實際情況會有多嚴重？

首先，必須畫一條明確的分隔線，分清楚大型航空公司跟地區性的附屬企業。附屬企業才會面臨短缺問題。大公司可以從區域公司和軍中挖角頂尖人才，手上永遠有超額優秀應徵者可挑，不管來多少次縮編、公司擴張，或是你偶爾聽說即將來襲的退休潮，都絲毫無法減少這批人力供應量。

區域航空就是另一回事了。過去，大家一般都把區域公司的工作當成暫時的跳板，機師去那裡工作之後，往往（手指交叉許個願）跳到傳統航空，替補裡頭薪水更優渥的缺。沒人能保證你一定會成功走上這條路，不過這起碼發揮了胡蘿蔔的效果，誘使一批有才華、動機強烈的年輕機師前仆後繼，不斷向上爬。這都是往事了。如今，區域航空的規模比以前擴張非常、非常多，主流航空招募的人數又縮減成涓滴細流，許多機師慢慢發現，在區域航空工作，就等於投入一項事業——而且，雖然花了不少錢、下了不少苦工才拿到這個工作，報酬卻十分有限。這種生活並不容易，至於薪水，正如前面所說，就是害大家沒辦法參加同學會的原因。

對有抱負的機師而言，有件事非問不可：為了基本飛行訓練砸掉五萬美元以上，加上念大學的費用，再加上把飛行時數累積到夠好看的時間（聯邦航空總署最近修改規定，把時數大幅提高，本章稍後會談到）……然後竟然只能浪費多年歲月痛苦掙扎，領在貧窮水準徘徊的薪水，跳槽去主流航空公司的機會渺茫無比，這一切值得嗎？許多人的答案都是否定的。愈來愈多區域機師索性退出這一行，替補人力也愈來愈少。

人力到底減了多少，依然有待觀察。值得深思的是，區域航空的薪水和福利制度，幾乎都沒有提高到足以留住或吸引機師。也許應該說，別忘了機師願意為藝術做多少犧牲。總有機師（或者說太多機師）願意忍受一切，只為追求工作帶來的強烈刺激感。如果問我，我認為在可預見的未來，仍然會有眾多經驗豐富的機師只求工作，至於航空公司不分大小，只要釋出一個職缺，照樣坐等上百名機師應徵。

機師的班表一般是怎樣啊？

所謂的「正常班表」幾乎不存在。同一個月內，某個機師可能上路十天，登記六十個小時飛行時數；另一個機師可能飛二十天，在空中待九十個小時。差距之所以如此懸殊，是因為我們何時飛、飛何地都深受年資影響，班表也極有彈性。

每隔三十天，大概到了月中，我們要登記下個月志願序：想飛哪裡、想放哪天假、想避開哪個惹人嫌的同事，諸如此類。但是，我們的班表最終長什麼樣，全看年資。資深機師拿到上上之選，資淺機師只能撿剩的。等級最高的機師可能只要飛一趟亞洲，為期十三天，計薪時數共七十個小時；位居底層的人可能會排到一大堆國內航線，為期兩、三天，零碎分散在一個月內。要是我們討厭排到的行程，一定有辦法改班表，例如換班、放棄、跟其他機師交換，就連臨時改也行。

很多人誤以為公司會派給機師特定目的地，機師就一直飛那裡。也常有人問我一個頗有意思的問題：「你飛什麼航線？」如果你想、加上夠資深，確實可能一直飛同樣的地方，但我們的班表通常是綜合包。在我打這段文字之際，我下個月過夜地點包括拉斯維加斯、馬德里、洛杉磯、聖保羅，總共離家十四天，計薪時數七十六個小時。還算不錯，不過我想拿掉去拉斯維加斯那一趟，換成其他更好的……之後就知道了。

地位最低的機師必須擔任隨時待命的「候補」。公司替候補機師排定休假，當月以固定最低費率計薪，但是工作行程完全是張白紙。無論候補機師身在何處，一定要能在規定時間內抵達機場，所謂規定時間長至十二個小時、短至兩個小時，搞不好還天天改。每當有人生病、被暴風雪困在芝加哥，就輪到候補機師上陣。你可能在凌晨兩點接到電話，於是上路趕往瑞典或巴西——或是去奧馬哈或達拉斯。候補機師生活中的挑戰之一，是要學會打包：要是不知道下一站的天氣是熱帶還是凍死人，究竟該在行李箱放什麼呢？（正解：什麼都放。）

在大部分航空公司，配在同一組的機組人員只會合作到那一趟飛行任務結束。假設我本月班表要飛四條不同航線，就會和四名機長合作。也有些航空公司採不同制度，讓機長和副機師同組一整個月。

除此之外，如同沒有所謂正常班表，我們也沒有正常的過夜行程。在國內，過夜休息時間也許只有九到十個小時之短；海外的話，最少通常二十四個小時，長達四十八甚至七十二個小時也不是沒聽過，像我曾經休息足足五個整天。飛長途時，機組成員偶爾會攜家人同行（參見179頁，旅遊福利）。

其他空勤人員也是相同道理，高級空服員說不定可以跟高級機長一樣，排到人人稱羨的雅典或新加坡過夜行程，只是工作時間的限制和合約保護的權利較少，因此空服員往往工作比較多天。同樣是為期不只一天的飛行任務，機長也許一個月飛三到四趟，空服員卻可能飛七趟。

那麼，能不能據此斷定：航線最長、飛機最大的班機，一定會給最資深、最有經驗的機組成員來開？答案是不一定。其中一個影響因素是機師派駐的機場；規模較大的航空公司通常會提六、七個城市供機師選擇，其中總有幾個地點較受歡迎，這樣一來，資深與否就變成相對的了。像我派駐在紐約，我們公司的人通常最不喜歡紐約，所以這裡就成了機師平均年資最淺的地方。也正因如此，儘管整體來說我的年資還很低，我還是可以飛國際航線。此外，機師也不一定都喜歡飛國際航線，雖然薪水比較好。

許多機師都不是住在派駐地點（或者用一個念起來很難聽的航空術語，「註冊」城市），用我們的行話說，這些人得來回「通勤」。不管是機師或空服員，過半數機組成員都是通勤族。我也是其中之一，派駐在紐約，但住在波士頓。通勤這個權利讓機組成員能夠隨喜好住在想住的地方，但這也是基於現實考量。如果你在區域航空擔任機師，試著靠三萬美元的薪水養家，卻住在舊金山或紐約市這種物價高昂的大都會，日子想必難過得很。再說，公司指派的機型和派駐地點經常變更，有了通勤的機會，員工就不需要一重新分配駐點便舉家遷移了。

通勤也可能是壓力來源，公司規定，如果遇上班機延誤，我們要能夠飛支援航班，所以員工必須輪流待命。對某些人來說，這代表報到前好幾個小時就得離家，很多情況下甚至要提早一整天。機組成員經常另外租屋以備不時之需，叫做臨時住處，通勤前後若有必要，可以在那裡住一宿（臨時住處的裝潢和衛生條件通常是如何，就留待下次再談了）。其他人則是在有閒錢時再住飯店。

有個辦法可以減少通勤次數，就是飛國際航班。跨海航班時間往往較長，有些持續十天以上，機師也不用每班都飛。國際航線機師每個月可能只通勤兩、三次，國內航線機師卻要五、六次。

我自己通勤搭飛機的時間不到四十分鐘，算是很小意思了。然而，不乏有人花費數個小時通勤，還橫跨兩個時區以上。在我認識的機師裡頭，有人是從阿拉斯加、維京群島，甚至法國，大老遠通勤來紐約。傳說中，東方航空有個機師註冊地點在亞特蘭大，居住地點竟然在紐西蘭。

最近常常聽說機師疲勞駕駛，是否真有必要擔心機師過度疲勞？該採取什麼措施呢？

組員疲勞一向是嚴重問題，好幾次飛機失事原因都歸諸於此，例如一九九九年美國航空1420班機墜毀於阿肯色州的小岩城，以及二〇〇九年科爾根航空3407班機空難。以前，對於增加飛行及值勤時間的限制，航空公司和聯邦航空總署始終很抗拒，連一丁點變動都遭到航空公司和遊說者反對。到了二〇一一年十二月，聯邦航空總署總算發表一套詳盡的改革方案，儘管內容未臻完善，至少踏出了值得稱許、正面的一步。

在我看來，航空總署太把重點放在長程飛行了。連續飛十二或十四個小時會打亂生理時鐘，的確是值得關注的事，不過長程飛行的疲勞其實反而比較容易應付。長途機師駕駛飛機的頻率較低，機上也有額外組員隨行，還附帶舒適休憩設施。問題更嚴重的，是位於光譜另一端的航班：短程區域飛行。區域機師的班表極為累人，總是一口氣飛好幾個航段，在忙碌的機場進進出出，常常遇到最糟糕的天氣，飛完之後只能在破爛旅店短暫休息。不管是什麼日子，我寧願滿眼血絲地飛十二個小時跨海航班，接著去萬豪國際酒店休息七十二個小時，也不想要凌晨四點起床，開渦輪螺槳飛機連飛六個航段，然後在假日飯店度過名義上是八個小時的一夜。

何況，最大的挑戰其實不在於待在機艙裡的時光。漫長的值勤時間、加上每段值勤之間通常極為短暫的過夜休息，才是最難捱的。在某個工作日，機師登記的駕駛艙時數或許只有兩個小時，任務乍聽之下很輕鬆，可是值勤說不定是從凌晨五點開始，總共長達十二個小時，其中大半都在航廈等待延誤、殺時間，能夠登記的卻只有頭尾兩個小時而已。

用聯邦航空總署的術語來講，兩個值勤任務之間過夜休息的緩衝時間，叫做「休息時段」。在二〇一一年改制之前，休息時段最短只有九個小時，這所謂的「休息」卻沒有算上從飯店來回的通車時間、進食需求之類的小事。假如有個組員晚上九點從芝加哥簽退，預計早上五點回去報到，這樣就算是休息八個小時，但扣掉等飯店接駁車、來回機場、找東西吃等等的時間，表面上登記八個小時過夜休息，實際上只在飯店待了六、七個小時。

現在，這種狀況終於改善了。在兩個任務之間，機師至少可以休息十個小時，有機會連續睡上八個鐘頭。儘管這項規定遲到已久，不過仍然是聯邦航空總署有史以來最明智的決定。

此外，有人說高科技自動化駕駛艙會讓機師更容易疲勞，我不同意。這些人說，現代駕駛艙這種工作量低的環境，會導致機師逐漸鬆懈、覺得無聊，以至於把責任拋諸腦後，有的機師甚至還睡著了。這種論調很有說服力，但我認為，無聊和自動化並沒有太大關聯，或者更確切的說，兩者的關係不比以前來得大。機師有時候極為忙碌，其他時候則會閒暇很久，該做的事其實是有一陣沒一陣、像潮汐一樣來來去去。開飛機一直都是這樣，早在六十年前，自動駕駛剛開始發展、螺槳還要靠活塞式引擎來轉動，無聊就已經是影響因素之一。不管做哪一行，只要很長一段時間內的工作量比較少（譬如飛越海洋的時候），大部分又都是不斷重複的例行事項，就一定會讓人無聊。我常常不間斷工作八個小時、九個小時、甚至十二個小時，已經有心理準備面對某種程度的疲乏，並設法解決，但疲乏絕不是自動駕駛害的。老天爺，要是我全程都得雙手放在方向盤上、集中全副精神的話，等到航班結束，一定會比平時無聊五倍、疲勞十倍。

區域航空機師的經驗多寡一直引起很大的爭議，乘客該注意哪些事呢？

一九九〇年，我拿到第一份區域航空機師的工作時，總飛行時數已經累積到一千五百個小時，持有一張熱騰騰的民航運輸駕駛員執照。當時，這種條件只算得上一般，甚至是低於平均。世事真是多變化啊。過去二十年以來，區域航空規模愈來愈大，創造上千個機師職缺，為了補足這些缺額，航空公司大幅降低新進員工所需經驗，以及最低飛行時數門檻。突然之間，總飛行時數只有三百五十個小時的機師也可以上路，在一架精細複雜的區域飛機上擔任副機長。

簡單的答案是：不是，飛行日誌上的時數，不見得適合評估機師在壓力之下的技巧和表現。量化特定機師的才能並非易事，每年的失事統計也證明，絕不是只有低時數機師才會犯錯。所有機師都要經過航空公司嚴格訓練才能載客，規模最大的區域航空擁有最先進的訓練設備，足以匹敵任何主流航空，也會根據低時數新進員工的狀況，調整訓練課程。

長一點的答案比較複雜。我還記得我年輕時，時數還只有五百個小時，已經夢想著被派給一架區域航空飛機。法律上，我符合資格嗎？當然了。可是，就這份工作而言，我是最優秀、駕駛最安全的候選人嗎？不是。事實上，有些寶貴的無形知識，是像我當初那麼生嫩的機師所缺乏的。因此，如果說區域航空某種程度上沒那麼安全，我想也有其道理。但我必須提醒你，再怎麼計較，數據上的差異都很微小——沒那麼安全，不等於「不安全」，上述這些話絕不是要警告大家拒搭區域航空。只是，這種現象確實值得關注。

監督者也持相同看法，所以法規愈來愈嚴格了。二〇〇九年，美國眾議院通過「航空公司安全及飛行員培訓改善法」，對培訓和僱用機師的規定造成重大影響。根據該法案，機師若要應徵任何駕駛職位，必須持有民航運輸駕駛員執照；要取得這份執照，飛行時數須至少達一千五百個小時（其中又細分成不同類別），筆試和操作考試成績也要夠高。不只如此，這項法案連民航運輸駕駛員執照的內容都改了，把重點放在商務航空公司的操作環境，並要求機師接受特殊訓練，項目包括駕駛艙資源管理、組員合作等等。

這些改變，讓人更容易淘汰掉開飛機缺乏決斷的機師。對那些順利晉級的人來說，要從普通航空轉換跑道，進入搶手的區域航空培訓環境，也變得更簡單了，他們不必再花那麼多錢受訓，飛機航行還變得更安全。此外，至少是理論上，修法也鼓勵區域航空提供更優渥的薪資和福利，畢竟一名準機師如果想拿到民航運輸駕駛員執照，可得砸下六位數的重金。

如同前面的章節所述，大部分區域航空即使和主流航空共用相同塗裝、相同班次，依然是完全獨立運作的公司，就算老闆是同一個也一樣。這些區域航空只是承包商，擁有自己的一群員工、自己的培訓部門等等，機組成員也沒辦法直接晉升到等級更高的合作公司。在一名年輕機師（或空服員）心中，只要自己的飛機漆上聯合或達美的字樣，或許就可以興奮好一陣子，可惜其實是側邊的「接駁」、「快運」這些小字才算數。在聯合快運航空工作的機師，就跟機場大廳書報攤收銀員一樣，與聯合航空機師沾不上邊。如果他想去聯航開777，就要跟其他人一樣投履歷，祈求好運。這方面也有一些例外，譬如美鷹航空跟羅盤航空就分別和美國航空與達美航空合作，提供一定名額給機師，只要符合條件，便有權轉至美航或達美航空工作。

那像精神或瑞安這些廉價航空呢？乘客該提高警覺嗎？貨機機師又怎樣？

每一間航空公司都愛吹噓自家員工比別家好，至於確切好在哪裡又解釋不清楚，但是你不能說什麼程度的機師都會去什麼程度的公司，這並不是通則。頂尖航空公司的應徵者極為眾多，人人條件都相差無幾，可以任公司挑選，即使是在這行最欣欣向榮的時候，人資部門桌上照樣會堆上一大疊出色的履歷，沒有上千份，起碼也有上百。機師被「流放」到低成本航空並非天分不夠；相反的，決定大家最終在何處棲身的因素，不是駕駛技巧，而是機運。貨機的話，聯邦快遞與優比速這些公司提供的待遇是業界數一數二，不少機師也因為在這裡可以隱匿身分、遠離人群跟其他麻煩事，選擇投入貨運這一行。載人總是比載貨更受人敬重一點，不過這份工作在每個人心目中的價值都不同。

我很少遇到女民航機師，現在有多少機師是女性？航空業內部文化會不會讓女機師較難生存？

純就飛行本身而論，沒理由不讓女性加入這行。有個女機師說過：「比起女人，男人只在體能明顯居於優勢，但當機師和體能完全無關。不管是誰，只要有適合的才能，就可以培養足夠的技巧，而才能並不受性別所限。」這話很有道理，然而凡是常搭飛機的人，任誰都看得出來，男機師占絕大多數，我自己也不確定為何沒有更多女機師。據我猜想，這大概跟女性較少選擇傳統上以男性為主的職業（反之亦然），箇中緣由是一樣的，無論這事公不公平。何況，機師等級長久以來都受到軍方文化主導，這或許也是一部分原因。

不論為什麼，這個行業如今已經不像以往一樣全由男性主宰。一九九〇年代中期，美國所有駕駛艙機組成員中，女性占了百分之三，大約共三千五百人，是一九六〇年的三十倍。在我寫這段話之際，數據成長到將近百分之五，確切數字隨聘僱、資遣的潮流而異。

女機師遇到職場性騷擾的情況少之又少，而且航空公司是嚴格依照僱用日期來排人員年資表，所以大家的薪水、升遷機會完全平等。我身邊就有幾名女同事，我對於駕駛艙裡有女性的身影早已習以為常，每逢在簡報室與她們初次會面，都不太會發現握手對象是名女子。

或許你想知道，根據黑人航太人員組織的報告，目前在美國的航空公司中，非裔美籍員工最多僅六百七十五人，其中十四人是女性。全國民航機機師共約七萬人，由此可知，非裔美籍員工不到百分之一。

聽說現代商務客機基本上可以全自動駕駛，這話的真實性多高？遠端操控無人機真的可行嗎？

航空領域總是充滿了陰謀論和都市傳說，我聽得可多了。然而，最讓我錯愕的，莫過於關於自動駕駛的迷思與誇大不實的傳言：以為現代飛機是由電腦操控，機師在場只不過是當做緊要關頭時的備胎，諸如此類的想法。我們都聽說過，在不遠的將來，機師會完全遭到淘汰。

舉例而言，《連線》雜誌曾在二〇一二年刊登一篇關於機械的報導，記者寫道：「自動駕駛是一種電腦裝置，能夠獨立操控一架787，無須人力支援，但我們還是不理性地在駕駛艙塞幾個人類機師當保母，只為了以防萬一。」

這段關於民航機師工作內容的描述，是我聽過最不經大腦、最侮辱人的話。說787或任何民航機「無須人力支援」就能航行、機師在場只是要當自動駕駛的「保母」，已經不只是誇飾，不只是為了文采而稍稍曲解事實，不只是「不太對」——而是大錯特錯。既然連一份口碑良好的科技雜誌都不明白這點，讓這種言論得以出版，可見這種迷思有多盛行。這種謬論一天到晚出現在媒體上，竟到了大眾視之為理所當然的地步。

你會發現，說這種荒唐論調的多半不是機師，而是新聞記者或學者（教授、研究者之類的）。管他多聰明、研究多有價值，這些人都極為不熟悉商務航空每天要面對的狀況。有些時候，機師自己也助長了這種歪風，我們之中可能有人會說：「媽啊，這架飛機根本就是自己飛了嘛。」最大的敵人往往就是自己人；我們由衷讚歎高科技工具，在對外行人解釋複雜操作步驟時，索性簡化內容，最後描繪出一幅把飛行實際情況給扭曲的誇大漫畫，同時貶低了這個職業的價值。

高科技駕駛艙設備基本上是輔助機師，就像高科技醫療設備輔助醫生和外科醫師一樣。設備大幅提升機師的能力，但絕對不可能減少操作設備所需的經驗和技巧，更遠遠談不上把經驗、技術變成沒有必要的東西。要飛機自動駕駛，差不多像是要現代手術室自動開刀。外科醫師兼作家葛文德寫過一篇文章，刊登在二〇一一年某期《紐約客》雜誌：「說到醫學進步，每個人都只想到科技。可是，醫生的技術也非常重要，絲毫不輸科技。這點可以套用在各行各業上。真正造成差異的，是大家運用科技的技巧。」這話可說是一針見血。

再說，「自動化」和「自動駕駛」到底是什麼意思呢？自動駕駛就跟其他設備一樣，是供機組成員使用的工具，你還是得告訴它該做什麼、何時做、如何做。我自己比較喜歡「自動飛行系統」

這個詞，因為自動駕駛綜合了好幾種不同功能，可以調整速度、推力、水平和垂直航向，要同時或獨立控制都行，這些功能全都需要組員定時輸入指令，才能妥善運作。在我開的波音飛機上，如果要設定自動爬升或下降，我可以各想出七種不同的方式，視情況判斷採用哪一種。媒體會引用所謂的專家說的「每趟航班，機師手動操作的時間大概只有九十秒」，然而這種話不但有誤，更表明說話的人根本不知道手動、自動的差別，彷彿自動操作純粹只是按下按鈕、雙手抱胸等待。

有天晚上，我搭飛機坐經濟艙，降落過程出奇平順，背後有個老兄喊道：「幹得好啊，自動駕駛！」也許很好笑，但完全錯了，這次著陸從頭到尾是手動操作，絕大多數飛機著陸都是如此。對，大部分噴射客機都獲得認證，可以自動執行降落（用機師行話來說，這叫做「自動落地」），可是現實中極為少用，飛機降落時，採取自動控制的不到百分之一。要詳細解釋如何設定、實行自動落地，要花上好幾頁篇幅才行。總之，假如只要按個按鈕這麼簡單，我又何必每年用模擬器練習兩次，還要每隔一段時間就複習手冊上標記起來的地方。就很多層面而言，自動落地遠比手動要來得耗神。

一趟航行中，情況時時刻刻變化，複雜、流動，絕對不是死的，所以機師必須隨時下決定，每個決策都事關重大。雖然有各式各樣的協定、檢查表、步驟，寫成白紙黑字，機組成員仍舊必須依據主觀判斷，下達成百上千個指令，譬如避開堆疊起來的積雲、解決機械問題等等，不勝枚舉。我指的是那些稀鬆平常的狀況，任何一天、任何一次飛行都會遇到，甚至多到工作飽和的程度。即使是在最最普通的情況，駕駛艙一樣會忙到讓你驚訝——而且還開著自動駕駛。

另外一種老掉牙的言論是，駕駛艙自動化讓開飛機比以前簡單。恰恰相反，現在開飛機大概是有史以來最難。考量到現代航空所有操作相關領域（從飛行計畫、導航，再到通訊），駕駛飛機的必要知識比以往多上許多。現在，主要所需技能的確和過去不太一樣，但如果你認為某些技能比其他更重要，那你就錯了。

你一定想指出：可是，遠端駕駛的軍用遙控機跟無人飛行載具數量暴增，又怎麼說？這難道不是未來趨勢的預兆嗎？這種觀點的確很誘人。這些機器設計精密，事實也證明它們很可靠——可惜程度有限。遙控飛機不像商務客機一樣載著上百名乘客，它的任務與客機大相逕庭，運作環境截然不同，若是出了差池，代價輕微得多。光是借用無人機的概念，將之擴大規模、加上幾個備用設施就想上路，這是行不通的。

我很想見識看看，遠端操控無人機如果遇到引擎失效放棄起飛，接著遭遇煞車過熱輪胎起火，要怎麼迅速放棄起飛，疏散兩百五十名乘客。我很想見識看看，無人機如果在山區遇到加壓系統問題，需要改航，會怎麼排除問題。我很想見識看看，無人機要怎麼在海上穿越風暴。老天，就連最簡單的任務，我都想見識一下。每一趟航程都會發生無數大大小小的偶發事件，需要機組成員花費心神處理、憑直覺下判斷，如果你身在千里之外的地面上，要怎麼解決這些狀況，我真沒辦法想像。

即使真的要把無人飛行載具的模型應用在商務航空領域，也必須砸下大筆資本，大幅修改現行民用航空制度與基礎架構，舉凡設計一代的新飛機並進行測試、建立新的飛航管制系統，諸如此類。連無人汽車、無人火車、無人船的概念都未臻完美了，就要一下子跳到商務客機，難度和成本都會呈次方成長，即使真的成功，還是要有人遠端控制那些飛機才行。

我不是要說人類辦不到這種事，說不定有一天，我們真的可以搭無人民航機旅行，就好比我們也可能在月球上或海底建造城市。說到最後，最大的問題不在於科技是否做得到，而在於成本和實用性。離這個目標還有很長一段路要走，前提是我們真的要走這一條路。

我知道這些話聽在你聽來有什麼感覺。對你來說，我不過是個反科技分子，抗拒逐步進逼的科技，只為保住終將被時代淘汰的飯碗；正因為我是民航機機師，所以我的論據不足採信。你大可這樣想無所謂，但我可以保證，我不是過於天真，說話也完全憑良心，更不反對科技進步；我只反對過度引申科技功用的愚昧之舉，以及那些明顯曲解機師在做些什麼的言論，因為我和同事賴以維生的工作絕不是那樣。

你之前說過，飛機降落時是機身歪斜落地還是扎實落地，有時是刻意的，乘客只用降落是否流暢平順來判斷機師技術好壞，不見得公平。那要用什麼準則才精確呢？

不論飛機扎實落地是故意還是不小心，都不該用降落來評估某次航程，就好比我們不能用縫線整齊與否，來評斷內臟移植手術。至於精確的準則，我認為不存在。畢竟，機師的技巧、技術和知識到了什麼等級，坐在第十四排的乘客一時也無法搞懂。同一間航空公司，所有機師都是學同一套方法，照同一套流程來飛，連角度、速度和其他數值都差不多。也許某個傾斜角感覺出乎意料地陡斜，或是某次降落比較粗糙，但很多其他原因都會造成這些情況。要是飛機某個動作過大（不管只是感覺上，或者確實如此），不一定都要歸咎於組員疏忽或手法不夠細緻。

對於傳聞中薩倫伯格機長的英勇事蹟，以及「哈德遜河奇蹟」，你有什麼看法？

切斯利．薩倫伯格曾在全美航空擔任機長，綽號「薩利」。二〇〇九年一月十五日，他駕駛的空中巴士撞上一群加拿大雁，導致兩具引擎突然失效，在哈德遜河迫降。我和大部分同事都極為尊敬薩倫伯格機長，不過也僅止於此——只有尊敬，沒有崇拜，也沒有受到媒體吹捧影響，以及對他和機組成員當天的遭遇產生任何錯誤想像。在大眾心目中，薩利憑著鋼鐵般的意志、超人般的飛行技巧，拯救了機上所有人的性命；可惜，事實並沒有那麼浪漫。

這起意外發生不久，有天我去剪（所剩不多的）頭髮，理髮師尼克問我是做什麼的。就像往常一樣，凡是聊起機師，之後總會講到「哈德遜的薩利」這則傳說，這次也不例外。尼克眨著閃亮亮的雙眼，說：「老兄，那真是了不起，那傢伙怎麼有辦法像那樣把飛機降落在水上？」尼克不是真的想聽到答案，但我還是說了：「大概跟他機師生涯另外一萬兩千次降落的方式差不多。」我這麼回答之後，一陣靜默。我猜那要不是代表尼克很驚豔，就代表他在想：「這傢伙真是個爛人。」

我那句話是有些誇張，但我當下急欲表達的意思是：在水上滑行迫降的具體步驟，其實不是特別困難。機師受訓時甚至不用模擬器練習這個，原因之一是如何在水上降落已經變成常識；另一個原因是，必須在水上迫降，一定是肇因於本質上更嚴重的問題，譬如起火、數個引擎失效，或是其他可能引起重大災難的操作失靈——這些問題才是緊急狀況的重點，迫降只是後果。

輿論也未曾認清運氣在這場事件中扮演的角色，確切來說，就是發生問題的時間與地點。事發當時正是大白天，天氣頗為晴朗，薩倫伯格的左邊有一條十二英里長的河流，水流平穩，可以充當跑道，國內最大城市和救生艇隊都在游泳可達的範圍內。要是飛機撞上鳥的當下位在城市的另一頭，或是高度低一點（滑行距離不夠滑到哈德遜河），或者天候狀況差一些，結果就會是場徹頭徹尾的災難，不論多有天分、多有技巧都救不了。

值得讚賞的是，薩倫伯格本人表現出適度的謙虛，承認了我上述這些論點。大家把這當成謙虛或行事低調的性格魅力，一筆帶過，然而他只是說真話罷了。此外，他也特別強調副機長傑佛瑞・史基爾斯（Jeffrey Skiles）的功勞。史基爾斯並未受到應得的表彰，但機上當時有兩名機師，這場事故是兩人共同面對的。

他們做的事絕不簡單，這種意外的後果也不一定都會如此順利。可是，他們做的事是應該的，機師都受過這些訓練，照理來說，換做其他任何組員，都會採取相同的行動。也別忘了機上還有空服員，這些人的行為同樣值得讚揚，因此乘客並非靠著奇蹟或英雄之舉才得以生還，反而是一些沒什麼了不起的因素，依降冪順序排列（原諒我用跟下降有關的雙關語）分別是：運氣、專業、技巧、科技。

一百五十五人從乍看難以存活的危難中生還，為此慶祝也沒什麼大不了的，但不該濫用「英雄」、「奇蹟」這類字眼。「奇蹟」指的是某種結果無法以理性解釋，可是當時在河上發生的每一件事，都有合理的解釋。至於「英雄」，對我來說，是指那些做出重大個人犧牲的人，為了他人的福祉，甚至願意承擔傷害或死亡。在這場意外，我沒看到英雄，只看到在急難當前，機組成員發揮專業排解問題。

再說，如果我們要把讚美都揮霍在薩倫伯格這些歷劫歸來的人身上，那其他同樣遭遇的人呢？他們的飛機沒有濺起大片水花、在世界媒體大城旁邊降落，正因如此，你可能一輩子都不會聽說這些故事。在此為您獻上布萊恩．維查（Brian Witcher）與其機組成員的故事：

在二〇〇四年四月，這批人登上聯合航空854班機，開著這架767從布宜諾斯艾利斯飛往邁阿密。雖然這件事沒登上報紙頭條，但是他們遭逢的難題幾乎不可想像：凌晨三點鐘，飛過安地斯山脈時，飛機完全斷電，駕駛艙儀器（包括所有通訊和導航設備）要不是關機，就是快沒電。機組成員在一片黑暗中，成功地在四面環山的哥倫比亞波哥大緊急降落。

在這起事件前三個月，美鷹航空機長巴瑞．哥德夏（Barry Gottshall）、副機長衛斯理．格林（Wesley Greene）面臨另一個困境。兩人駕駛巴西航空工業公司製造的區域飛機，從緬因州邦哥起飛不久，系統便意外故障，導致飛機方向舵澈底偏向，無法復原。他們努力控制飛機返回邦哥，不料天氣狀況愈來愈差，能見度降至一英里。哥德夏駕著這架三十七人座飛機飛向跑道入口時，必須讓副翼保持完全偏移（就是把方向盤打到底，維持不動），避免飛機偏航撞進樹林。

想要英雄，就崇拜哥德夏和格林吧，他們遇到的緊急狀況鐵定把人嚇得魂飛魄散，完全只能臨機應變、即興發揮。澈底偏向的方向舵？檢查表可不會寫到這種事。

偶爾會聽說有值勤機師沒通過酒測，常搭飛機的民眾該擔心嗎？

我生平最厭煩的就是那些機師醉酒壞事的玩笑話。別人說這種話的時候，總是看起來有些緊張，表面上一副「跟你開玩笑啦」的調調，其實說的是真心話：「欸，那大家都在傳的機師酒駕咧？我是說，我知道你們做事不會那麼隨便，可是……呃，你們會嗎？」

是，這種情況的確發生過。過去幾年來，少數機師曾在吹了酒測器，或是做了血液酒精濃度測試之後遭逮捕。最惡名昭彰的一次是一九九〇年三月，一組西北航空的機師（總共三人）抵達明尼亞波利斯，結果全數被逮，原來三人前一晚在北達科他州的法哥休息，在酒吧度過一夜良宵，灌下足足十九杯自由古巴，血液酒精濃度遠遠超過法定限制。就是這些事件，害得某種民航機師刻板印象持續流傳——酗酒、出軌被抓包所以離婚、眼角密密畫著魚尾紋，由於喝太多威士忌而聲音沙啞，行李箱塞著一個小酒瓶。大家很容易就跳到結論：抓到一個機師酗酒，一定代表還有十個機師超過酒精濃度限制，不是嗎？

不是。相信我，機師不會在這方面輕率行事，畢竟一輩子的事業可能因此賠掉，機師哪敢冒這個險？一旦違規，機師執照就會立刻被緊急吊銷，說不定還得坐牢。我的個人經驗談不上科學例證，但我從一九九〇年代就開始駕駛商務飛機，從未遇到合作機師喝醉過，也從來沒懷疑合作機師碰酒。乘客總愛擔心各種大小事，有些合理、有些則不理性，這我可以理解，也做好心理準備；可是一般而言，是不應該擔憂機師酒駕的。

針對民航機師的血液酒精濃度，聯邦航空總署設下的限制是百分之〇．〇四。機師值勤之前八個小時內都禁止喝酒，此外還需遵守公司內部規定，通常公司規定更加嚴格。英國法定限制是每一百毫升的血量，酒精不得超過二十毫克，大約等於酒精濃度百分之〇．〇二，足足比開車駕駛的限制低四倍。

撇開這些不談，不消說，航空業內就跟各行各業一樣有酒鬼。值得稱道的是，航空公司和機師工會（例如航空公司飛行員協會）積極推動輔導計畫，鼓勵機師尋求協助，成果斐然。才不久前，我和某個參與過HIMS計畫的同事合作，那是幾年前航空公司飛行員協會及聯邦航空總署共同建立的戒酒治療制度，名字是承襲一九七〇年代的「人類戒酒動機研究」，目前已有超過四千名機師透過這個管道接受治療，其中只有百分之十到十二會酒癮復發。這項措施協助防範機師駕駛時飲酒，也避免這個議題轉而地下化，這種事若是地下化，很可能造成安全疑慮。

機師如果因為酗酒被吊銷執照，還有沒有可能回去開飛機？在這方面，最勵志的故事要數萊爾．普魯斯（Lyle Prouse），他是一九九〇年在明尼亞波利斯落網的三名機師之一。普魯斯可謂懲罰和悔過的代表人物，他父母死於酗酒過度，自己也成了酒鬼，被捕後，在聯邦監獄蹲了十六個月；經過一連串精采、令人難以置信的事件，普魯斯在六十歲生日當天重歸駕駛艙，以747機長的身分退休。當時，他出獄之後，迫不得已，唯有重新取得每一項聯邦航空總署執照和評等，然而身無分文，幸虧有個朋友把飛行時間借給他，讓他用一架單引擎教練機。時任西北航空總經理的約韓．達斯堡（John Dasburg）同樣在酗酒家庭長大，他注意到普魯斯刻苦奮鬥，於是公開力爭讓他復職。

你可以不時看到普魯斯的訪談，看到以後，想必會驚訝於他如此勇於承擔責任，不像大部分公開道歉的人那樣哭著自答來博取同情。出乎意料地，每個人都認為，值得給這名罪證確鑿的罪犯第二次機會。二〇〇一年，柯林頓大赦，普魯斯也是其中之一。

我老是看到機師手上戴著精細的表，那是做什麼用的？還有，你們一直隨身攜帶沉甸甸的黑色行李袋，那裡面放了什麼？

戴表是為了看時間。機師必須戴手表，當做機上時鐘的備用，不過最多只會用到秒針，不需要更花俏的功能。也有的機師比較愛戴精緻價昂的手表，那是他家的事。我的瑞士軍表戴了十五年，一樣運作良好。

那些黑色行李袋是一座圖書館，放著好幾本皮革封面的資料夾，裡頭塞滿各式指南，包括數百頁地圖、圖表、進場步驟、機場平面圖，還有其他晦澀難懂的技術資料。此外還放了幾本書，像是航機操作手冊、一般航務手冊；另外也有耳機、備用的檢查表、快速參考卡、手電筒、種類繁雜的隨身物品（我的包括便利貼、筆、耳塞、一大包溼紙巾。無線電和其他駕駛艙儀器顯示螢幕老是髒得要命，紙巾是拿來擦掉上面的灰塵、碎屑跟油汙的）。

不過，你以後會愈來愈少看到這些行李袋，因為航空公司正著手把那些厚厚的手冊數位化，叫做「無紙座艙」。這東西其實已經存在了，過去好幾年，捷藍航空的機師早已改用筆記型電腦，聯合航空、達美航空、西南航空則是採用以平板為主的平台。航空公司依照不同需要和偏好，派發

iPad或其他設備給機師，或是直接在駕駛艙接個兩台。駕駛艙永遠不會真正無紙，但是愈厚重的紙本資料，就愈快有數位版本上架，愈容易取得。

也會修訂得愈快、愈簡單。改用電子手冊是我多年來聽過最棒的點子，不為別的，正是因為如此一來，大部分機師便可免於不斷更新、改寫手冊，這差事既麻煩又累人。偏偏每個月通常要修改上百次手冊內容，一旦進場或離場流程多加一丁點細節，砰！就要拿掉十八頁，換上新的。要是修訂幅度特別大，說不定還得花兩個小時以上才能改完，常見副作用包括頭暈、重複使力傷害，以及自殺。

問題主要來源在於，航空公司和監督者堅持把過多數據、資訊一古腦倒在機組成員頭上，手冊原本厚度應該比較薄，只寫上有用的資訊，結果卻變成上千頁的大部頭。這手冊以後並不會消失，不過至少不用再拖著它到處跑了。聯合航空表示，他們改用iPad，一年能省一千六百萬張紙，我認為這是真的。這項措施也能省時間、省油，以及讓機師少做幾次脊椎按摩。

要是副機長打翻無糖可樂，潑到iPad上，或是把iPad掉在地上，那怎麼辦？莫急莫慌莫害怕，那些手冊只是參考資料，不是「不照做就會死」的指南。再說，機上一定會有至少兩台設備，真正要緊的內容也會保留紙本。

機組人員的飛機餐如何？機師會不會偶爾從家裡帶零食在路上吃？

每間航空公司有所不同，不過，凡是超過五個小時的航班，都要替機師和空服員準備食物。有些航站會給機組成員準備特別的餐點，但通常組員是吃跟頭等艙或商務艙一樣的飛機餐（沒錯，全套，包括湯、沙拉跟甜點）。在我公司，我們會在起飛前拿到菜單（就是乘客拿到的那一份），登記自己比較想吃什麼。主餐是以乘客為優先，我們只能領剩下的。為了避免食物中毒，公司鼓勵機師選擇不同的主菜，可是這並非硬性規定。就現實狀況來講，決定因素是每個人的偏好，以及當天有多少選擇。

國內短程航班跟區域機師得靠自己，有可能吃蝴蝶餅、花生、美食廣場，或是你帶什麼就吃什麼。到了晚上……就是泡麵時間了！泡麵是必備物品，重要程度等同乾淨襪子和內衣褲。如果你不懂為什麼，你顯然無法體會機師在午夜進飯店，打算度過八個小時休息時間，卻餓到前胸貼後背，那是什麼感覺。比泡麵健康、好吃的東西多的是，但泡麵價錢便宜、不會壞掉，又很快就能煮好。給我一包喬氏超市最上乘的泡麵，加上房間裡的咖啡機，我就能為您奉上一頓大餐。

步驟如下：一、洗淨咖啡機濾杯。二、把泡麵壓碎，塞進玻璃壺。三、在咖啡機加水，啟動。四、玻璃壺滿了之後，等待三分鐘，加入調味包，即可享用。不要加太多水，而且一定要確保濾杯已經洗乾淨，因為咖啡泡麵比奶油燉雞肉還難吃。記得帶把塑膠叉子，代替被運輸安全管理局偷走的金屬餐具，否則你就會被迫用手抓來吃，或是拿兩枝鉛筆當筷子。你也可以在消夜裡加點蓋亞那辣醬，增添異國風味（我是說，讓你這餐不那麼寒酸）。

戰後，日本糧食短缺，已故的安藤百福因此發明泡麵，創辦日清食品公司。這間公司曾發明一種真空包裝的特殊泡麵，給日裔太空人野口聰一在美國太空梭上吃。沒有消息指出日清是否考慮以航空業員工為目標客群，但我敢說，這產品一定很適合空中人生。

大家都聽過這類傳言：在航空業的輝煌時代，空服員跟機師常常徹夜開趴、在不同人的床上廝混。現在，空服員愈來愈多熟女級長相的人，機師的神祕魅力也只剩下計程車司機程度，如果說業界還是很多人愛亂搞，想像起來真的很難（甚至可說痛苦）。現在還是那樣嗎？

如果有，那我長久以來都被排除在外——除了這個，我不知道該說什麼。簡言之，航空業大概跟其他工作環境差不了多少，雖然在區域航空大家年紀比較輕，所以行事可能也沒那麼嚴謹。

二〇〇三年，兩名西南航空機師在機上袒裎相見，慘遭解聘。我不知道確切發生了什麼事，也不該妄下斷語，因為要是把這種事前因後果扒掉，聽起來本來就會變扭曲。不過，且讓我澄清一下，沒有，我從來沒在航行途中脫過。

好吧，只有一次。那是一九九五年夏天，一陣熱浪橫掃美國中西部，熱得路面都要融化了。我那時派駐在芝加哥，在一架六十四人座的ATR-72擔任副機長。歐洲製造的ATR設計精良，可是雖然機上電線、管線應有盡有，製造商卻把空調設備給忘了，只有幾個小小通風孔，送出溫熱的微弱氣流。

那一天，整個歐海爾機場籠罩在超級高熱中，溫度高達攝氏四十二度。我待在駕駛艙裡，確認完行前檢查表，等機長到來，因為實在太熱了，我幾乎不想動，索性脫掉上衣跟領帶。機師的衣服主要成分是聚脂纖維，即使天氣完美宜人，穿起來還是不太舒適，溫度高一點的話，簡直像穿著鎖子甲。我連鞋子也脫了。

機長抵達，是個五十來歲、身材高大、動作緩慢的傢伙，我們以前從沒見過。他走進駕駛艙，只見副機長一身是汗，嚴重缺水，身上只著一件褲子跟一副索尼耳機。機長先是一聲不吭，等他坐下來，轉身面向我，才平靜問道：「你會把衣服穿回去吧？」

我告訴他，只要機內溫度降到三十五度以下，我就立刻穿上衣服，前提是那時我還沒失去意識。我說我可以套件T恤，可是我隨身行李裡面唯一一件上衣，是孚斯克杜樂團的「金屬馬戲團」巡迴演出紀念衫——這衣服從一九八三年保留至今，宛如芝加哥火紅的天邊一般油膩褪色。

「好……吧，隨便你。」機長說：「不要被別人看到就對了。」所以我整趟都打赤膊開飛機，從芝加哥開到蘭辛，再從蘭辛開回來。

聽說機師享有挺不錯的旅遊福利。

是真的。然而，除了可以坐駕駛艙裡的備用觀察員座之外，我們擁有的福利跟公司其他所有員工一模一樣。一般而言，只要機上還有空間，全職員工及其直系親屬（現在也包括同居人）就可免費搭乘公司任一航班，若頭等艙或商務艙有多餘座位，還可以升級。有時候，公司會以航段為單位收取一點費用，或是收年費，每間公司規定不一。

除此之外，航空公司之間訂定協議，讓員工與符合條件的親屬可以搭乘另一間航空公司的飛機，只要付「ZED費」即可。這個縮寫代表「時區員工優惠」，是個簡單好用的新制，在此之前好幾十年，都是用一種更加複雜的身分認證收費方式。必須再次強調，這種優惠只能候補機位，ZED票也不能升級座位，但還是非常划算。如果我想搭大韓航空或泰國航空，從曼谷飛首爾，單程含稅和手續費只要七十美元左右；從紐約搭皇家荷蘭航空到阿姆斯特丹，只要一百美元左右。

要是你想帶上一個朋友，或是獎勵那名容忍你家任性小孩的保母，大部分航空公司每年都提供一定數量的折扣票，俗稱「親友票」，讓你送給朋友、親戚、那隻被你開車輾過的貓的女主人……等等。相較於員工自己的優待票，親友票還是貴得多，但絕對可以退票，更改訂位也不會罰錢。

使用這些優惠旅行，通常稱為「免費搭機」，典故來自「免費票」一詞，因為航空公司從這些票賺不到錢，或是只收到一點利潤。在登機門前常常可以看到顯眼的免費票乘客——額頭冒汗、一臉緊張，有時甚至珠淚暗滴，期望最後一刻會喊到自己的名字。持有免費票不一定能搭到飛機，必須做好規畫、耐心等候、保有彈性才行。每個員工都至少經歷過一次，卡在某地無處可去的噩夢。像我曾在戴高樂機場待了三天，試圖前往開羅卻一直失敗，最後自費買機票去埃及，那張機票還沒辦法報帳。

許多旅客誤以為，相較於符合資格的乘客，員工可以優先升級到頭等艙或商務艙，但事實並非如此。假如你某次搭飛機沒辦法升級，我感到很遺憾，里程兌換之類的規定非常複雜難解，乍看不一定公平，歡迎向航空公司的定價、行銷、飛行常客等部門投訴。我唯一能確定的是，白搭飛機的員工絕對不會搶走特級座位。我們要是搭了便車，一定是坐無法升級、沒有人坐的座位。唯一的例外是，在國際航班上值勤的機組人員偶爾會受到調動，我們管這叫「免票」，這時根據規定，他就可以坐商務艙或頭等艙。

有件事可能會讓你驚訝：儘管福利優渥，但整體而言，機師卻不是特別喜歡旅行。不是要說我同行的壞話，可是多數機師都缺乏出國走走的欲望，我一直為此感到喪氣。如今，機師也得持有護照，但過去並非如此，所以我以前遇到許多同事沒有護照，也對出國毫無興致。我記得，有一次跟某個機師聊假期計畫，竟然發現他不知道西班牙首都在哪裡。他不是唯一一個特例，我還記得有次在魁北克（在加拿大！）過夜，某個年輕空服員死都不肯走出房間，生怕感受到（她是這麼說的）「文化衝擊」。

我想，各行各業都會有人抱持這種態度，可是發生在航空業，就特別令人沮喪。我們以旅行為業；顧客存好幾年的錢只為追求一生一次的冒險，反觀這些航空公司員工，明明享有福利，只需極小的成本（甚至不需要）就可抵達世界的彼方，卻一聽到環遊世界就生厭。

不過，也許我們不該訝異，畢竟數百萬美國人都有相同的想法。我很清楚，國內多數公民都沒有時間跟閒錢，無法世界各地隨處跑，然而事實上，很多美國人絲毫沒興趣了解國境之外的世界，到了丟臉、甚至是任性妄為的程度，頂多只具備膚淺至極的地理知識。根據《國家地理雜誌》某項調查，在十八歲到二十四歲的美國人中，百分之八十五無法在地圖上指出阿富汗或伊拉克，百分之六十九找不到大不列顛；另外，百分之三十三的年輕人認為，美國人口介於十到二十億之間（編註：實際為三億多人）。

在這個經濟、軍事權力如此之大的國家，國民卻如此不問世事、甚至排外，這種狀況真的健全嗎？對世界各國的影響力，以及罔顧世界各國情勢的態度，兩者最終不是完全衝突嗎？難道我們要忽視其他國家，置世界各國於險境？

我在外旅行的時候，經常注意到美國遊客比他國遊客少很多。好幾次，我參加旅行團（去波札那、馬利、埃及），整團十或十五個人，我卻是唯一的美國人。相較之下，來自英國、荷蘭、澳洲、德國、以色列、日本的遊客隨處可見。奧地利、丹麥、瑞典、荷蘭人口相對較少，可是國內每個人到過的地方遠比美國人要多。的確，外國人的假期往往比我們多上許多，況且美國地理位置夾在兩大洋中間，導致長途旅行更加不易。然而，問題核心其實不是旅行實不實際，而是美國人這股奇怪的惰性。

要是我可以做主，美國每一名學生都該參與海外服務學習至少一個學期，才能獲得經濟資助；某些形式的跨國旅行也應減稅，例如購買混合動力車。

雖然說了這麼多，但我無意把旅行這回事捧上天或是過度浪漫化。的確，世上很多值得一看的美景或奇觀，可是絕望、貧窮、汙染、腐敗現象更是常有。旅行可以放鬆身心，富含教育意義，帶給你很多美好的事物，卻也可能讓你喪失動力、陷入絕望。隨便去幾個地方，你會看見，世界就在你眼前逐漸崩毀，全球都遭到破壞，生命毫不值錢，而且不管你是否有良心，你都無能為力。這一切足夠讓你直衝回家，把護照丟進馬桶沖掉。

有些人說，世界正逐漸自行步入正軌。照這種概念來講，世間存在一種巨大、無可抵擋的推力，朝社會、經濟正義推進，我們此刻就站在分歧點上，儘管背靠著一堵人類製造出來的無知之牆，但我們仍會持續邁向這個方向，因為這是必然的。嗯，我不認同這種說法。憑著雙眼，我看到世上存在太多骯髒、擁擠，以及絕望。

這是旅行的缺點：親身體驗地球上的不幸現實。當然了，這牽涉到個人觀點，你也可以輕易推翻我的論點——比起享受更壯觀的景色、更濃的人情味，體驗世上最黑暗之處反而更有價值；或許，只要夠多人花時間去看，去面對殘酷的現實，一切都會有所改變。

無論如何，第一步都是「走出去」。我好幾次從馬桶裡把護照撈回來（只是個比方啦），不斷走下去。你也該勇往直前才是。

棲身之所：與派翠克・史密斯同遊

飛國際航線的機組成員，常常在市中心的四星級或五星級飯店過夜。我在開羅、安曼、開普敦、布達佩斯都會休息數日之久，留下美好回憶。在墨西哥市的萬豪酒店，客房是外露式梁柱設計，擺放阿茲特克風格的陶器，還有從地面直達天花板的落地窗，望出去是一片山脈景色。對的房間、對的城市，加上夠多時間，一段過夜休息就此變成免費的小型度假之旅。

我還在貨運公司工作時，常下榻於比利時布魯塞爾的希爾頓飯店，累計度過上百個夜晚。

這間飯店位於滑鐵盧大道，會把洗臉毛巾摺成蓮花狀，幫你修馬桶的人還身穿西裝。我們住二十三樓的行政樓層，房內的乾溼分離浴室鋪上大理石磚，可以欣賞窗外壯麗的司法宮，雖然司法宮外面時時刻刻都裝著鷹架。某一次我到得特別遲，平常住的房間已經有別的房客，結果飯店給我一間公寓式豪華套房，附上可容納六人的大浴缸及八人座餐桌，我敢說，這房間的牆壁訴說著眾多名人和北大西洋公約組織將軍的故事。每天早上，我便前往設置在花園的早餐吧，享用全套美式早餐，還可以點蛋捲來吃。

最後，每次去布魯塞爾的希爾頓飯店，我開始覺得自己很像……嗯，那種傳奇民航機師，宛如六〇年代電影中的泛美航空機長。即使休息時間長達六十個小時，我還是不甘願離開房間。既然能套著希爾頓浴袍在房裡發懶打混，看看BBC，調酒時間一到就溜去交誼廳喝幾杯，我又何必去觀光呢？

可是，如果真的這樣，也未免太浪費了。以一日遊來說，布魯塞爾是很理想的起點。所以，把蛋捲吃光抹淨之後，我總會強迫自己走出希爾頓，前往安特衛普、巴黎、盧森堡、列日。安特衛普光是火車站本身便十分富麗堂皇，值得一遊。其他短程旅遊景點包括氣息陰鬱的根特（聖巴夫大教堂，與畫家艾克〔Eyck〕的三聯畫）、遊客人滿為患的布魯日，或是車程三個小時的阿姆斯特丹。

比利時的天氣總是灰暗陰沉。每到布魯塞爾，我習慣半夜散步，在破曉前的霧氣中走長長一段路：沿著公園，經過皇宮，左轉來到立著山牆、四周屋頂鍍上金銀的大廣場，往上走是植物園和破爛髒汙的巴黎北站，往下是滑鐵盧大道。一夜，一個醉醺醺的遊民撞傷我的手臂，手持滾珠筆朝我畫來，我向後躲，跌在路邊，手肘撞出一片瘀青，現在想到仍隱隱作痛，從此我就放棄夜間散步的習慣了。最讓我煩惱的不是跌倒，也不是在凌晨坐警車前往一間比利時醫院，而是回國時必須告假，導致我的公司損失難以估計的成本，至少上千美元。為了等人接替我，那班飛機延誤整整一天，因為替補的機師得從美國飛來，還要給他合法的休息時間。我休養了兩天，在房裡看電影，手臂包著紗布，滴著黏稠的橘色麻藥。我受傷的那段日子，同事之間開始流傳關於這次攻擊事件的謠言，傳得天花亂墜，有個版本是我被一群四處劫掠的摩洛哥人打昏，另一個說我被皮條客追打。我概不否認。

總之，商務飛行的迷人之處（和危險）並沒有消失殆盡，只要知道去哪裡尋覓就行。

不過，我們也不見得都能住朋沙科拉的豪生酒店。現在，飛國內航線的時候，待遇遠不如以前那麼光鮮亮麗了。在市中心的希爾頓或威斯汀飯店過夜不算少，但我們也常在那種缺乏特色、位在跑道旁的飯店度過九個小時。即使休息時間不長，我們也往往是住品質不錯的飯店，不過這些飯店通常都是大量複製、隨處可見，就像速食一樣。在美國，到處都可以看到那種辦公大樓式的外形，以及過度青翠的草坪：費爾菲德、萬怡、漢普頓。我很熟這幾間飯店，主要是因為擔任區域機師的那段歲月。把我收集的滾珠筆一字排開，有如開車一路駛過九五號州際公路，或是繞著歐海爾機場走一圈。我甚至擁有一種讓人不太舒服的能力：就算蒙住雙眼，我單靠大廳的氣味，就能分辨假日飯店跟拉昆塔飯店。

若時間有限，就得著重休養生息，而非當地名勝。因此，在機師和空服員心目中，有些地點根本稱不上城市，只是房間、床鋪、房內設施等等。我安排行程是嚴格依據以下三種標準：壁紙的品味、床墊的硬度、能吃到什麼食物。許多人會認為，比起在達拉斯待十一個小時，在紐約市待四十八個小時好玩多了，但他們顯然沒在甘迺迪機場附近的五城汽車旅館連續住上好幾晚。舊金山凱悅酒店不讓機組成員進交誼廳吃免費前菜之後，我改去邁阿密的美國套房飯店，那裡的早餐不只免費，還有鬆餅跟新鮮水果。

大家都愛放縱自己住五星級高級酒店，總自覺羞恥又滿心歡愉，可是即使是品質最佳、價格最貴的飯店房間，也有很多討人厭的地方：空調時好時壞、足以撞斷腳趾的門框、簡直是人體工學大災難的「工作空間」。現在又多了一個：厚紙板說明卡跟手冊。如今，房間四處散落看了就煩的廣告，吹噓飯店每一項服務和設施，從客房服務到無線網路，無一不吹。各種地方都擺了像這樣的卡片、標誌、菜單、各種宣傳品，例如梳妝台上、衣櫃裡、枕頭上、浴室裡。要是這類薄片狀垃圾擺在不顯眼之處，也就罷了，偏偏它們通常擋路得很，我開完飛機已經滿眼血絲、累得半死，卻得花五分鐘收集這些可惡的玩意，塞到它們該在的小角落。踏進飯店房間的那一刻，理應感到賓至如歸，而不是如臨大敵才對。

食物跟客房服務則完全是另一回事。如果你到了塞內加爾的達卡，下榻柏寧酒店，千萬別在那裡用餐，否則你在泳池邊坐下之後，大概要等上九十分鐘，臭著臉的服務生才會端來你點的披薩；此外，那裡的客房服務菜單提供的佳餚美饌包括：

- 王廚沙拉
- 烤牛肉佐蘇脆麥片
- 今日特養
- 石磚魚塊佐香料處女醬＊

最後一道菜聽起來活像奇幻小說某個章節。你可以改去同一條街上的黎巴嫩式小餐廳——拉雅餐廳，除了香蒜睪丸、碎肉佐鷹嘴豆泥外，菜單上每一道菜名都很通順好懂，也非常美味。

但我也不該抱怨，畢竟公司替我付了大部分飯店費用。沒錯，航空公司會替機組成員全額支付任務中的住宿費，我們只要付其他雜費即可，員工另外還可以領取以小時計算的每日津貼，用來補貼餐費。假如機師或空服員自己出飯店錢，可能是他目前不在崗位上，正要通勤去工作或是才剛通勤結束。要是任務很早開始，或是太晚結束，導致搭飛機通勤的時間不夠，我們就麻煩了。這種時候，有些人會去別人的臨時住處借住，有些人則是在機場附近旅館住一晚（參見160頁，通勤與臨時住處）。

＊譯註：這一段的原文分別是：Chief Salad, Roasted Beef Joint on Crusty Polenta, the Cash of the Day, Paving Stone of Thiof and Aromatic virgin。其中chief、crusty、cash、virgin是故意寫錯字，正確菜名應該是chef salad（主廚沙拉）、crispy polenta（酥脆玉米片）、catch of the day（今日特餐）、aromatic vinegar（香醋），為了表現原文的玩笑，譯文也特意選了錯字。

機師的人生中，三分之一都四處奔波，只能睡在旅館，這種生活方式很容易令人迷失方向，有時也挺讓人消沉。不過，對喜歡旅行的人來說，這樣的生活卻很新鮮刺激、大開眼界，甚至有一絲絢爛。

CHAPTER

5

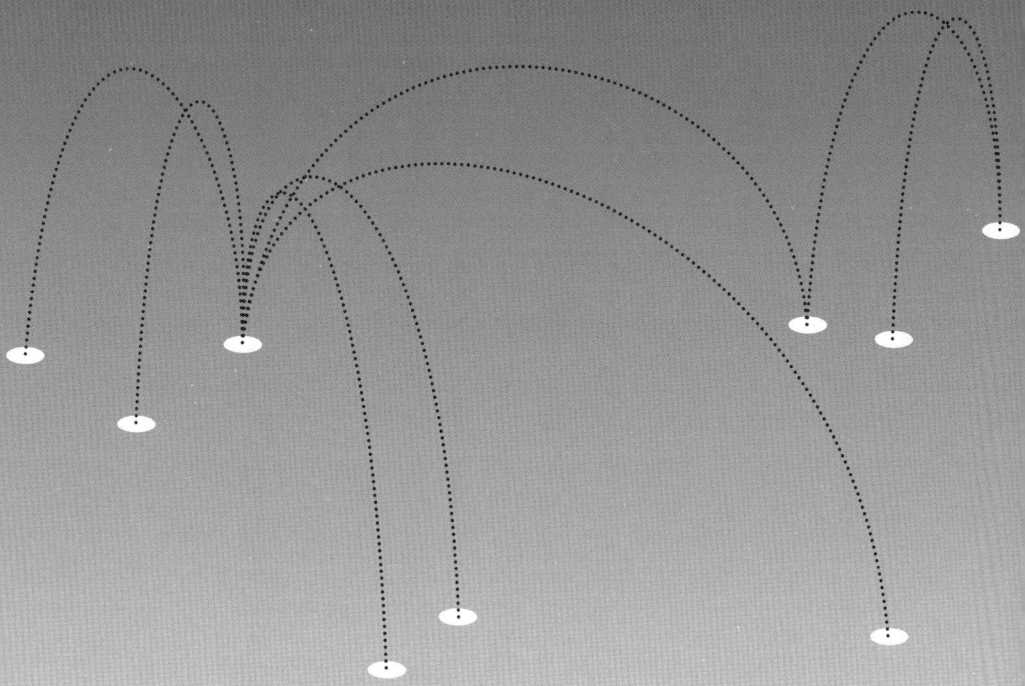

航途中

機艙裡的生活

En Route

○北緯：大西洋空中的恐懼跟怨恨

一九九八年，比利時的布魯塞爾

一天深夜在布魯塞爾機場，我在機場檢查站，三名穿著橄欖綠制服的男人站在我身旁。他們身形高大挺拔、膚色如同肉桂粉——那是一種明顯、來自非洲之角的咖啡色，服裝乾淨、沒有摺痕，衣服上有金色斜紋標誌，帽子上也有鮮明的飾章。機長看了看手表，你幾乎可以聽到他彎起手時袖子發出的聲音，那只袖子像鋁合金一般堅硬、像紙一樣緊繃。

我相當疲勞、渾身出汗，行李箱的輪子也需要上油。那三個男人點了點頭，不露一絲微笑。他們是駕駛，但給人的感覺卻比較像軍人，像那種保護一國貪官的菁英部隊。我偷偷看了他們手提行李箱上的牌子，發現他們是來自衣索比亞航空的組員。才幾分鐘前，我看見他們的噴射機停在濃霧籠罩的停機棚裡，機身上過時的塗裝帶我回到過去輝煌的年代：三條不同顏色的閃電形鮮明條紋，條紋被一隻努比亞獅一分為二。在機尾高處，EAL三個字母融入了紅、黃、藍三條斜紋當中。

我感覺心跳加快。「航程還好嗎？」我問機長。

他用完美的英文回答：「還不錯啊，謝謝。」

「你從哪裡來的啊？」

「阿迪斯。」他回應。沒錯，他口中的阿迪斯指的就是衣索比亞神祕的首都——阿迪斯阿貝巴。

「途中經過巴林。」他補充道。他講話很快、語調平淡，不過聲音低濁，而且帶著命令的口吻。他身高不只六英尺，感覺好像是從遙遠的上方往下望著我，打量我的眼光就像他回到阿迪斯機場時，透過濃濃的霧，嚴肅地緊盯著一堆進場燈的那種眼神。

我又看了看副機長，這才驚訝地發現到，他年紀大概不超過二十五歲，只是他那身制服散發的嚴肅氛圍，讓人誤以為他已是成熟的中年人。我還記得自己跟他同年時的樣子，他讓我有多自慚形穢、有多印象深刻，這些都已無法衡量了。這個年輕人生在東非一塊艱苦、飽受戰爭摧殘的高地，現在他帶著這分前所未有的威嚴氣度，將自己國家的國旗帶往像是羅馬、莫斯科，還有北京這些地方。在他駕駛的飛機座艙內，衣索比亞的商人、俄羅斯的銀行家，還有厄利垂亞的勇士，他們都把自己交給飛機，航向世界各個遙不可及的角落。

下次如果有人問我為什麼想當飛機駕駛，我會結結巴巴地盯著那個人，希望能形容出這三名男子站在門邊的畫面。我知道我等一下會試著寫下這個情境，不過真的動筆之後，就怕想不到合適的詞來形容他們吧。

⋯⋯⋯⋯⋯⋯

我們先來談談「怪物」吧，這架怪物在執行飛往紐約的八個小時航程之前，要先做飛行檢測、飛行準備。

從貨車往外看，我在堆放貨物那區看見它墨黑色的輪廓，隱約出現在扎芬特姆朦朧的夜裡。「怪物」是我對道格拉斯DC-8深情款款的稱號，但是說不定我也沒這麼放感情啦，畢竟在我的假設中，這堆笨重的金屬不管用什麼方式，注定要殺掉我。這是我的第一架噴射機，沒錯，它體形龐大，這也沒錯，但它同時非常老舊。現存的航空公司早在將近二十年前就不用這款飛機了，這架飛機的駕駛艙也很像二次世界大戰時，蘇聯潛水艇裡的某個部分。拜託，DC-8的前一架飛機，那架使用活塞發動機的DC-7，它的方向舵不是用鋁合金或其他高科技複材遮蓋，而是用布欸。

我的身分是飛機的「二副機師」——也就是飛行工程師——飛行前的檢查全是我的工作。即使是國際航程，多數人還是可以在一個小時內將DC-8檢查完畢，但是我把時間拉長成九十分鐘，就像在打坐冥想一樣。對我來說，飛行前檢查可能具有——或者說應該具有——一絲禪意。

首先，我們會在駕駛艙內快速翻閱飛航日誌，檢查裡面是否有人簽名確認，也要注意一下延後檢查的項目。這個階段的工作量非常密集，駕駛艙的所有儀器面板都要徹頭徹尾檢查一番。每個無線電、儀器、燈泡、還有電子設備箱，全部都要看過一遍。掃過一遍之後，我就會坐在工程師的儀表板前面——也可以說是我的辦公室——一手拿著螢光筆，另一隻手端著咖啡，快速讀過二十頁飛行計畫書，再把重要資訊畫起來，像是：飛行時間、航路、天氣、備用機場、燃料的使用規畫。

以上工作完成之後，我就要補充打理廚房的存貨。在飛機上我的下一個任務是要準備食物、清理垃圾，對於這項工作內容我倒是沒什麼意見，畢竟跟接下來的工作相比，準備食材、進出廚房根本是輕鬆小事。

下個階段的工作就是要檢查機身外部，我們都稱之為「漫步」。我會順時針繞著飛機走，仔細看著各式各樣的燈、感測器、門，還有各個控制面。整個過程相當悠閒，幾乎就像輕鬆地在散步一樣——除了檢查起落架那一區之外。

撇開別的不談，只要看一眼起落架的區塊，就能讓你為之清醒——在這個畫面中，人類高超的技術展露無遺。飛機能以六百英里的時速、輕鬆安穩地在空中飛行，絕對不像大家想像中簡單，只要瞥一眼內部構造，你就會發現這一切有多複雜困難。從外觀來看，飛機就像是來自遠方、既柔和又流線的裝置，但是在機體下方，看到一堆電線、泵，還有導管，就好像有大災難要發生一樣。表面上我是在檢查輪胎、煞車閥、查看液壓系統是否有不受控制的狀況發生，其實我也同時抬頭看著那張由電線形成的恐怖網狀物、亂得讓人受不了的管子，還有比樹幹還粗的支架。我雙手顫抖，心想到底是哪一號人物想到要設計出這麼嚇人的機械，乘客願意信任這個裝置也實在是勇氣可嘉。

接下來又回到駕駛艙，管理監控燃料的填充也是我的職責。這天早上我們需要十二萬一千磅、等同於一萬八千加侖的燃料，再把這些燃料分裝到機翼與機腹中的八個油箱裡。在飛行的路途中，機身的燃料分布都要維持適當的平衡，也要定期轉換供應到發動機的油量。油箱汽門的開關，是由八根手動操作的垂直操縱桿來控制的，這一整排操縱桿位在第二副駕駛工作台的下方。在我維持控制油箱平衡的時候，樣子就像個演奏管風琴的瘋子。

面對這麼大量的燃料，也就代表我要應付很多數字。這整個過程倒不需要太複雜的技巧——大概就是加加減減、把燃料分成一半或者四等份——不過，這個龐大的六位數字不斷變化轉換，像我數學這麼差，這些運算對我來說根本是天大的麻煩。很有趣的是，我常聽到一些懷有雄心壯志、未來有可能成為駕駛的人對我傾吐煩惱，他們怕自己數學能力不夠好，因此無法飛向天際。外界一直有個揮之不去的臆測，謠傳說飛機駕駛在起飛之前，都需要像牛頓那類天才一樣，進行一些龐大的數學運算——在過去，飛行員需要帶著計算尺進行天文航行時，確實有可能要進行精密的計算。「親愛的派翠克，我是一名高二生，未來想當飛機駕駛，但是我現在很擔心，因為我的微積分入門只有B減，我該怎麼做呢？」

我想大家都不知道，假如能讓我的基礎代數至少拿個B減，要我幹嘛我都願意。一九八四年我從聖約翰預備中學畢業時，期末成績是：B、B、B、A、D，最後一科就是數學。以我的能力，我只能隱約猜出微積分入門是什麼，假如身邊沒有計算機，碰到要找零錢、算拼字遊戲分數，我就得跟這些數字苦戰。放心啦，我在美國聯邦航空總署的手寫測驗，從來沒有低於前百分之三，從我飛航日誌上面的紀錄看來，也沒發生過任何跟數學相關的災難。

駕駛只需要應付簡單的運算，像是在定期的飛機到場工作當中，就會需要駕駛快速心算。現在的飛航管理系統都會自動運算出降落的飛行姿勢，不過在駕駛比較老舊的飛機時，駕駛就必須自己在腦中算出數據：「好，現在我們需要在六十英里內下降一萬四千英尺，假設每分鐘降落兩千英尺、地速是三百二十節，飛機該在哪一點開始下降？」這種狀況就很類似大學入學考試的高空問題，所以飛航管制單位跟你的其他組員，大家都會假定你知道正確解答。

所以，一九五〇年代中期，那些在道格拉斯公司上班、設計DC-8的設計師並沒有在飛機內部裝設重要的測量儀器，他們打造出了這架不會自動運算的恐怖機器，畢竟當時的人類還真的像個人一樣會動腦筋，他們能一邊飛行、一般計算長除法。而我呢，我靠的就是一台從便利商店買來、價值六．九五塊美金的計算機——比起緊急狀況清單、飛機除冰指南，還有速食泡麵，這台計算機在我公事包裡更是不可或缺。我在計算機上黏了幻彩螢光漆的橘色貼紙加以標記，深怕哪一天會忘了把它帶在身上。

補充燃料大概要花上半個小時。現在，機艙外傳來一台起重機的柴油機所發出的轟隆聲。在停機坪那裡，堆著一大批雜亂疊放的貨物，有些裝箱、有些則是以塑膠薄膜包裝，今天晚上大概有五十噸貨物等著裝上飛機。看一眼貨運艙，要是裡面正好空無一物，感覺就像凝視著一條空蕩綿延的公路隧道。我有時會走到後頭看，想像二、三十年前，這架飛機仍以加拿大航空之名載運旅客時，裡頭是什麼光景。在一九八二年，我曾跟家人搭乘加拿大航空的DC-8飛往牙買加，當時我們所搭乘的，或許正是這一架吧。

用餐時間到，有一些麵、還有餐盤裡令人作嘔的小黃瓜三明治可以吃，而陪我用餐的只有這個怪物了。這些起飛前的必經流程，讓我跟這個怪物之間的愛恨糾葛又更加密不可分了。DC-8對著我說：「如果你不好好照顧我，我會殺了你。」

所以囉，我照辦，好好照顧你就是了。

⋯⋯⋯⋯

黎明前，在一片細雨濛濛的黑暗中，我們起飛了。

到紐約大概要花八個多小時。用現在的標準來看這不算什麼，但仍是一段很長的時間。我們在冰島南方某處的上空，我已經脫掉了鞋子，地上的錫箔餐盤中有一隻吃了一半的雞，旁邊還有一袋塞得滿滿的垃圾，裡面都是廢棄的紙杯跟健怡可樂的空瓶。

橫跨海峽的航線會讓人萌生一股特殊的孤獨之感。在這裡，一切都得靠自己；這邊沒有雷達的含蓋，也沒有往常的飛航管制。飛機之間藉由時間跟速度來分出間隔，也照著依據經緯排出的路線來分配順序。我們藉由衛星線路——在老舊的DC-8上是使用高頻無線電——來向幾百、甚至幾千英里外的監測站回報位置，在高頻的傳輸過程中，會聽到回音跟一些輕微的霹啪聲，這些音效更加深了那種遠離人群的孤立感。

「甘德，甘德，甘德！」機長喊道：「位置DHL001，位置，北五八，西三〇，在〇五〇四。飛航空層三六〇*。預計北五八，西四〇，在〇五四六。下個位置：北五六，西五〇。馬赫數〇．八五。燃料七二．六。完畢？」上面是飛機的當前位置、預計到達下一個航點的時間、速度、飛行高度，還有剩餘的燃油量。過一下子後，會傳來遠在紐芬蘭的管制員的確認。無線電裡，管制員的聲音好微弱，大概是從月亮那邊傳回來的通報吧。

對第二副駕駛而言，巡航期間還滿輕鬆自在的。因為沒有太多事要做，思緒很容易神遊四方，常常會想到一些不該想的事情，也很顯然會變得多愁善感，萌生一些生死命運相關的念頭。

幾年前在一次採訪中，有人問小說家寇特．馮內果（Kurt Vonnegut）如果可以選，他會選擇什麼樣的死法。「我希望死於空難，而飛機要墜毀在吉力馬札羅山上。」這就是馮內果的答案。細想他的回答，其實頗具詩意，而且相當浪漫——噴射機迷失在濃霧之中，迎頭撞上坦尚尼亞一座巨大山岳的某側。

當然，大家對飛機墜毀的普遍看法，就只是新奇的裝置敗給冷酷無情的地心引力，要找到對飛機失事有另一番感觸的人幾乎難上加難，但是對我們這些熱愛空中旅行的人來說，這些意外事件總是瀰漫著一股神祕的氛圍。我指的並不是好萊塢電影裡的場景——飛機爆炸、在空中燒成火球，諸如此類的場面。那是一種更深層的感覺，需要環境的浸染跟時間的歷練才能有的感觸——這些災難在歷史中就像是雞塊一樣，以戲劇性跟神祕的氛圍加料調味。不是每一場墜機事件都散發著這種特殊氛圍，洛克比空難跟特內費里空難具有這種特質，但是墜落在大沼澤地的瓦盧傑客機就不是如此了。墜機事件有時候會瀰漫著神祕的氣氛，有時卻只是籠罩著一股橫死異地的悲痛之情。

所以飛越大西洋的時候，盤據我腦中的正是這些念頭，而且還是橫死異地的那種。我想——最不神祕、最平淡無奇的墜機事件——正在前方等著，我們大概會突然墜入一片汪洋深淵中吧。會有報紙提到我們，「貨運飛機裡有三名死者」嗎？真令人沮喪啊。

＊譯註：飛行高度以百英尺為單位標示，三六〇表示高度是三萬六千英尺。

駕駛心中最深的恐懼，不是他的航空公司破產，或是提供食物的人忘記供餐，而是飛機上發生火災。在這架老舊噴射機一百五十英尺長的上層貨運艙，裝有兩個相同的火焰探測器。這兩個長得像旋轉式電話撥盤的探測器，底部裝有黃色的指示信號燈，這個燈顯示著：煙霧警報。但是畢竟規畫設計這架飛機的時候，艾森豪總統還在用稀疏的頭髮掩蓋光禿的頭頂呢，所以大家知道怎麼樣嗎？雖然我還是很感激有這些警報，但是如果它們真的偵測到有火災的濃煙，也沒有任何東西能把火撲滅（DC-8現在已經全數停產，很久以前就不再運輸乘客，轉成貨運飛機了，所以大家可以放心）。駕駛艙裡面還有其他更大更亮的燈，但是我最不想看到那些方方正正、看起來很無害的黃色警示燈亮起來，尤其我現在距離最近的陸地——格陵蘭的冰川沿岸——還要兩個小時。

而且我還注意到了，在我們身後的貨運艙裡面，有兩萬磅剛從荷蘭跟比利時採收的花要送往美國。花的香味讓整個駕駛艙的味道聞起來像嬰兒爽身粉。好幾千磅的花聚集在一起時，空氣中就會瀰漫著細微的花粉——空氣中充滿細小的粉霧，就像散發香味的粉雲一樣。因為DC-8偵測器太老舊，所以它的設計是用來偵測煙霧微粒，而不是偵測火焰或感應熱度，因此這個時候，偵測器就很有可能會被粉塵觸發，進而發出錯誤的警報。

所以我緊盯著警示燈，等待它們發動警報，告訴我飛機在大海上空失火了，或者有可能只是花粉而已？我不禁想到，通常飛機墜毀在海中時，都會有人搭船出海，把鮮花撒向浪濤中。假如我們真的發生意外，最後葬身大海，我們就幫大家省了麻煩。在通往拉布拉多半路的海面上，會飄著一大片真正的鬱金香。

更恐怖的是，我們的機長拿出了一張航路圖，開始玩著GPS。「哎呀！」他喊了一聲。出於好奇、又剛好沒事做，他把鐵達尼號沉船的確切經緯度點出來，正好在離我們四萬英尺的下方（中間有兩萬八千英尺的空氣，一萬兩千英尺的海水），就在飛機航線的南方，只有短短的一段距離而已。

「哎呦，拜託！」我說：「可以不要做這種事嗎？」

我坐在我的儀表板前——上面有許多按鍵開關，這些裝置的運作順序都安排得相當完美，唯一目的就是確保機械裝置能正確無誤地運轉。綠燈、紅燈、藍燈、還有圓形儀表盤裡不斷顫抖的白色指針。在現代的飛機駕駛艙內，這些設備都是LED燈或是液晶顯示器，不過這些測量儀器的風格都相當老舊，讓整個機艙看起來像是德國潛艇。我坐著，把椅子往後滑，看著這一片儀表板，心中一邊評論，一邊流露著一股敬意，就像畫家端詳自己的畫作時一樣。

此時此刻，我簡直就是一位大師，整個機械裝置在我的控制下井然有序地運作。如果你們看得到這個控制台的背面，瞧瞧後面到底躲了些什麼東西，就知道我所言不假。維修人員有時候會取下控制台的面板，裡面簡直一片混亂：電線跟繩索狂亂地互相纏繞，就像一座爆炸的義大利麵工廠。我們多數人都沒看過飛機的內部構造——好幾組又大又複雜的機械裝置，聯合起來愚弄地心引力。我們看著一名美女的雙眼，看著陽光照射下虹膜表面的美感時，何曾想過眼球內部糾結纏繞的視神經呢？還有她的腦，她腦裡在想些什麼呢？說不定現在在我身後的花堆中，有一把火正悄悄地悶燒開來，等到煙霧警報燈亮起時，一切都為時已晚了。

不行，我還不能死。幾個小時之後，飛機平安抵達甘迺迪國際機場。

很多時候，航程不都是圓滿落幕嗎？這些電線、幫浦，還有其他可動裝置，全都神奇地發揮作用——每次都安若泰山地把我們平安送到目的地。但這些裝置本來就是如此，說到底其實是我們神經質的思緒在作祟；容易故障根本不是人類所打造出來的科技，而是我們自己的幻想。

大家對飛行都有某種程度的恐懼，不過這種心態對我們來說有很大的助益，這就是我所學到的一課。如果你是駕駛，這種感觸會更深，因為駕駛的工作基本上就是要應付突發狀況。乘客常常問駕駛：「你們有受過驚嚇嗎？你們有想過這次飛行可能是生命中最後一趟航程嗎？」這些問題對我來說很深奧、同時也很愚蠢。「當然囉，」我會這樣回答：「我當然很怕，一直都很怕。」好啦，我太誇張了，開個玩笑，但這確實是我的真心話。火災、爆炸、物理狀況惡化——這些討人厭的場景，都是模擬飛行訓練員的最愛——雖然總不可能盡如人意，但這些災難都躲在儀表板背後，伺機在舒適安逸的情況下猛然現身，這時駕駛的任務就是起身應戰。所以駕駛害怕墜機嗎？當然怕。現實的考量下，他們必須心懷恐懼，這就是他們的工作。這正是他們最關心的事，也是你們乘客最在乎的事。

打開窗戶遮陽板、將椅背豎直、收起餐桌，還有調暗客艙的燈光，為什麼飛機起降時，會有以上這些惱人的規定呢？

會要求乘客收起餐桌，是因為假如飛機受到撞擊或突然下降，你才不會被桌子弄傷，緊急疏散時，乘客也才有空間移到走道上。豎直椅背也是希望讓乘客有更大的疏散空間，也能讓你們的身體保持最安全的姿勢。碰到緊急狀況時，椅背豎直能減少頸椎往後甩的傷害，並防止乘客的身體從安全帶下方滑出去。另一個規定是將安全帶拉低、束緊。最讓我惱火的事，就是聽到乘客大放厥詞：「要是飛機失事，我們都死定啦，拉緊安全帶有什麼意義。」很多空難事件還是有生還者，所以扣好安全帶這種簡單的步驟，就有可能決定乘客受的傷勢嚴重還是輕微。

打開窗戶的遮陽板，是為了讓空服員更容易看見外頭是否有任何危險（比如火、殘骸），以便在疏散時避開這些干擾；如果飛機突然發生衝撞（翻滾、旋轉等），乘客也比較能適應。調暗燈光也是同樣的道理，假如火勢猛烈，把客艙照得很明亮，就很難看到外頭。所以先讓眼睛適應亮度低的空間，等到你往門外衝向一片黑暗或濃霧時，才不會突然什麼都看不到。

空中巴士的飛機滑行或在登機口時，客艙地板會傳來很大的嗡嗡聲，有時音調很高，有時則斷斷續續嗡——嗡——嗡——，像躁動的狗在吠叫。地板底下到底發生了什麼事？

會出現這種聲音的，是空中巴士的雙發動機機型：A320系列（包含從A320變化而來的A319跟A321），還有體形較大的A330。在美國，使用這些機型的大規模航空公司有達美航空、聯合航空、捷藍航空，以及全美航空。幾乎所有常搭飛機的人都聽過這種聲音，機組人員也很少費心解釋，因此也讓乘客一頭霧水、甚至有點擔心。這聲音就類似汽車一直試著發動，但失敗了幾次的情況，常常有人假定是不是有零件故障了。

你聽到的聲音，是動力傳輸機系統發出的，這個裝置的功能是確保單邊發動機運作時，能維持適當液壓。具有雙發動機的飛機滑行時，為了節省燃料，正常來說都會關閉單邊發動機。依照常理，兩個發動機會個別推動自己的液壓系統，但如果有一個發動機停止運轉，該側液壓系統就會失去動力來源。這時動力傳輸機組就發揮功能了，這個裝置能幫動力從左移到右，或從右移到左。由於液壓要低於某個程度才會啟動動力傳輸機系統，所以這個裝置的循環模式先開再關、開了又關、再開再關。因為液體壓力起起伏伏，所以甚至在雙邊發動機都啟動運轉後，仍有這個噪音。右舷發動機啟動時，動力傳輸機系統也會自我檢測，所以這時也會聽到同樣的聲響。有些波音的飛機也會使用動力傳輸機系統，但運作方式稍有不同，所以不會發出像狗吠的聲音。

空中巴士的某些飛機還會發出一種奇怪的聲音，那是一種尖銳、持續很久的嗚響聲，起飛前在登機門跟降落之後都聽得到。那是電動液壓泵的聲音，這個設備的功能是用來開關貨艙的門。

上班族閒聊時只要提到搭飛機，不可免俗地會談到機艙的空氣品質，你可以解惑一下嗎？我們常聽到一些傳言，說機艙的空氣不僅骯髒，而且充滿細菌。

骯髒、充滿細菌、很糟、很噁、品質惡劣、讓人反感、難聞、腐敗、很臭、盡是屁味……，大眾描述機艙空氣品質的用語中，以上這些只是一小部分。外界還有不少傳言，就是有些旅客聲稱，機艙內循環的病菌害得他們身體不適，但機艙內的空氣其實非常乾淨。

現代飛機上的旅客與組員所呼吸的氣體，是由回收循環的空氣與外界的新鮮空氣所組成。不單只用新鮮空氣，而混合兩種氣體混合，更能夠調控機艙內的溫度，還可以維持一點溼度（只能短暫維持）。機艙內部的氣體是從發動機的壓縮區段而來。壓縮過後氣體溫度相當高，不過在這個區段壓縮機只是擠壓空氣，氣體並沒有跟燃料、滑油或是燃燒室的氣體接觸。氣體從壓縮機分流之後，就會送進空調系統冷卻，隨後就由導管輸送進入機艙，中間會經過百葉窗式氣縫、通氣孔，以及旅客座位上方的冷氣口（駕駛都稱空調系統為PACK，這是「氣動式空氣循環裝置」〔pneumatic air cycle kit〕的簡稱，通常一架飛機有兩組這種裝置）。

空氣進入機艙後會持續循環，直到被吸入機身底部為止，到了這個階段，有一半的氣體被抽出機身外——由主增壓外流閥排出。這個時候，機身內的另一半氣體會跟發動機灌入的新鮮空氣混合，經過濾清器，開始新的循環。

研究顯示，跟其他密閉空間相比，擁擠的機艙內部的病菌沒有比較多——通常還更少。製造機身底部濾清器的公司都說，這些裝置屬於醫療等級。大眾常說醫院根本是病菌的溫床，但是波音公司指出，濾清器可以捕捉空氣中百分之九十四到九十九．九的微生物，而且每兩到三分鐘就會重新換過一次空氣，遠比辦公室、電影院，或教室的頻率高出許多。

外界一直有個根深柢固的迷思，就是駕駛會定時降低空氣的流量來節省燃料。令人惋惜的是，有些很可靠、頗具權威的新聞媒體也附和這種無稽之談。這邊有個鐵證：以下這段話取自《經濟學人》二〇〇九年其中一期：「一半新鮮空氣、一半則是回收循環的氣體，航空公司通常會維持這樣的比例。然而駕駛可以調降新鮮空氣的比例來節省燃料，有些還把新鮮空氣的比例降到只剩百分之二十。」讀到這裡我都傻眼了。我特別愛這句：「有些還把新鮮空氣的比例降到只剩百分之二十。」

聽起來帶著濃濃的陰謀色彩啊。

首先，駕駛無法調整飛機的空調系統，也沒辦法控制兩種氣體的比例。裝置的製造廠商早已設定好氣體的比例，那無法從駕駛艙控制調整。在我駕駛的波音飛機上，我們可以直接調控溫度，但只能間接控制氣流。如果你們請我「把新鮮空氣的比例降到百分之二十」，我會很有禮貌的告訴你們我辦不到。開始飛行之前，調整的開關已經設定成自動模式，氣動式空氣循環裝置也會稍微掌控比例的調整。既然兩個發動機持續運轉，一切也都順利運作，絕對不用擔心氣流有什麼狀況，唯有故障時設定才會更動。

我不是很熟悉空中巴士的機型，但我們可以跟空中巴士專家聊一聊。

「空中巴士系列的飛機，從A320到比較大型的A380，都有讓駕駛調整氣流的方法，但絕對不是《經濟學人》描述的那樣。」戴夫．英格力須（Dave English）說，他是A320的駕駛，也是飛航作家。

戴夫解釋說，空中巴士的氣流控制器有三個段位，分別標示為高（HI）、正常（NORM），還有低（LO）。「大部分時間氣流控制器都位於『正常』位置，這時空氣流量是自動控制的。如果需要快速調整氣溫，會調到『高』的位置；使用『低』這個段位會降低空氣流量、節省一些燃料，但是降低幅度極小，也很少派上用場。公司會告訴我們，只有在乘客少於一百人時才能調到『低』。而且改變不大，乘客坐在機艙內，幾乎不會察覺有什麼差異。」

飛機在地面上時，你可能偶爾會聞到一股強烈氣味——飛機後推之後，機艙內很快會聞到一股刺鼻味，就像老舊汽車或巴士排放的廢氣。通常是在發動機啟動、廢氣被吸入空調組件中時發生的。這種情況常常要怪外頭的風，風讓氣流逆向吹送，或是把煙霧吹進空調組件的進氣口。這氣味通常只持續幾分鐘，發動機開始穩定運轉就會消失。這味道不好聞，但和塞車時你偶爾在車內聞到的氣味不太一樣。

如果乘客抱怨機艙的空氣太乾，這就很合情合理。沒錯，機艙內通常相當乾燥，沒什麼溼氣，溼度大概在百分之十二左右，甚至比大多數沙漠乾燥許多。飛機在高空中巡航時，機艙乾燥是最主要的附帶結果，因為在高海拔的空中，水氣含量很低、甚至微乎其微。提升機艙的溼度看似是簡單合理的解決之道，但我們不這樣做的原因有以下幾種：首先，噴射客機需要載運大量的水，才能讓機艙充滿水氣，但這樣不僅代價高昂，也會增加重量。加溼系統需要將水重新循環利用，水量愈多愈好，因此這個系統所費不貲，也相當複雜。這組系統確實存在：一個就要超過十萬美元，但僅能小幅提升溼度。腐蝕問題也不能忽視：溼氣跟水珠會依附在機身內部，這對飛機傷害很大。

波音787上的濾清器能將效能發揮到百分之九十九．七，所以787的機艙空氣品質是所有商用客機中最有益人體的，溼度當然也高出許多。此機型的整體構造較不受水氣影響，也有一個特殊的循環系統，會將乾空氣打入機艙與外殼的夾層中。

舉出以上例子，不是要強調旅客絕對不會在飛行時感到不適。雖然空氣很乾淨，但太過乾燥卻對人體的鼻竇有害。乾空氣會破壞鼻黏膜的防護，導致病菌更容易入侵。不過導致乘客生病的，通常不是他們吸入的空氣，而是他們所碰的東西——廁所的門把，還有充滿細菌的托盤跟扶手等等。

我不時看到有乘客戴著口罩，比起這個方法，隨身攜帶乾洗手液或許更能降低生病的機率。

說飛機是散播特定疾病的潛在因素，這我不否認。飛機能載著我們快速地長程飛行，免不了也有些風險。有一次從非洲起飛的航程結束、飛機落地之後，我發現駕駛艙內有一隻蚊子，我心想：「這隻小偷渡客可以輕易溜進航廈，咬了某個人。」想像機場內有個工作人員這輩子還沒出過國，哪料得到自己竟會突然染上外來疾病。事實上，幾年來這種情況持續發生。這種「機場瘧疾」案例在歐洲確實發生過，好幾人還因誤診或延誤就醫而喪命。美國目前還沒有案例，但難保以後不會有。全球航空旅行如此有效率地把病菌從一大洲散播到另一洲，這種現象確實頗具教育意義、引人注目，但是老實說，也讓人有點心驚膽戰。

駕駛會降低空氣中的氧氣含量讓乘客規矩聽話，這是真的嗎？

這也是航空領域最歷久不衰的謬論，跟前面說的降低氣流好節省燃料一樣荒謬。這當然是錯的，還會對乘客造成不良影響：氧氣不足會導致缺氧。缺氧的前期雖會讓人感覺放鬆、飄飄然，但也會讓人意識模糊、感覺噁心，引發偏頭痛。假如駕駛讓乘客集體陷入這種痛苦，那他一定是虐待狂。我還記得幾年前我在祕魯的庫斯科時，缺氧害我受了好幾天頭痛之苦——即使是我的宿敵，我也不希望他們遭受這種痛苦，更何況是一整架飛機的旅客。

氧氣濃度是由壓力大小決定，除非故障，否則加壓控制系統也不會在巡航時無故白做工。飛機起飛前機組人員就將系統設定好，剩下的時間就是自動控制了。根據機種還有巡航高度，航行途中機艙內的氧氣濃度也有所不同，一般而言，大概與海拔五千到八千英尺高空中的氧氣濃度相同（參見70頁，加壓）。

駕駛跟乘客呼吸的空氣相同，飛機機身的壓力設定系統也不是分區獨立運作。飛機從頭到尾，包含機艙、駕駛艙，還有位置較低的貨艙，加壓狀態都一模一樣。

那飛機停在航站時沒有冷氣，又是怎麼回事？能不能同情一下乘客，班機延誤時，坐在溫度過高的機艙等待很可憐欸。

飛機在登機口時，有兩種方法降低或提高機艙溫度。一種是補給外部的空氣，將空氣從機身底部的閥門灌入。有時你會看到一條很重的黃色軟管，在飛機跟空橋之間穿梭，那就是在灌入外部空氣。第二種辦法是透過飛機的輔助動力系統（參見32頁，APU）。主要發動機還沒開始運轉之前，這架小型渦輪便會供應空氣還有電力。雖然APU的效果比較顯著，但飛機還是比較依靠從外部供應氣體，因為比較便宜。不過很多航空公司的政策表示，如果機艙的環境讓人不舒服，組員還是可以啟動APU。除了節省燃油這個理由，假如機艙溫度太高，駕駛為了降溫（或為了讓寒冷的機艙變暖）而啟動APU，也絕對不會受罰。

那麼，為什麼乘客會坐在擁擠的機艙內汗如雨下呢？有可能是沒有啟動APU的關係，或是地面氣體來源不足、裝置故障造成的。假如情況真的太嚴重，那就向組員反應吧。跟空服人員抱怨溫度過高絕對是旅客的權益。空服員也可以轉到駕駛，要求我們啟動APU，或確認外接氣源是否正常。雖然駕駛艙內的儀器會顯示機艙溫度，但溫度真的太高或太低時，我們仍常常需要靠機組組員反映。

有個輕鬆簡便的方法能讓機艙溫度下降，就是飛行時關起窗戶的遮陽板。乘客下飛機時，空服員有時會請他們將遮陽板往下拉。

搭著擠滿人的747從東京出發時，飛機才剛起飛就關掉空調了，機艙瞬間變得很悶熱。過了幾分鐘，飛機停止爬升、開始正常飛行後，冷氣才又打開。這是怎麼回事呢？

這是將空調系統關閉的起飛模式。空調組件是靠著瓜分發動機的氣流運轉，運作過程會從中分掉一些動力，所以如果起飛時飛機太重，就必須讓其中一個空調組件休息。是否開啟空調組件全視重量、跑道長度與氣溫來決定。起飛前的性能數據——包含速度、動力與襟翼設定的一份文件——會讓機組組員知道是否需要關閉空調組件。飛機開始滾行之前就會關閉空調，爬升初期會重新開啟——通常大概是在預定第一次降低動力的時候，約莫在一千英尺的空中（參見112頁，爬升縮減）。

飛行途中，假如碰到奇怪或心態叵測的乘客想開某扇門，他們辦得到嗎？

假如某個星期還沒耳聞或讀到以下新聞，好像有點無聊：飛機上有一名乘客突然發了瘋，試著掰開緊急逃生門，最後被周遭的人制伏阻止，因為這些人以為他們會因此彈出飛機進入對流層。發生這些事件時新聞總會播報，但他們都沒有提到最重要的事實：你絕對無法——我再重複一次，絕對無法——在航行中打開飛機機門，或是緊急逃生艙口。原因很簡單，因為機艙內的壓力太大，門根本開不了。將飛機的機門想成排水塞，內部壓力會讓塞子固定在塞孔上。幾乎所有飛機機門都是向內開，有一些會向上往天花板收起，有些則是向外轉開，但這些方式都還是要先往內開才行，而讓門保持緊閉的艙壓，是大到連肌肉最發達的人類都拿它沒辦法的。在一般巡航高度下，機身內每一平方英寸的面積上，都有多達八磅的壓力向外推。雖然在海拔比較低的空中，機艙內的壓力較小，但每平方英寸也僅僅少了兩磅，仍然沒有人能夠移動機門——即使喝了六杯咖啡，或是身後坐了尖叫個沒完的嬰兒而暴躁憤怒，都沒辦法打開機門。何況機門還被一連串電動或是機械式門扣固定得相當牢靠。

所以，雖然我不建議你這麼做，但如果你很享受被其他受驚嚇的乘客痛毆或掐脖子，你儘管在機門前坐上一整天，拉著門把直到你滿意為止。你絕對打不開的（但有可能讓駕駛艙的紅燈亮起嚇到我，害我不小心打翻可口可樂）。想打開機門，你需要一個油壓千斤頂，但美國安全運輸管理局才不會讓你帶它上飛機呢。

在我駕駛過的十九人座渦輪槳飛機上，機艙主要的門沿內部裝有充氣式封條。飛機航行時封條會膨脹，讓機艙的壓力不致外洩，同時阻隔發動機發出的噪音。有時封條會有裂縫或被刺出破洞，這時它會開始萎縮，有時還縮得很快。機艙失去壓力導致的損失其實能夠輕鬆解決，最後也無傷大雅，但突然發出的聲響——一百分貝的巨大抽氣聲，以及只有幾英尺遠、兩架一千一百馬力的發動機所發出的轟隆聲——會把我還有機上所有乘客嚇得魂飛魄散。

不過在地面時情況就不同了——就像大家希望的那樣，這讓人員得以疏散逃難。飛機還在滑行時，如果你去拉門，門是打得開的，還會啟動機門的緊急逃生滑梯。飛機靠近登機門的時候，你可能會聽到機組人員宣布：「門改為手動控制」或「解除門鎖」，這是為了撤銷自動啟用逃生滑梯的功能。這些滑梯開展的力道足以殺死人，你也不會希望滑梯滾動到登機橋上，或卡進冷藏食勤車中。

機艙的窗戶怎麼都這麼小？為什麼不裝大一點的窗戶，這樣子視野也比較好。

機艙的窗戶不能大——而且還要是圓形的——這樣才更禁得起、也能分散艙壓的推力。空氣動力與溫度變化會造成機身彎曲變形，窗戶的大小跟形狀也能幫忙吸收這些物理上的變化。同樣的道理，把窗戶安裝在機身最平坦的部分也是最有利的，這也是為什麼窗戶有時會排列在視野較差的高度。

卡拉維爾客機是一九六〇年代法國製造的噴射客機，它的機艙窗戶形狀是三角形——三個角都是圓弧形，但明顯呈現三個邊。道格拉斯DC-8是另一個特例。這款飛機的窗戶不僅是正方形，尺寸還異常地大，甚至比現在波音或空中巴士的窗戶大上一倍（告訴大家我超愛的一則小趣聞：仔細觀察印度航空的噴射機，你會看到每個機艙的窗戶上面，都畫了精緻的泰姬瑪哈陵圖形，看著他們的飛機，就會想到拉賈斯坦邦的宮殿）。

那駕駛艙的窗戶呢？是不是比較大？形狀是正方形嗎？沒錯，不過駕駛艙的窗戶是由很多層玻璃組成，比銀行櫃檯的玻璃還厚，也有高強度的邊框支撐——對於壓力差的適應能力相當驚人，也能抵擋冰雹與迎面而來的鳥兒。我曾看過一支影片：飛機的維修工人試著用大錘子敲碎廢棄駕駛艙的擋風玻璃，最後還是失敗。更換單片駕駛艙的玻璃就要耗費數十萬美元。

不要管好萊塢的電影把機艙的玻璃演得多脆弱危險，我從來沒聽聞有乘客真的從破裂的窗戶被吸出去。不過我倒是可以確定，有一名英國航空的駕駛曾因駕駛艙的玻璃爆裂，身體的一部分彈出飛機外，他最後活了下來，只受了一點小傷。

從窗戶往外看，我常注意到下方的厚實雲團表面有個圓形光暈，它像飛機的影子一樣，跟著飛機一起移動。這個光圈像鏡頭的光暈，有同心狀的色圈。

我要特別感謝葛雷格利・迪坎姆（Gregory Dicum）寫的書《窗邊座位》，這本有趣的書讓大眾認識了這個光暈現象。我們稱這現象為「光環」（glory）或「機師光環」（pilot halo）。如果雲層與日照角度都剛好，就很容易看到這個光暈。雲層內的水珠讓日光產生繞射與折射現象，因而出現了光圈的色環。有時你可以在光圈中心看到飛機的影子，但有時只看得到光環。

寵物在機艙底部過得如何？我聽說牠們都放在沒有暖氣、沒有加壓的地方。

在三萬五千英尺的高空，飛機外頭的溫度大概是攝氏零下五十一度，也沒有足夠的氧氣可供呼吸，情況比經濟艙還糟。如果讓動物待在這種環境，飼主絕對不會開心的。所以機艙底下放寵物的區塊既有加壓，也有暖氣。通常有個區域是專門放寵物的，它會設在比較好調控溫度的區域。飛行時維持安全溫度的做法很直截了當——不需要繁複步驟，控制方式也相同，只是有無寵物的差別而已——不過天氣炎熱時，飛機在地面的狀況就比較棘手，所以有些航空公司在夏季會禁止運送寵物。如果機艙底下放有活的動物，機組人員會收到通知。乘客可以寫下注意事項送到駕駛艙，讓我們知道是否需要提供特殊照護。雖然這樣做不是很必要，我們提供的服務也有限，但如果這能讓你舒坦一點，那倒無妨。

為什麼要限制乘客使用手機與可攜式電子設備？它們真的會威脅飛航安全嗎？

限制使用手機與可攜式電子設備，大概是最令乘客困惑的飛航規則了。這些科技產品真的會危及航程嗎？大家都想要簡單通用的答案，可惜沒有這樣的解答。到底危不危險，全要看是什麼科技產品，還有使用時機而定。

先來談筆記型電腦。理論上來說，老舊或訊號遮蔽不良的電腦確實會釋放有害能量。不過起降時規定要收起電腦，主要是為了萬一飛機突然減速或發生衝撞，筆電才不會變成高速凶器弄傷乘客，緊急疏散時也能保持走道通暢。筆記型電腦也是行李，行李本來就該好好收著，以免不小心傷人或擋住通道。這就是為什麼飛機降落之後，空服員會宣布允許使用手機，但仍然不能用電腦。雖然機率很小，但如果真的碰到緊急疏散，你絕對不希望其他人衝向逃生口時，被他們的蘋果電腦狠狠絆倒在地。

再來談談平板，像是Kindle、Nook，還有iPad。從干擾訊號的角度來看，要嚴格禁用平板也很困難，因為現在很多機師在駕駛艙內也會使用平板（參見175頁）。所以與上述殺人凶器的理由同樣似是而非的說法出現了：絕對不會有人希望自己的額頭被時速一百八十英里的iPad擊中，那精裝書呢？精裝書就算沒有比平板重，仍是重得不得了啊。如果我們禁止起降時使用平板，那為何不禁止乘客看書？我們聊到這裡時，美國聯邦航空局也在思考這件事，說不定下次你讀到這篇文章的時候，平板電腦的禁令已經鬆綁了。

最後談談問題最大的東西：手機。行動電話真的會干擾駕駛艙的設備嗎？答案是可能會，但十之八九其實不會，航空公司跟美國聯邦航空局只是謹慎過頭，寧願得罪旅客也要顧及飛安。我知道你們想聽到更詳實的答覆，但這就是目前最精確的答案了。

飛機的電子設備都經過特殊設計，能夠阻絕干擾。這樣應該就能降低不良干擾的影響，目前也沒有任何實際案例，證實手機確實會對航程造成不良影響。但事情很難講，舉例來說，假如飛機的屏蔽設備老舊或有瑕疵，就可能發生潛在問題。

手機的影響不一定跟撥接電話直接相關，手機電源開啟時，會散發一陣陣帶有潛在害處的能量。所以眾所周知，飛機開始滑行之前必須關閉手機電源，起飛前會有一份有趣的安全解說，簡介裡面就會要求乘客做這件事（參見218頁，喋喋不休的安全解說）。規則都說得非常清楚，不過顯然不會強制執行，因為我們都假設出狀況的風險非常低，不然航空公司組員就會沒收或檢查乘客的手機，不像現在都讓乘客自由心證。我敢打賭，無論是不小心忘記了還是懶得關，整段航程中至少有一半以上的手機根本沒關。美國每天差不多有一百萬支手機在空中飛，如果手機真的會導致災難，現在應該已有更多證據了吧。

但即使如此，手機至少有可能造成了兩起嚴重災難。注意，我是說「有可能」，因為手機的干擾難以回溯查證。二〇〇〇年時，瑞士航空一架區域客機在瑞士墜毀，原因未明，有人歸咎於一支手機，他們聲稱手機干擾了飛機的自動駕駛，讓系統接收到錯誤訊號。皇家約旦航空二〇〇三年在紐西蘭發生的墜機事件，手機干擾也被列為釀災的可能原因。另外曾有一架區域客機因火災警報器響起而緊急迫降，據傳是由於行李艙內有手機響起，因而啟動了警報器。

這些案例都非常極端。手機干擾一般來說到底會怎麼樣呢？想像以下畫面：有個倒楣的乘客，他按下「簡訊傳送」鍵後，飛機突然翻了個筋斗。其實干擾造成的影響既細微又短暫。現代飛機的電子設備多到數不清，絕大多數不合常規的狀況也不會把你嚇到心臟漏跳一拍：警告旗標閃一下又消失、航線暫時偏移，或者是一些根本看不到的變化。偶爾有人問我，有沒有親自在駕駛艙內見過手機的干擾，就我所知是沒有，但我也不敢保證。飛機這麼大又這麼複雜，某些裝置短暫細微的故障失效也不是不可能，故障的起因通常也無法斷定。

航空公司有可能只是拿技術層面——但幾乎不可能會出狀況——的複雜理由，來避免讓乘客在飛機上講電話所具有的社交意涵。一旦手機根本無害的懷疑成立，就會有一部分乘客要求搭機時可以使用手機，惹得反對方憤恨不平，雙方對立，航空公司卡在中間騎虎難下。假如航空公司真是在玩這種把戲，那我很同情那些希望中止手機禁令的人——絕對不是擔心儀器會出問題，而是希望能維持人的禮儀，還有保持該死的安靜平和。我們在機場內受到的感官轟炸已經夠讓人受不了了，機艙內部是最後一片安寧的淨土（只要沒有嬰兒哀嚎）。所以，就讓我們繼續保持這條規則吧。

每班航程我都會聽到一連串的叮咚或響鈴聲，這些信號是什麼意思呢？

你聽到的鈴聲可能有兩種意思。第一種基本上是電話響的聲音。空服員工作站與駕駛艙之間有機內通訊系統連接，站與站之間可以互撥電話。如果有空服員撥了電話，接電話那一頭就會響起「叮」的聲音。

機師也會利用鈴聲來給機組人員訊號。在我駕駛的飛機上，我們看情形重複幾次安全帶提示音，來給同事打信號。每間航空公司都有自己的規則，像是響鈴幾次代表什麼意思、何時會響鈴，不過基本上大同小異：一般而言，起飛後響鈴代表航行已經超過一萬英尺，乘客允許使用電子設備，空服員也可以放心與駕駛艙聯絡，不用害怕會打擾航程的重要階段。下降時意思也一樣：「飛機即將降落，請機艙準備就緒。」

順道一提，這些信號都跟落地許可無關。通常下降的鈴聲響過第二輪之後，你會聽到空服員宣布：「各位先生女士，我們已經接獲落地許可，請把……收起來。」我也不知道是什麼時候開始有這個習慣的，但空服員不會知道飛機何時獲准降落，這樣說只是方便跟乘客溝通。實際上航管中心指派的落地許可通常再晚一點才會收到，有時會在落地的前幾秒才收到，這件事也不是駕駛與機組人員討論出來的結果。

我必須鄭重聲明，飛機獲准落地之前跑道必須淨空這件事是錯的。即使有飛機剛降落或準備起飛、還在跑道上，空中的飛機還是能隨時獲准降落。這只是代表飛機可以繼續執行降落流程，不用再跟塔台聯繫一次而已。假如到時候跑道還沒及時淨空，航管中心會取消許可，讓飛機在空中繼續盤旋。

某些航班中的廣播系統有個頻道，可以聽見機師與航管員的通訊內容。我一直覺得很有趣，但這個頻道常常是關著的。

少數幾家航空公司會提供乘客這種詭異的娛樂，聯合航空就是其中之一，這個頻道在音頻介面的第九項，所以稱為「第九頻道」。至於這個頻道是酷炫迷人，還是沉悶乏味，全看你對飛航有多癡迷。機組人員有時出於審慎會關閉這個頻道，因為乘客認為機師犯了某些「錯誤」時，會寄一些不友善的抗議信函，或揚言要告機師。而且不熟悉專業術語的乘客有可能會誤解某些對話，以為發生了問題（其實不然），或是把狀況誇大。舉例來說，如果航管員問：「聯合航空537班機，嗯，你覺得你辦得到嗎？」這個問題很常見，是航管員問機師是否能在特定時間或速度下，到達某個高度或地點。這種談話本是無傷大雅，卻可能因為航管員的語氣或者機師回答：「沒辦法，我們辦不到。」而讓某個乘客痛哭失聲，腦中浮現家中的妻小。

如果你轉到了這個頻道，仔細聽聽航空公司那些多彩多姿的呼叫訊號。私人飛機是用註冊的編號做為無線電的辨識依據，商用客機則是利用呼號跟航班號碼。呼號通常是航空公司的名字：「達美202，下降、飛行高度維持八千英尺。」不過很多時候會用特殊暱稱當呼號，最有名的例子就是泛美航空的「快帆」(Clipper)——「快帆605,准許起飛。」還有一個常用呼號是「仙人掌」(Cactus),這原先是美國西方航空的呼號,之後跟全美航空合併之後就變成全美的呼號,沿用至今。愛爾蘭航空的呼號是經典的「三葉草」(Shamrock),中華航空的則是「華夏」(Dynasty);「跳羚」(Springbok)是一種羚羊,也是南非航空的暱稱。英國航空的呼號「速度鳥」(Speedbird)是暱稱該公司以前的標誌(有三角形翅膀的一種鳥),這個圖案原先是早在一九三二年,被(英國航空的前身)帝國航空用來當公司標誌。還有一些以前使用過的呼號,像紐約航空的「蘋果」(Apple)、佛羅里達航空的「棕櫚」(Palm),還有瓦盧杰(ValuJet,泛美航空以前的名稱)的呼號叫「Critter」,這個呼號很倒楣,因為在美國「crispy critter」的意思是「烈火燒死的人」(編按:一九九六年瓦盧杰航空某航班因機艙失火導致嚴重墜機事件)。

一九七〇年代末,美國航空DC-10起降時,乘客可以從電視螢幕觀看駕駛艙放映的實況轉播,享受外面的景致。現在有許多航空公司會在機頭、機尾,或是飛機側腹裝上攝影機,讓乘客觀賞外面的模樣,旅客可以透過椅背後方的螢幕遙控器,選擇要觀看哪個視角。阿聯酋航空提供遊客飛機前方與正下方這兩種視角,讓大家知道飛機飛越了什麼東西(正下方視角在英國引發了小爭議,有的人擔心自己在後院裸曬時,空中的旅客會看到免費春光秀)。有些空中巴士A340的飛機會在機尾裝上攝影機,讓旅客觀看機尾的景象——景物會向後退去逐漸消失,看了會有點暈眩,滿有意思的。

空服員為何要做安全解說呢？大家根本沒在聽，為什麼要設計得這麼冗長？

美國的商用客機必須遵守一份大部頭的法規：《聯邦航空法規》（FARs）。這本書的內容晦澀難懂，顯示出航空產業對文字有極大的才華，能將最簡單的概念用最複雜迂迴的語言表達。這本鉅作中最華而不實的，就是安全解說了——將大概只要講二十五秒的實用資訊，堆砌成長達六分鐘的廢話，還用了一堆外來語言，就好像空服員在講烏爾都語或各地方言一樣。

無論是事先錄好解說、再透過娛樂系統播放，或像以往那樣現場示範，安全解說都已經變成做作的表演了——就像改編法律條文，再用冗餘的航空用語展演一樣。「這個時候，我們請您豎直椅背，將椅背恢復為完全直立的狀態。」幹麼不講「請豎直椅背」就好呢？或是我最愛的例子：「聯邦法律禁止毀損、傷害，或是破壞盥洗室的煙霧探測器。」不好意思，簡短地說「破壞」不就行了嗎？

如果願意大幅修改並捨棄一些眾所周知的常識，應該能砍掉大半解說，讓它清楚易懂，這樣乘客才會聆聽。安全須知真正必要的，是簡單地向乘客介紹出口方向、安全帶與漂浮設備及氧氣罩的使用方法，長度不應該超過一分鐘。

過去我以乘客身分搭機時，碰到不理會安全解說的人總會狠狠瞪他們一眼，甚至會刻意表現得更專心聆聽，讓空服員覺得自己很有用。一陣子之後我發現，美國聯邦航空局與航空公司都無意精簡這些廢話，我也就不再關心這件事了。注意：這不代表乘客可以在安全解說時大肆聊天，干擾說明。乘客到底需不需要聽安全帶的操作說明雖有待商榷，但是聽坐在第二十五排的那名男子滔滔不絕，跟朋友討論他在巴爾的摩最愛的海鮮餐廳，肯定是沒有必要。

看一下座位後的夾層，會發現另一份圖片版的冗長廢話：這是一張對摺起來、廣為人知的安全解說卡，內容跟空服員的解說相同，都是聯邦航空法規咬文嚼字的規定，看看上面的圖片就可以知道畫家的天分如何，看起來就像埃及象形文字的拙劣版本。更慘的是，卡片上說明了緊急出口旁的座位規定，上面指出誰可以或不能坐在逃生門旁邊，這個規定一度引發爭議，結果聯邦航空法規額外增訂了一個標準——卡片上加了一長串惱人的廢話，以及大量法規專業術語，搞得乘客暈頭轉向。坐在出口的那一排旅客，起飛前都必須讀過這些資訊，就像要他們二十分鐘內學會讀日文一樣。

航空公司都會讓駕駛知道，宣布事情時該用什麼語調、該講什麼。條文規定駕駛禁談政治、信仰，或有任何毀謗言談。操作手冊第五章第十二節說：「禁止開玩笑、不入流的諷刺言論，或是任何侮辱性內容。你應該展現友好的態度，維持融洽，以免副駕駛起身毆打你。」規則也有可能禁止——好意提醒——駕駛用可能嚇到旅客的方式表達，或是講出危言聳聽的專業行話。我以前服務過的一家航空公司甚至禁止以「各位旅客請注意」為廣播的開頭。我強烈主張把宣讀大學美式足球賽的分數這件事，也列入禁止清單。但也這只是我自己的主張啦。

「各位旅客請注意，東南中央內布拉斯加理工大學在最後一分鐘射門得分，超越北西南衛理大學，比數31比28。」

我們還要注意別拿旅客用不到的資訊來煩他們。舉天氣為例，有人在乎風勢從西南邊吹來、時速十四海里嗎？有人關心露點的溫度是幾度嗎？＊乘客想知道的是天氣概況：有沒有出太陽、風大不大、有沒有下雨下雪，還有溫度幾度而已。

另一個應該禁止的事情是：不要用太複雜的專業術語向乘客解釋航程狀況。「嗯，各位先生女士，甘迺迪國際機場31 L跑道的能見度好像只剩八分之一。三組跑道視程都低於六百。這種情況歸為第三類，但我們目前只具備第二類的能力，所以，嗯，我們會執行幾次轉彎並通過導航電台，再以儀降系統進入22 L。那裡的視程有三百五。」

謝謝喔。

頭等艙、商務艙，還有經濟艙……，我的座位究竟是哪種，它們有什麼差別？

某種程度上來說，這些艙等都有各自的詮釋，不過總共有四種標準的機艙：頭等艙、商務艙、經濟艙，還有瑞安航空。好啦開玩笑的，只有三種：頭等艙、商務艙、經濟艙。經濟艙常被稱為巴士艙或觀光客艙，而頭等艙與商務艙常被合併稱做「高級」機艙。

每家航空公司可能會安排一到三種艙等。艙等的數量、座位的安排與設備的配置，都會根據飛機及經營市場的不同，而有所區隔。長程航班的頂級艙——有可供休息的私人艙，以及寬螢幕影視設備等——很明顯比短程航班的頂級艙奢華許多。大致上來說，頭等艙比商務艙高級（價位也較高），但這只是相對而言。長程航班的商務艙，比美國本土或歐陸航線的頭等艙還要奢華。

有些航空公司會利用詭詐的命名技巧，來模糊艙等的區別。維珍航空的頂級客艙只有一種：

「豪華商務艙」，中華航空有「華夏艙」，而義大利航空的尊貴旅客搭的是「壯麗艙」。為了美化「經濟艙」給人的感覺，法國航空稱之為「旅人艙」。英國航空提供三種經濟艙與三種商務艙，它們依各種航線而有不同的艙名。如果這樣還不夠混亂，美國大陸航空（現在是聯合航空的一部分）的艙等裡，有個極盡模糊之能事的「商務頭等艙」。從註記的小字或票價來判斷，就可以分辨這個艙大概是傳統分類的哪種艙等。

在一些歐洲境內的班機中，飛機可能因為臨時需求而重新配置艙位。座位本身不會更動，只要拉上走道的隔板與布簾，就能分出艙等。在法國航空，三張並排的座椅中，只要把中間那張跟左右兩邊的椅子隔開，經濟艙就變商務艙了。另一個常見做法是把經濟艙分成兩區，其中一區有較大的伸腿空間，某些情況下也會把座椅換成比較奢華的樣式。「豪華經濟艙」跟「舒適經濟艙」就是透過命名加以區隔，雖然嚴格來說，這種艙等還是……呃，巴士艙。

大家始終抱怨經機艙不夠舒適，但無論是頭等艙還是商務艙，現在的頂級艙等卻比以前奢華許多。自從一九四〇年代開始，乘客有私人臥鋪之後，頂級艙等還沒有像現在這麼豪華——當然絕對是那種比較時髦、二十世紀的風格。不久以前，寬敞的皮革座椅與體貼入微的空服人員，標誌著空中的頂級享受。現在由於競爭激烈及科技進步，乘客體驗到各種古怪離奇的奢華服務。有些頂級奢華的航空公司，像新加坡航空、維珍航空、阿聯酋航空，還有卡達航空，它們的班機可以看到直立

＊譯註：露點的溫度是指在固定氣壓下，空氣中所含水蒸氣會凝結成水，而從空氣中析出的溫度。

式雞尾酒吧，甚至還有空中美容服務。旅客能在私人的迷你空間中小睡一會，有六英尺的摺椅可躺、蓋著純羽絨棉被，還有電動的隱私隔板。假如你換上設計師睡袍，機組人員會提供夜床服務，如果用餐時想要有人陪伴，也可以多拉出一張矮凳。機組人員會配合生理時鐘調節天花板的燈光，像是夜晚時會將群星的圖案投影到機艙天花板。土耳其航空在跨大西洋的航班中，還會配有一名商務艙的主廚。

當然，不是每個人搭飛機都可以報帳，或是能花九千美元飛往香港。這消息或許會讓人安慰一點：現在經濟艙也有一些現代的奢華配備。直播節目、任君挑選電影清單與機內無線網路，都是常見設施。有些亞洲或歐洲的航空公司把座椅換成貝殼型，這樣椅背往後時椅子會往前滑，不會直接往後倒，能讓後方旅客保有空間。雖然現在短程航班愈來愈少附贈飛機餐，但在機上購買餐點不貴，也相當美味。

大家印象中航空公司會一直在經濟艙塞入更多座位，這大致上是錯的。航空公司不可能想塞多少就塞多少，商用客機確實有座位數的限制，座位限制視情況而定，緊急逃生出口的數量就是標準之一。其實自從噴射機蓬勃發展的一九六〇年代開始，經濟艙的配置就少有改動。早期航空公司計畫過，想把窄體飛機的標準六張並排座椅改成五張；把現在747的十張相連座椅改成九張，但這想法只是曇花一現。你現在看到的飛機剖面圖，基本上跟四十年前的大同小異。真要說哪裡不同，那就是座位稍微寬廣一些。空中巴士A380的設計跟747一樣，都是十張座椅並排，不過A380的會再寬大約一英尺。不過像是熱門、有六張並排座椅的A320，它的頂部與手肘空間就比舊式707與727再少個幾英寸。

乘客最常抱怨的不是手肘伸展的空間，而是伸腿的空間。每排座椅之間的距離稱做「椅距」。從過去的案例看來，椅距的空間時好時壞。航空公司確實縮小最後一排座椅的空間，好容納更寬敞（價格也更高）的「豪華經濟艙」。搭乘過早期民眾快捷航空的人都記得，機艙內的設計非常殘忍，空間相當擁擠。或是像一九七〇年代，在倫敦跟美國之間提供「空中列車」服務的雷克航。這家航空公司的創辦者是矯情的弗雷迪．雷克先生，他在DC-10的機艙內硬是塞入三百四十五張椅子——比當時大部分的DC-10多出約莫一百張（為了讓這架飛機合乎法規，機身裝有八個正常尺寸的逃生門，內部也沒有頭等艙或商務艙）。

如果你問我，經濟艙為什麼坐起來這麼不舒服，其實伸腳空間只是部分原因。座椅的形狀，還有四周極度不符合人體工學的空間，才是關鍵。每次我坐進經濟艙的椅子，都不禁納悶這玩意兒為什麼要設計得像外星物體。那哪叫「坐進去」！你根本不是放鬆坐下，而是在設法保持平衡。受壓點設計得大錯特錯，乘客的雙腳沒東西支撐，手臂沒地方擺，腰部也沒東西可靠。托盤與扶手的形狀根本錯誤，安裝位置也不對。

讓經濟艙坐起來更舒適最明顯的方法，首先是減少座椅，不過除非乘客願意接受票價大幅調漲，不然根本無望。工程師設計座椅時同樣面臨挑戰，座椅必須既輕又堅固，這樣才禁得起地心引力好幾倍大的拉力。不過我們現在習慣的這些座椅設計得這麼差，設計師仍難辭其咎。運用一些高科技素材，再發揮發揮想像力，飛機座椅能夠同時滿足安全、輕量、堅固，以及舒適的需求。當然，像瑞卡羅（Recaro）跟湯普森飛機座椅（Thompson Aero Seating）這些創新的製造商，它們推出的那些符合人體工學的座椅幾年前已經上市，但願有更多航空公司採用。

椅子除了必須貼合人體，以下五點也是經濟艙該具備的標準規格：

1. 支撐腰部。現在飛機上的座椅下背部普遍沒有氣墊支撐，旅客坐下時該部位空空如也，導致身體彎曲下陷。

2. 機內的無線網路，每個座椅都配備、可供挑選的電影片單，以及至少九英寸的個人電視螢幕。我把它們合在一起講，是因為這些設備都是讓乘客分心的好方法，也能使他們情緒放鬆愉快。上上網或看部電影都是殺時間最理想的辦法。跟乘客收取五到十美元的網路費還算合理，但商務艙與頭等艙應該免費提供這項服務。

3. 可調整的頭靠。不是那種半調子、會讓頭在上面晃來晃去的頭靠，而是要能緊貼旅客頭部的靠枕。

4. 可伸縮的托盤。用餐或工作時可以把托盤往身體拉，這樣就不需要彎腰駝背了。托盤的前緣理想上應該是圓弧狀，才能符合人體的形狀，此外托盤要從能座位邊的扶手拉出，而不是固定在前方旅客的椅背後。這樣一來，不只毋須彎腰駝背，也不用擔心前方乘客突然往後躺會壓扁你的電腦，或是電腦螢幕夾在托盤與前方椅背的頭部氣墊之間。我都稱這些乘客為「突擊後躺客」，他們會突然向後躺，迅雷不及掩耳得令你來不及收電腦、逃不過該死的椅背夾擊。托盤邊緣還要微微高起，這樣飛機爬升或通過亂流時，食物與飲料才不會灑在大腿上。

有些托盤有下凹的杯架，但很多托盤的表面非常光滑平坦，這樣機頭向上時，咖啡就會往身體的方向滑。托盤只要有四分之一英寸深的凹槽，就能避免這種狀況。大家都認為，飛機的內部設計師應該多少了解地心引力，所以早該改進這些細節了。實際上，在托盤上做個杯架的成本不超過五便士。既然聊到杯架，椅背後也該裝個環狀杯架（這在歐洲頗為常見，但我在美國航空公司的飛機上卻沒看過），它能避免飲料翻倒或潑灑，也能讓托盤有更多空間。

5. 電源插座。如果要求交流電插座太過分，至少該提供USB連接埠。現在長程班機上的插頭確實愈來愈多，不過從某個時候開始，每架飛機應該就要提供這種服務。

無論你坐得舒不舒適，記得適時起身活動活動。現在長程航班的飛行時間比小型哺乳動物的懷孕期還長，開始有愈來愈多人擔心出現深部靜脈栓塞（DTV），這是長時間坐在飛機座椅上造成的，又稱為「經濟艙症候群」，症狀是大腿血管出現可能致命的血栓，再擴散到身體其他部位。原先身體就有些狀況（例如肥胖、菸癮）的人，罹患深部靜脈栓塞的風險更高，但所有乘客都應避免坐太久，要適時站起來動一動，到走道上走一走。在超長程的航班中，飛機內都設有自助餐區與酒吧提供飲料與點心，供乘客聊天社交。這些設備絕不只是給旅客的額外福利，更是希望吸引乘客定時站起來繞繞。如果旅客睡醒後打赤腳走動，A340-500的自助餐區地板還有暖氣加溫設備。

登機過程像是一場噩夢。航空公司——還有旅客——是否能做點什麼，讓整個流程更順暢迅速？

沒有人受得了上下飛機的冗長過程，機內走道與空橋中的阻礙根本沒完沒了，從機門走到座位要花好幾分鐘，反之亦然。

如果想要稍微改善旅客的登機狀況，這邊有個簡單的建議：登機時別把手提行李放在你碰到的第一個空儲物櫃，盡量放在離你座位最近的櫃子。每當我看到有人把二十六英寸的行李箱塞進第五排的儲物櫃，再繼續往下走到他位在第五十二排的位子坐下，我整個人就快抓狂了。我知道這對你很便利，但這樣一來，前排儲物櫃很快就塞滿了，坐在前排的旅客就得走到後排放行李，再逆著前進的人潮走回自己的座位，阻礙整排旅客前進的速度。然後呢，飛機降落之後，大家準備前往機門離開時，這群人又得再次逆向前去取回行李。假如幫所有旅客安排好特定儲物櫃，會比較好嗎？你可能會說座位數量比儲物櫃來得多，何況各人的手提行李大小不一，但我相信這問題一定有辦法解決。即使別的辦法行不通，航空公司也應該在登機口處告知旅客，要求他們盡量使用靠近自己座位的儲物櫃。

由飛機後排往前排入座，這種傳統登機順序也是導致過程冗長的原因，因此很多航空公司現在依照「區域」或「團體」來依序登機。這個技巧的其中一種做法，是先讓靠窗或坐在中間的旅客先登機，再讓靠走道的旅客登機，這樣就能讓少一點旅客擠來擠去。另一種方法則是，不要依照連續的座位排數登機，把相連的排與排彼此錯開。每次登機時跳過一排或兩排，讓旅客能夠各自放置手提行李，再重複一樣的做法。研究顯示，這種方式比傳統做法快十倍以上。

提早登機會花費很多時間在飛機上空等，於是很多人就忽略登機通知，這也是導致登機過程漫長的罪魁禍首。這些趕在最後一分鐘才登機的人，與占用儲物櫃的人一樣，都阻礙了登機流程。

還有一個建議：攜帶嬰兒推車的家庭應該第一個登機，飛機降落後他們應該留在原位，直到大家都下飛機再離開。所有不到五歲的孩童，顯然都需要這種重約九十磅的裝置？每天我們要浪費多少時間，等待孩子的父母組裝嬰兒推車呢？

同時開放多扇機門也能加快流程。在美國這種狀況不常見，但是在歐洲與亞洲，在飛機前端跟中段的機門（如果機身上有的話）接上空橋的情況頗為常見。阿姆斯特丹的史基浦機場有幾個登機口配有特殊空橋，能夠越過飛機的左翼連接機身後段的機門（通常都利用機身左側供旅客上下飛機，右側用來運送貨物、行李、食物與其他補給）。

登機時，你一定也很好奇另一種常見狀況，就是乘客看著他們的飛機停在航廈不遠處，而機組人員很尷尬地宣布：「我們的登機門目前有別人正在使用。」或者指揮召集人員還沒就定位。沒錯，機場入境大廳會隨時更新各航班的預計到達時間，那為什麼登機門不能按時準備好呢？到底是為什麼！目前我還沒有得到滿意的解答。這個狀況的起因沒有大家想像中單純——飛機的指定停機地點是依據抵達與出發時間、旅客流量、海關、出入境相關問題而定——但我想人手調派不足是相當大的原因。駕駛與乘客一樣，對這種狀況同樣感到相當無奈。

我記得很久以前，每次飛機降落時乘客都會一起鼓掌，現在還會這樣嗎？

直到一九七〇年代末至一九八〇年代初，飛機降落時乘客鼓掌的情況很普遍，不過愈來愈少見倒也不讓人意外。半個世紀以來，每年至少搭機兩次的美國人已經翻了四倍。對搭機航行的流程愈來愈熟悉，以及過程中各種煩人的瑣事，已經讓新鮮刺激的感覺消失殆盡。在美國以外的某些地區——假如乘客還沒因為長途跋涉而累壞——還是能見到鼓掌的情形。過去幾年我搭飛機去亞洲、非洲，還有中東地區時，大概有四分之一的機率，碰到旅客在飛機降落時鼓掌歡呼。

鼓掌會冒犯或侮辱機組人員嗎？絕對不會。鼓掌絕對不是在評斷降落狀況，也不是要給駕駛的技術打分數。乘客鼓掌，也不是因為逃出地心引力的魔掌、好不容易活下來而鬆一口氣，即使神經最緊繃的旅客也沒這麼悲觀。其實我不必多說，鼓掌的理由不言自明，也不需要太認真以對。不過就是大家嬉鬧一下，用這方式結束航程對我來說，是非常和氣、富有人情味的。

如果特別留意，會發現這種現象幾乎只發生在經濟艙。坐商務艙或頭等艙的人從來不鼓掌。你可能會想從中找出某種社經地位的涵義，也許真的有吧，不過經濟艙充滿活力的氛圍——乘客緊密地坐在一起——會讓人不禁想鼓鼓掌。大家一起鼓掌具有某種團體精神，特別在長程航班上，大家花了好幾個小時跟很多人在緊密空間相處。所以換個方式來講，鼓掌也像大家彼此握手一樣。

另一個現在已很少見的現象，是旅客到駕駛艙拜訪機師。大家似乎認為拜訪駕駛艙會違反安全規定，其實不然。飛機還在飛的時候當然不行，但起飛前或落地後，我們都很歡迎乘客順道拜訪（當然要先詢問過空服人員）。小孩子有時會把父母拖來駕駛艙，參觀艙內環境，或是坐在機師的位子上拍張照，不過大人很少自己前來造訪，真是太可惜了。容易緊張的乘客若跟組員碰個面，會很有幫助。有人好奇我們工作的這個古怪小環境，也令很多機長深感榮幸。

○往外看——高空中令人永生難忘的景致

典型的７４７能容納四百名旅客，而只有一百人有幸（如果這樣說沒錯）能坐在窗戶旁邊。十個相連的座位中，只有兩個能看到外面的景色。倘若飛行已經喪失感動我們心靈的能力，這就是原因之一：什麼都看不到了。

坐在窗邊有一種撫慰人心的本能——對於方向的渴求。我要前往何處？太陽升起了嗎？當然，對愛好飛行的人來說，感觸絕對不只如此。直到現在，即使是搭長程的擁擠航班，靠窗座位還是我的最愛。從窗戶往外看的景致帶給我的感官享受，跟之後到了異地觀光所看到的風景可能不相上下。舉例來說，到伊斯坦堡旅遊，從一萬英尺的空中往下看，整片博斯普魯斯海峽塞滿了船隻，這樣的場景在我的記憶中，就跟站在蘇萊曼尼耶清真寺或聖索菲亞大教堂前同樣栩栩如生。

駕駛顯然沒有選擇，必須花好幾個小時待在玻璃圍住的小房間。駕駛艙的窗戶相當大，雖然除了柔軟的灰白卷雲與一望無際的漆黑，通常看不太到別的景色，但有時能看到相當壯觀的景象，例如：

- 紐約市。飛機在拉瓜地亞國際機場降落時，有時會低空沿著哈德遜河飛。飛機繞著曼哈頓西側飛行，我們能看到紐約市讓人歎為觀止的地平線——作家馮內果曾經稱之為「水晶刺蝟」。
- 流星（特別是每年夏末的英仙座流星雨）。最壯觀的場景，就是那些在地平線停留了幾秒的流星，它們在隱沒入大氣層的過程中不斷變換顏色。我還看過非常亮的流星，亮到甚至在白天仍能清楚看見。
- 北極光。北極光是最生動壯觀的景致，只能眼見為憑了。不過你們也不必千里跋涉到育空或西伯利亞，我所見過最耀眼奪目的極光，是在一次來往底特律與紐約的航班上。天空霎時呈現一片廣大、地平線般開闊、晃動著的螢光，像是上帝的衣角在空中飄搖。
- 飛向非洲。我很愛維德角半島與達卡在雷達顯示器中的樣貌，它們的輪廓就像又大又堅固的魚鉤——位於非洲大陸最西端，還有它喚起的那種抵達與探索的感覺。非洲，我們到了！再往內陸，看到馬利共和國跟尼日的地形。從三萬英尺的空中往下看，乾燥崎嶇的薩赫勒（Sahel）看起來就像四十號沙紙，散覆著薄薄的綠意，以及零星的村落——這些村落有紅土組成的道路向外輻射，猶如一顆小星星。
- 委內瑞拉油田發出的奇異、閃爍的橘色光輝——這幅帶有末日之感的場景，會讓你感覺自己是一九四五年的B-17駕駛。

- 跟上述類似、但更讓人沮喪的，是亞馬遜叢林中刀耕火種式燃燒的大火。有些火場的前線遠在好幾英里之外——由鮮紅火焰築成的火牆吞噬著整片叢林。
- 能夠平衡一下前述例子的，是南美洲東北部那片廣大、未開發的森林。特別是飛越蓋亞那上空時，那片景色真是絕無僅有——舉目所見盡是整片原始綠林。完全沒有城鎮、街道，也沒有人伐木放火。至少現在是如此。
- 在「桌布」上往上爬——南非開普敦的桌山上通常會覆蓋著厚實雲團。
- 仲冬時冰天雪地、遺世獨立的加拿大東北部。我很喜歡在隆冬，穿越那些凹凸不平、猶如世界盡頭般遙遠的紐芬蘭、拉布拉多，還有魁北克北部——有巨岩、森林，還有結冰的深色河流，整個就像狂風怒號的地獄。
- 格陵蘭那種神奇、原始的虛無之感。美國與歐洲之間的大圓圈航線偶爾會經過格陵蘭上空。有時只是掃過格陵蘭南邊，但也可能花費整整四十五分鐘，實實在在地橫越格陵蘭內部。假如你坐在窗邊，絕對不要錯失良機，即使會讓陽光照到隔壁熟睡的旅客，也要打開窗子看一眼。

其他景色就沒有這麼壯觀了，反而有些古怪……

有一天下午，我們從歐洲出發、飛機低空滑行，位置大概是在新斯科細亞的哈利法科斯以東兩百英里處。「甘德中心，」我撥了電話：「現在有空嗎？想問個問題。」

「當然，請說。」

「你知道我們剛才飛越的那個奇怪小島叫什麼名字嗎？」

「知道啊，」甘德塔台的工作人員回答：「叫塞布爾島。」我從空中往下看過的所有景觀中，塞布爾島是最奇怪的地方。

大西洋中有很多偏遠小島，但這座島孤立得令人無法確定它是否存在，因而顯得特別古怪。這座島非常小，外形呈現由沙子組成的帶狀新月形，輪廓與地質就像巴哈馬群島一樣。塞布爾島獨自屹立於北大西洋中，就像是隱沒於海底的群島的一部分——一座跟同伴走失的迷你島嶼。

說是「島嶼」或許太寬厚了，塞布爾島根本只是沙洲。它是一塊精實的畸零地，由沙洲與草地組成——長二十六英里、寬只有一英里——風與海浪長年吹打侵蝕。從三萬八千英尺的空中往下看，這座島是多麼孱弱、多麼不堪一擊啊。

我已經多次飛越塞布爾島上空，一直想問問它的事。後來我才從某個網站得知，原來科學家在這座島上進行大量學術研究，也有很多關於這座島的紀錄片、書籍與雜誌報導，最著名的，是島上有大約兩百五十隻野馬。從十八世紀末開始，這座島上就開始有馬匹居住，牠們賴以為生的是青草與新鮮的水塘。偶爾有其他動物短暫造訪這座島，像是灰海豹，還有三百多種鳥類。人類要拜訪該島都要經過嚴格審核，島上長久的居民只有寥寥幾名科學研究站的職員。

好吧，聊太多地球上的東西了。我知道你們有些人對幽浮感到很好奇，常常有人問我這件事。我必須鄭重聲明，我從沒見過幽浮，也沒碰過其他機師說自己碰過幽浮。老實講，即使是黑夜中在海上的長程航班，也幾乎沒有看過幽浮。想像浩瀚無垠的宇宙是一回事，但印象中我從來不曾跟同事特別聊過幽浮的事。在航空業的刊物或出版品中，我也沒讀到談幽浮的文章。

我曾收到一封信問我，所謂機師之間的「默契」，也就是說因為怕丟臉，或是像信裡說的「會對職業生涯造成傷害」，駕駛都不會公開討論目擊幽浮的過程。聽到這種說法我真是要捧腹大笑，駕駛之間從來就不曾為任何事情達成「默契」，更不用說這個在空中飛的碟子了。當然，在航空業，雖然有很多舉止確實會使機師自毀前程，但隱瞞幽浮的事絕對不會。

CHAPTER

6

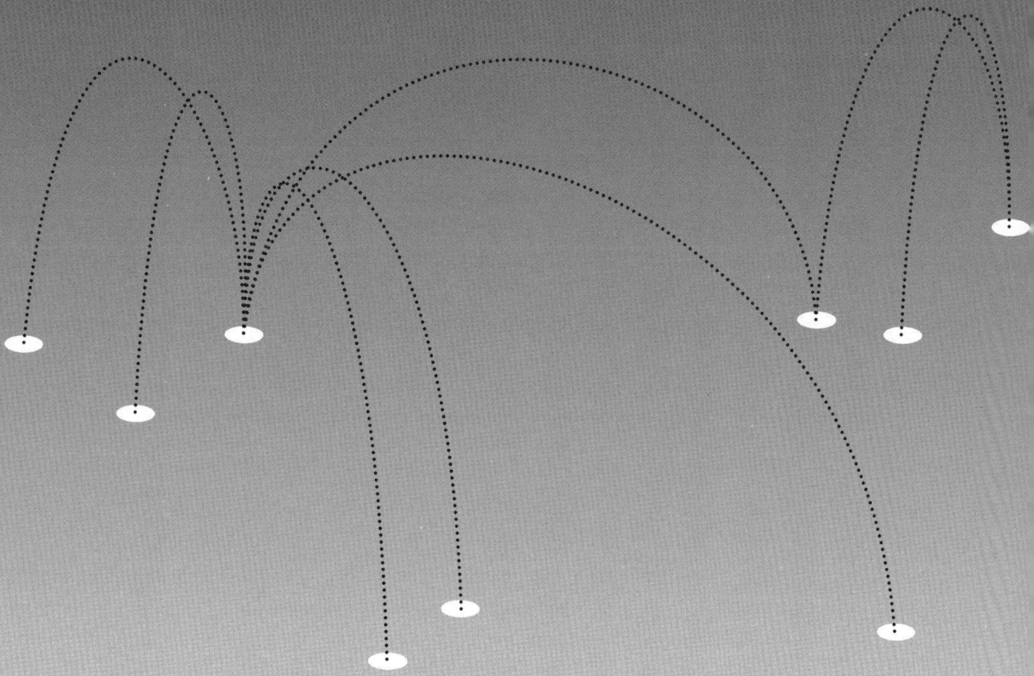

……一定會掉下來

災難、事故、杞人憂天的想像

...Must Come Down

○機場抓狂了：機場保全大解密

二〇〇一年九一一事件後，美國與世界各地的機場都提高了保全規格，安檢手法相當激烈，可分為以下兩種：實際有效的，以及荒謬無謂的。

第一類項目幾乎全在後台進行，例如：全面掃描託運行李是否有爆炸物，這早該落實，大概也是旅客最欣然接受的一項檢查。但很不幸地，第二類加強檢查大大影響旅客的搭機經驗。我指的就是全球數千個機場大廳檢查站的安檢過程，像是搜身、X光檢查、全身掃描，以及沒收違禁品。這些流程浪費我們的金錢與時間，還侮辱了每天進出機場的數百萬名旅客。

我們的安檢方法有兩項根本上的缺失：

第一項是規定所有乘客都要通過檢查——無論老少、身體健康與否、是否為本國人、駕駛與乘客——都被當成潛在的恐怖分子。也就是說，安檢的意圖是要找出武器，而不是揪出可能使用武器的人。對於這整個龐大體系，這種辦法根本行不通，也很難持續執行。光是在美國，每天就有高達兩百萬名搭乘飛機的旅客。連在安檢做得滴水不漏的監獄，獄卒都揪不出偷渡刀子的囚犯了，更不要說在人潮洶湧的機場航廈內，安檢人員要剷除各種想像得到的武器。

第二個漏洞，是我們一直把焦點放在九一一當天恐怖分子使用的戰略上——最大、最悲慘的諷刺，就是二〇〇一年恐怖分子能成功發動攻擊，其實幾乎與機場安檢沒什麼關係。社會普遍認為，九一一的恐怖分子利用機場安檢的弱點，偷渡美工刀上飛機。但大家都錯了，恐怖分子會策畫劫機行動，不是因為機場安檢有漏洞，而是國家安全出了問題——國與國談判破裂，還有聯邦調查局與中情局的疏忽。恐怖分子真正利用的，其實是我們思維上的弱點——根據幾十年來的劫機紀錄所推演出的一連串假定，以及事件會如何發展的預期心理。以前，劫機意謂著要臨時把飛機改道飛往黎巴嫩的貝魯特或古巴的哈瓦那，然後會有人質，雙方談判僵持，機組人員所受的訓練也告訴他們不要主動抵抗。九一一事件中會出現美工刀純屬偶然，恐怖分子完全可能使用別種武器——飛機上的金屬餐具、塑膠刀、用膠布纏起來的玻璃瓶碎片——假如他們還聲稱自己攜帶炸彈，情況就會更雪上加霜。他們攜帶的武器難以捉摸，這種情況最棘手，只能說算是歹徒帶來的驚喜吧。再者，如果他們沒有臨陣退縮，劫機計畫就必然會成功。

有許多原因，導致現在情況恰恰相反。早在雙子星大樓崩塌之前，劫機模式已經全然不同，當時聯航93號班機的乘客都知道發生了什麼事，也準備聯手反擊，歹徒的驚喜已經嚇不倒人。現在的劫機客要應付的，除了武裝完善的駕駛艙，還有整架飛機上拚死一搏的乘客。假如歹徒現在衝到走道上，無論他們持的是美工刀還是炸彈，根本不出兩步就遭人痛宰一頓了。所以，組織完善的恐怖分子，不太可能會想浪費珍貴資源搞一個很可能失敗的計畫。

撇開上述事實不談，我們花費納稅人數十億美元以及不計其數的人力，妄想阻撓已經發生、而且不會再發生的恐怖攻擊，國家似乎對此十分滿意——安檢人員在我們的行李中翻找那些根本無害的物品：美工雕刻刀、剪刀，還有螺絲起子。何況連小孩都知道，任何東西都可能變成致命武器，像是原子筆或頭等艙內破掉的盤子。

限制乘客攜帶液體或凝膠同樣愚蠢。二〇〇六年，有個位於倫敦的祕密組織想用液體炸藥炸掉飛機，這個陰謀曝光後，就有了禁帶液體與凝膠上機的規定。液體炸藥確實會威脅飛安。想想恐怖組織要角拉姆齊．尤塞夫（Ramzi Yousef）在一九九四年時，在菲律賓航空的航班上引爆了硝化甘油炸藥——這是世人早已遺忘的「波金卡計畫」（Project Bojinka）的前導測試，當時這個陰謀想要同時炸毀十一架橫越太平洋的廣體客機。但這種炸彈不易調製，而且老實說，沒收旅客的玻璃雪球與冰淇淋甜筒根本荒謬至極。

不過，除了這些我們習以為常的幼稚安檢手段，最愚蠢的法規是機師與空服員也要跟乘客一樣，通過X光檢測跟金屬探測掃描。這本書付梓出版時，美國終於開始測試一項計畫，該計畫一旦實行，執行勤務的機師就不用再通過這些檢查站了。只要將航空公司與政府核發的證書，還有資料庫裡的資訊核對之後，就能確認機師的身分，整個流程輕而易舉。整整花了十二年才開始執行這項計畫真是國家之恥，而且想想看，數以萬計在美國機場工作的地勤人員，從裝載行李的人、機艙清潔員，還有維修人員，他們完全不必通過安全檢測。很多地勤人員都可以直接跟飛機接觸、在飛機裡外執行勤務。有些工作人員是由機場聘用，但當中有很大的比例是私人企業的約聘僱員。大家都不太信任過去曾經駕駛裝有核子武器的轟炸機的機師，要求他們必須通過金屬探測器的檢驗。但是好幾年來，那些補充食物、搬運行李，還有清掃客艙走道的工作人員，卻能在停機坪上走來走去，完全不受阻撓。假如機場安檢範疇中，有比這更令人傻眼的情況，我真是願聞其詳。我不是在暗示這些機坪、裝卸服務人員，以及那些無須通過安全檢測的工作人員是潛在的恐怖分子，但這麼明目張膽地實施這種雙重標準的政策，實在令人難以信服。

美國運輸安全局（TSA）會說，這些機坪服務人員能免於繁瑣的安檢，是因為他們經過指紋比對、受過十年內犯罪紀錄的背景調查，還會把他們跟恐怖分子監管名單交互比對。此外，也會不定期進行身體檢查。好吧，但是他們對機師做的調查也沒有少到哪裡去。談到抽樣調查，有一名穿著圍裙的工作人員告訴我，他已經有三年不曾被攔下來搜身了。「我只需要帶著身分證就能通過旋轉柵門，只有TSA的人員下來自助餐廳買東西吃的時候，我們才會看到他們。」

告訴大家一個真實故事：

有一次我在美國一座大型機場的TSA檢查站。當天我穿著整套制服準備執勤，行李配備也都帶在身上。我把行李箱抬到X光檢測的轉盤上之後，自己就走過了金屬探測通道。我來到探測器的另一頭，等著轉盤送來行李，結果轉盤猛然「嘎吱」一聲後，就停了下來。

「檢查包包！」坐在監控螢幕後方的工作人員大聲說道，他喊出了航空領域裡最讓人惱怒的四個字。

他們要求檢查的正是我的滾輪行李箱，箱內有某個東西引起安檢人員的注意。就在她等著跟其他同事討論時，時間也一分一秒過去。一分鐘、兩分鐘、三分鐘……，排在我身後的隊伍愈來愈長。

「檢查包包！」

終於，另外一名安檢人員從容走來，他們開了個會。基於某些因素，轉盤重新運轉之前，他們得像足球員討論戰略一樣，聚在一起比手畫腳、低聲討論。我們有空再來討論為什麼違規的行李不能拿出來另外檢測，我們先想一想，這些安全檢測每天到底浪費了多少時間。

最後第二名安檢人員出面，她眉頭深鎖，態度更是衝到不行。她從機器上取下我的行李，往我走來。她問我：「這是你的東西嗎？」

「沒錯，這是我的。」

「裡面有刀子？」

「刀子？」

「對啊，刀子，」她對我咆哮：「是金屬餐具嗎？」

沒錯。我一直把餐具擺在包包裡。我通常會在行李中放一套跟機上餐具大小相同的預備餐具組——一根湯匙、一支叉子、一把刀子，還會帶一包麵與小點心，這些裝備能讓我在旅館活下來。假如需要在過境旅館住個一晚，又沒有東西吃的話，它們就能派上用場。這些餐具是不鏽鋼製成，長度約五英寸。刀子的尾端呈圓弧狀，像是長了一小排牙齒——我稱之為鋸齒，但這樣講是有點誇張。從功能跟目的來看，這完全是一把迷你奶油刀。

「對，」我跟安檢人員說：「裡面有一把金屬製的刀子——一把奶油刀。」

他打開行李隔層，拿出裝有這三把餐具的小型塑膠盒。她取出刀子，用兩根手指舉著，冷冷地瞪著我，那姿勢就像是個憤怒的老師，準備痛罵偷帶口香糖到學校的小孩。

「你不能帶這東西，」她說：「嚴禁攜帶刀子，法規規定。你不能帶刀子上飛機。」過了一陣子我才發現她是認真的。「我……但是……這只是……」

她把刀子丟進違禁品回收桶中，準備走掉。

「等一下，」我說：「那是航空公司的金屬餐具。」

「不管是什麼，你不能帶刀子上飛機，法規就是這麼規定的。」

「這位女士，這是航空公司的刀子。這是飛機上會提供的那種刀子。」

「祝您有個愉快的下午，先生。」

「你該不會是認真的吧。」我回應。

聽到我這樣說，她把刀子從回收桶中取出，走到檢查站尾端一名坐在折疊椅上的同事身旁。我跟了過去。

「這傢伙想帶這東西上飛機。」

坐在椅子上的男子看起來相當懶散。他說：「是鋸齒狀的刀子嗎？」她把刀子遞給他。他迅速地看了一眼，對我說：

「不行，這個不行。你不能帶這個東西。」

「為什麼？」

「這是鋸齒刀啊。」他指的正是刀緣上那排小小的鋸齒。老實講，我已經擁有這把刀子好幾年了，它實際上比航空公司提供給商務艙或頭等艙旅客的餐刀，尺寸來得更小，刀鋒也更鈍，連切一片吐司都難上加難。

「天啊，有沒有搞錯。」

「你說說看這是什麼？」他用手指滑過那排細微的鋸齒。
「這是……不過……這個……它……」
「就是不能帶鋸齒刀。不准帶上飛機。」
「但是先生，這跟飛機上供應的餐刀一樣，怎麼會不能帶？」
「規定就是這樣。」
「不可能。我可以跟督察員談一談嗎？」
「我就是。」
就在此時，時間暫停、空氣也都凍結住了。我整個人凝固在尷尬的氛圍中，等待後方的人群哄堂大笑，彷彿搞笑實境秀隱藏攝影機的工作人員等一下就會從轉角走過來。
整個空間只有督察員一臉嚴肅。
發現自己真的拿不回這把刀子後，我試圖做一些無謂的抵抗。撇開其他事情不談，我想讓這個人承認這條法規根本沒有道理。「拜託，」我堅持立場：「沒收刀子的目的，就是不想讓乘客把刀帶上飛機，對吧？但是在機內用餐時，空服員都會給乘客餐刀啊。無論如何，你沒辦法否認這項規定很蠢吧。」
「不蠢啊。」
「明明就很蠢。」
「沒有這回事。」

我們就這樣爭論下去，直到他請我離開為止。

這項法規漏洞百出，根本無法直截了當地執行。我不需多費唇舌，大家應該都知道機師完全能控制整架飛機，如果我想做什麼壞事，有需要用一把奶油刀嗎？

我知道這個抱怨聽起來很自私，但這個狀況從本質上來看跟機師無關，這顯示了我們的整個安檢制度有多病態。跟多數航空公司的機組組員一樣，如果安檢流程公平理性、又有邏輯可言，我完全願意接受檢測。某種程度上來說，TSA的策略不進反退。他們努力規畫出一套能讓機師免於安檢流程的制度，但他們應該一視同仁，讓大家都能適用先進的制度。

與此同時，有許多乘客都跟我有類似經驗：某名女子的皮包遭沒收，因為上面有用珠子鑲成的手槍圖案；某個女士的杯子蛋糕被沒收；在舊金山，某個機師的女兒拿的嬰兒搖鈴被沒收，因為裡面有液體。這一切都讓我想了又想，為什麼TSA不能偶爾有點常識呢？倘若要說服我們相信他們聲稱的，安檢人員訓練有素，為什麼他們不能偶爾獨立判斷，並為此負責呢？為什麼發生狀況時，他們無權做決策呢？如果檢測螢幕上出現一條六盎司的牙膏，而且明顯只剩一半，真有必要把它從行李取出，丟到違禁品回收桶嗎？現今碰到這種狀況時，十次有九次都是這樣處理的。

「在某些情況下，事情交由我們的安檢人員自行判斷，」一名TSA的發言人對我說：「他們都經過訓練，也有責任要自行判斷。」可能吧，但我倒感覺不出他們有判斷決策的能力。我見到的情況，就是安檢人員近乎瘋狂地執行法規，像是液體體積絕對不能超過一定數字，對於物品尺寸也斤斤計較。吹毛求疵到連機師攜帶的刀子有沒有鋸齒都要管，好似沒有鋸齒就絕對安全。如此嚴密的安檢流程已經荒謬可笑到了極點，甚至還造成反效果，讓飛安面臨威脅。搞不好你也聽過一個測試的故事：測試者在行李箱中放了個假炸彈，再把一瓶水壺緊靠在假炸彈旁邊，結果安檢人員搜出了水壺，假炸彈卻順利通過檢測。

特別注意一下TSA的制服。現在的安檢人員都稱為「警官」，他們身穿藍色襯衫、別著銀色徽章，穿著跟警察制服一模一樣，這絕對不是意外。這個現象稱為「任務偏離效應」，意指行動偏離原先預設的目標。事實上，TSA人員根本沒有警察那樣的執法權——不然就是他們演得太好，把大家耍得團團轉，讓民眾以為他們確實有執法權。TSA依法有權檢查乘客的行李，以及在檢查站擋下乘客。但他們不能拘留、質詢、逮捕你，或強迫你背誦效忠美國的誓詞，你也要緊守自身權益，無須退讓。TSA跟所有搭機大眾都要應謹記這點。

二〇一二年，西北航空從阿姆斯特丹飛往底特律的一架班機上，歹徒引爆炸彈的計畫失敗後，安檢規格邁向下一個階段，出現了全身掃描設備。在我們跟「恐怖主義」這個抽象概念長期抗戰的過程中，這款設備是最受爭議——也最讓人沮喪痛心——的發展。第一代儀器掃描出來的畫面中，乘客的身體完整呈現、一覽無遺，後來取而代之的儀器只會顯示出人體的等高線圖。這樣一來，確實稍微平息了個人隱私方面的爭議，但還是沒有解決策略上的缺失。

TSA一直把這款儀器形容為機場安檢中最不可或缺的設備。有些機場有這款儀器，有些機場卻沒有；或是有個檢查站設有這台掃描儀，隔壁那個檢查站卻沒有；也有可能某些航廈會裝設這架機器，但其他航廈沒有。恐怖分子有這麼笨嗎？假如有人想偷偷挾帶炸彈過檢查站，這比較可能發生在歐洲、亞洲、非洲，或是中東某地，而不是在美國的皮奧里亞、威奇托，或是克里夫蘭。但這款機器大多安裝在美國國內，海外其他地方相當少見。

真是自私可悲。發明這款全身掃描儀，真的是為了維護乘客的安全嗎？抑或只是想圖利設計與安裝該機器的公司，幫他們賺進大把鈔票？這款機器是否能維護我們的飛安很難講，但可以肯定的是，安裝它們一定讓某人從中牟利不少。但事情已成定局，而且除了一些含混不清的怨言，大家幾乎都溫順地默許這項政策。

更讓人挫折洩氣的，就是自從九一一事件之後，大家的態度變得相當緊繃，航空界一夕之間充滿了危險欲威脅。二〇〇一年這場大規模攻擊事件，有著好萊塢驚悚片的劇情，飛機化作像是歌劇式的火球，讓世人永生難忘。我們都會講「後九一一時代」，但那些政治因素所造成、針對民用航空的恐怖行為，早已存在幾十年。其實恐怖攻擊過去還比較常見，一九七〇年代到一九九〇年代，幾乎可說是空中犯罪的黃金年代，經常發生劫機事件或炸彈攻擊。一九八五到一九八九這五年，少說就有六起針對商用客機或機場的大型恐攻，包含由利比亞資助、轟炸泛美航空103班機與法國聯合航空772班機的恐怖攻擊；死了三百二十九人的印度航空747班機事件；還有環球航空847班機的冒險事蹟。一九八五年六月，847班機從雅典飛往羅馬途中，遭什葉派民兵組織以手榴彈和手槍劫持。這架遭挾持的727客機就此展開漫漫長途，先後到了黎巴嫩、阿爾及利亞，再多次往返兩地，總共歷時十七天。乘客曾被拆成幾個小團體放下飛機，監禁在貝魯特市區。當時有一張照片：劫機歹徒手持一把槍，該班機的機師約翰·特斯垂克（John Testrake）被歹徒架著，頭伸出窗外。這張照片散播世界各地，變成這起劫機事件的經典影像，大家永生難忘。

我用「永生難忘」來形容，這就是問題的關鍵。有多少美國人還記得847號航班？我們記憶消逝的速度快到難以置信。或許正因為善於遺忘，我們很容易受驚嚇、被恐怖事件所左右。想像一下明天就要發生環球航空847事件了，想像一下五年內就有六起成功利用飛機的恐怖攻擊。整個航空界的業務量大幅縮減，民眾嚇到不敢搭飛機。這個慘況規模龐大——鋪天蓋地、無所不在，而且我敢說，公民自由這麼重要的價值，也會立刻屈服於恐怖攻擊。我們的整個社會究竟怎麼了？為什麼這麼容易遺忘，沒辦法好好應對呢？

好吧，不該做的事說得夠多了，不如來談談我們該做什麼。既然我花了這麼多時間抱怨，也該提出解決之道才算公道吧。

我覺得必須縮減機場安檢的規模，讓流程更簡潔、目標更明確。現有的安檢措施太多了嗎？未必。但是可以肯定的是，有太多措施沒有用對地方、沒有依照危險程度來安排。首先，檢查尖銳物品、複查乘客身分，以及沒收無傷大雅的液體，花在這些事情的每一分每一毫都需要重新分配。

現在跟過去，對商用客機最大的威脅還是炸彈。所以無論託運、登機行李、還是貨運，每件行李都要仔細檢查是否有爆炸物。現在已經有在執行這件事，但我認為可以執行得更澈底，美國境外的所有機場應該都要加強這道手續。歹徒最可能挾帶炸彈登機的機場，不會位在美國的奧馬哈或圖森，所以我建議將TSA資源的百分之三十五，移到海外的其他機場。即使跟其他國家的機場管理單位協商或許有點棘手，但該做就做。

再者，無論你認不認同，現在也必須加強分析乘客的資料。某些人覺得分析聽起來很刺耳，但這不是針對種族或國籍的單一偏見。的確，安檢專家會告訴你分析種族或信仰沒什麼用。安檢如果有規則可循，那就是一大弱點，歹徒若愈能預測我們的做法，他們愈容易突破防線。資料分析必須從各種角度切入才能奏效，資料範圍相當廣大，從外觀到行為上的人格特質，都是分析的目標。TSA現在已經在訓練工作人員，如何辨別更細微的行為模式。這是好消息，雖然就現在來看，安檢人員的拿手絕活還是找出行李中的剪刀或洗髮精罐子，而不是揪出恐怖分子。

國際航空運輸協會（IATA）提出了一項計畫，他們把乘客依照風險等級分成三組，再各自掃描檢測。怪怪的透過生物特徵（像是指紋或內含資料編碼的生物護照）來辨識身分，就能從儲存許多個人資訊的檔案與監管名單來核對資料。透過這個方法，再加上訂購機票時所填的資料，就能決定該旅客要分到哪一組。分到第一類的旅客只需檢查行李；第二類旅客會受到更仔細的觀察；而適用於第三類乘客的安檢流程，會像現在TSA所執行的那樣，更為繁瑣嚴謹。這個方式不盡完善──跟很多人一樣，我聽到「生物特徵」與「包含許多個人資料的檔案」時，不免有點緊張──但為了讓機場回歸正常，這大概是現在最適合的辦法了。IATA表示，將旅客分成三級的系統，會在三年內推出初階版本，並且開始運作。

不過，這也要政府願意配合。IATA的策略很有道理，但我怕IATA沒有美國國土安全部的權力──這是一個聯邦行政部門，TSA在其管轄範圍內。實施IATA的策略所帶來的改變非同小可，亟需政府的支持與議會領導人的勇氣，才能夠落實。而就目前所見，對於TSA如此浪費民脂民膏的安檢方式，政府似乎不反對，兩黨也沒意見。我不想讓自己感覺像愛跟政府唱反調的理論家，但是從領導者的言談作為來看，他們似乎很滿意現狀，在這個龐雜、有利可圖的安檢產業中，他們不想撤銷其中任何一個環節。

持平地說，TSA內部有很多既機伶又足智多謀的人，關於機場安檢所面臨的挑戰，他們了解得比我完整透澈。他們也公開坦承，安檢制度需要從根本改變起——應該把焦點擺在乘客上，而不是他們攜帶的行李。他們了解這是未來唯一可行的辦法。但TSA終歸是個官僚機構，縱然有人認同IATA的策略，但他們把這項建議視為對其權威與募資的威脅。TSA當初成立得相當草率，被賦予了極大權力，但是擔起的責任與義務卻少之又少。無論各種改善的建議再怎麼有利，都得跟握有強權的政府單位奮力一搏，加上群眾反應冷淡，以及不負責任的新聞媒體推波助瀾，要往前邁步更是難上加難。

TSA倒是同意第三黨提出的一項計畫，該計畫由私人承包商執行：只要乘客提供自己的生物特徵與個人資料，就能加速安檢流程——但這要額外付費。有些人對這項政策相當反感，我也不例外。不思解決問題，卻要民眾付錢好換取迅速往前移動。你們已經繳稅支撐這個不健全的體制了，現在又要花更多錢來逃避安檢。這算進步嗎？

事情根本不需要搞到這步田地。解決辦法不就擺在眼前嗎？好好蒐集情報、嚴格執法，加上不時巡邏機場內部、澈底掃描爆炸物，以及完善的個資分析，這樣如何？坦白說，安檢制度如果能這樣就很不錯了。

只是安檢制度再怎麼完善，我在這邊講得口沫橫飛時，大家仍會感到不自在，內心體認到無論我們多努力防堵恐怖攻擊，還是不可能百分之百保證飛航安全。即使全世界下定決心、我們也制訂嚴刑峻法，仍比不過狡猾的歹徒。但不管是個神經錯亂的人調製的炸藥，還是住在中亞洞穴的人擬定的恐怖攻擊，完善充分的安檢策略都能降低災難發生的機率。隨著科技進步、政府保證會加強守衛工作，我們的一切舉動，都連帶激發了想要擊垮我們的歹徒腦中的想像，他們一定有漏洞可鑽。

說到這裡，不得不提第三個安檢流程根本上的缺失：擋下恐怖分子不讓他們上飛機，根本不是機場安檢人員的工作，但我們拒絕承認這件事。這工作應由政府機關與執法單位來執行。揪出恐怖分子這種繁瑣枯燥的工作應該要交由警察、間諜，還有情報人員來負責，而且必須在檯面下進行。應該在歹徒擬定空中犯罪計畫時就及時阻止，等到他們人都抵達機場那就為時已晚了。雖說滿腔怒火的恐怖分子嚴重威脅飛安，但這是個耗費時日、必須另外處理的人類學課題，不能以此為藉口，將機場變成防衛的堡壘，妨礙人權自由。

最後，現有法規如此愚蠢，民眾竟也普遍接受，我不知道這兩者到底哪一個比較令人沮喪。針對這種瘋狂的安檢流程，民間應該起而反對。但是反對的聲音在哪裡？乘客充其量只是發發牢騷、嘟噥幾聲。報紙社論對這種現象隻字不提，專家學者也悶不吭聲。

航空公司跟這種現象也脫不了干係。政府向旅客施加這麼暴烈的安檢手段，航空公司與支持這個體制的業界人士似乎樂見其成，其實這種商業模式是自尋死路。另一方面，航空公司一直遊說官方廢除安檢，好讓自己不用承擔責任，這些舉動惹惱了特定領域中的某些人，他們認為這樣相當危險——雖然根本沒有這麼嚴重。九一一發生之後，航空公司飽受批評，當中很多責難根本有失公平，所以他們不想再背負這樣的重責大任也是可以理解。

情況為何會演變成現在這樣，大概是下列幾種有趣的現象所造成：保守的政策、充斥的恐慌，以及令人費解的人性——只要標榜「安檢」，無論手段多麼不合邏輯、有多不便、多沒道理，民眾都願意接受。我們因為太過害怕，所以被唬住了——那些根本不是安檢，僅僅是浩大的場面。「讓乘客安心」是現存安檢制度唯一存在的藉口，但這不足以讓這個制度繼續挪用政府資金運作下去。儘管很多乘客與安檢專家都同意，現行制度根本起不了多少作用，甚至可能增加我們的風險，但也不見什麼抗議行動。所以情況演變至此，我們自己也難辭其咎。

面面觀：空中犯罪活動鼎盛期

一九七〇年：

飛往紐約的泛美航空747客機，從阿姆斯特丹起飛後便遭到劫機。飛機後來飛往開羅，機上一百七十名旅客在當地獲釋，激進分子隨後就把飛機炸了。

一九七〇年：

在「黑色九月」劫機事件中，三天內有五架飛機——包含環球航空、泛美，以及以色列航空的飛機——在歐洲上空被「解放巴勒斯坦人民陣線」這個組織挾持。乘客獲釋離開飛機後，有三架客機改道飛往遙遠的約旦，劫機歹徒並在機內裝設炸彈，將飛機炸毀。第四架客機飛到了埃及，也在當地被摧毀。

一九七一年：

一名自稱庫柏（D. B. Cooper）的男子，挾持了從奧勒岡州的波特蘭飛往西雅圖的一架西北航空727客機，還威脅要炸掉飛機。飛機經過華盛頓的西南部上空時，庫柏背著巨額贖金使用降落傘從空中往下跳，從此銷聲匿跡。

一九七二年：

南斯拉夫佳特航空從哥本哈根到薩格勒布的DC-9客機，飛行途中在三萬三千英尺的空中爆炸。克羅埃西亞的獨立運動組織烏斯塔莎（Ustashe）坦承，飛機是他們用炸藥炸掉的。

一九七二年：

炸彈在國泰航空從曼谷飛往香港的班機上爆炸，導致八十一人死亡，所有人都指控一名泰籍軍官為了謀殺未婚妻而藏匿炸彈。

一九七二年：

在靠近以色列特拉維夫的盧德國際機場，有三名由解放巴勒斯坦人民陣線僱用的日本赤軍男子，手持機關槍與手榴彈在入境大廳掃射動武，造成二十六人死亡、八十人受傷。

一九七三年：

乘客在羅馬的機場登上泛美航空的747客機後，恐怖分子持槍掃射整架客機，再把手榴彈丟到客艙，殺死了三十個人。

一九七三年：

歹徒試圖挾持俄羅斯航空的客機時，飛機在西伯利亞上空爆炸，八十一人身亡。

一九七四年：

在越南航空的727客機上，有一人要求飛機改道飛往河內，機組人員拒絕之後，他就在機上引爆兩顆手榴彈。

一九七六年：

古巴航空的DC-8在靠近巴巴多斯的地方墜毀，死了七十三人。一名反卡斯楚流亡分子與三名據稱是其同黨的人被收押受審，不過最後因為缺乏證據無罪釋放。

一九七六年：

法國航空從特拉維夫飛往雅典、最後會抵達巴黎的139號航班，遭到解放巴勒斯坦人民陣線與德國左派赤軍團兄弟組織「革命細胞」所組成的聯軍劫機。飛機先改道前往利比亞的班加西，隨後繼續飛往烏干達的恩德培。在恩德培時，被挾持的客機遭到以色列國防軍突擊，一〇五名人質才被救出。突襲過程中，有三名旅客、七名劫機歹徒，還有一名以色列軍人與約莫四十名烏干達軍人死亡（死掉的以色列軍人叫約納坦，他是以色列總理班傑明的哥哥）。

一九七七年：

在馬來西亞航空系統（現稱馬來西亞航空）的737客機上，兩名駕駛遭劫機歹徒射殺，飛機墜毀於一片沼澤當中。

一九八五年：

阿布．尼達爾組織（Abu Nidal group）*在維也納與羅馬機場的票務櫃台，分別發動了兩場策畫

*編註：巴勒斯坦知名的好戰分子阿布．尼達爾所創建，於一九六〇年代開始，以殘酷手段執行暗殺、爆破與劫機，咸認是巴勒斯坦最冷酷的武裝組織。

完善的恐怖攻擊，造成二十人死亡。

一九八五年：

什葉派的民兵挾持了環球航空從雅典飛往羅馬的847號航班，長達兩個星期。唯一的罹難者是一名美國海軍駕駛，歹徒射殺他後將屍體丟在停機坪上。直到以色列政府同意釋放七百多名什葉派囚犯，其他人質才終於獲釋。

一九八五年：

印度航空的747班機在從多倫多飛往孟買的途中，遭錫克教派激進分子以炸彈攻擊，墜落於大西洋北半部，罹難者多達三百二十九人，是史上死亡人數最多的單一飛機襲擊事件。歹徒原本還準備第二顆炸彈，打算用來炸掉印度航空另一架747客機，但裝有炸彈的行李還來不及運上飛機，就提早在東京爆炸（參見268頁，史上最悲慘的十起空難事件）。

一九八六年：

環球航空840號航班在一萬英尺高空朝著雅典下降時，機艙內的炸彈突然爆炸，四名旅客從727的裂縫飛出機身外。

一九八六年：

在位於巴基斯坦卡拉奇的機場，泛美航空747客機正準備起飛時，遭四名全副武裝的阿布・尼達爾成員挾持。巴基斯坦軍隊迅速攻占飛機的時候，恐怖分子開始開槍掃射、投擲手榴彈，導致二十二名乘客死亡、一百五十人受傷。四名恐怖分子都在巴基斯坦被捕入獄，不過到二〇〇一年就出獄了。

一九八七年：

大韓航空707客機在從巴格達飛往首爾的途中，消失在安曼達海上空。藏匿炸彈的嫌疑犯是兩名韓國人，其中一名在被捕之前就先自殺，另一名嫌疑犯是個年輕女子，後來她坦承飛機停在中繼站時，他們把由塑膠與液體製成的爆炸裝置放在頭頂的行李架，之後才下飛機。該女子被判處死刑，後來在一九九〇年獲得南韓總統特赦。

一九八七年：

在洛杉磯國際機場，剛被解僱的售票員大衛・博克（Dav id Burke）偷偷攜帶一把已裝填子彈的手槍通過安檢，登上太平洋西南航空一架飛往舊金山的班機。飛機巡航期間，博克闖入駕駛艙射殺兩名駕駛，接著駕駛飛機朝地面開，飛機最後墜毀在加州的哈莫尼附近（政府因應這起事件的作法，竟是設置掃描駕駛與空服員的檢查站，而不是對地勤人員進行安檢，真讓人不敢相信）。

一九八八年：

載著兩百五十九名乘客的泛美航空103號航班，在蘇格蘭的洛克比上空遭炸彈炸毀。這事件引發了史上數一數二嚴密的刑事偵查，兩名利比亞嫌犯費瑪（al-Amin Khalifa Fhimah）與梅格拉西（Abdel Baset Ali al-Megrahi）在荷蘭受審。法庭宣判費瑪無罪、梅格拉西則是被判終生監禁，但在二〇〇九年被英國政府釋放。在九一一發生以前，這起炸彈攻擊事件，是襲擊美國公民的恐怖攻擊中最慘烈的一次（參見268頁，史上最悲慘的十起空難事件）。

一九八九年：

洛克比事件後過了九個月，發生了炸彈轟炸法國聯合航空772號班機的事件，同樣是利比亞人所為。多數美國人已經遺忘這場災難，但法國人絕對忘不了。這架道格拉斯DC-10從剛果共合國的布拉薩維爾飛往巴黎，途中放在前艙行李架的爆炸裝置爆炸，導致機上來自十七個國家、總共一百七十名旅客身亡。機身殘骸散落在撒哈拉的特內雷區域，這裡位於尼日境內的北邊，是地球上相當荒僻的所在。法國法庭最後以缺席審判，判處這六名利比亞人殺人罪，當中還包含了格達費老婆的兄弟。

一九八九年：

在哥倫比亞航空從波哥大飛往卡利的203號航班上，販賣古柯鹼集團的成員為了謀殺通報販毒密情的員警，就把飛機給炸了。機上機組人員與乘客共一百一十人無人生還。

一九九〇年：

在廈門航空的737客機上，一名年輕男子聲稱自己身上綁了炸藥，強行進入駕駛艙，要求班機改道飛往台灣，但由於飛機燃油用盡，機組組員試圖在廣州降落，這時雙方爆發衝突，飛機最後偏離跑道，跟另外兩架飛機相撞。

一九九四年：

四月七日這天，面臨聯邦快遞解僱的機師奧本．加洛威（Auburn Calloway）沒有值班，單純以輔助飛航工程師的身分登機。他用魚槍跟錘子襲擊三名DC-10的機組人員，三人身受重傷。他的計畫原先是要駕著飛機撞擊聯邦快遞位於曼非斯的總部，但身負重傷、滿身是血的機員制伏了他，使他的計畫失敗。

一九九四年：

法國航空的A300客機在阿爾及利亞遭四名穆斯林激進分子攻占。飛機後來迫降在馬賽，法國特種憲兵部隊前去援救時，包含劫機歹徒總共七人身亡。從事件的新聞片段中可看到，法航的機師猛力撲向駕駛艙窗戶時，在他身後迸發出了手榴彈的閃光。

一九九六年：

衣索比亞航空的767客機在印度洋上空遭人劫持，後來因燃油耗盡墜毀在科摩羅群島。駕駛跟劫機歹徒奮力纏鬥，飛機墜落海面時斷裂解體，共有一百二十五人罹難。

一九九九年：

全日本空輸的747客機上，一名精神異常的男子強行闖入駕駛艙，用八英寸長的刀子刺殺機長，飛機最後仍然平安降落。

一九九九年：

波札那航空的機師克里斯・法茲威（Chris Phatswe）偷了一架空的ATR短程客機，他駕駛它衝撞兩架停在停機坪的飛機，最後不僅自己身亡，也差不多毀了他祖國這間小型航空公司的所有飛機。

一九九四年時有個恐怖攻擊計畫「波金卡計畫」，目標是用炸彈同時炸掉太平洋上空的十一架廣體客機。為了喚起大家的記憶，在這裡我就再說一遍。波金卡計畫又稱「大爆炸」（big bang），是尤塞夫與他叔叔加立德・謝赫・穆罕默德（Khalid Sheikh Mohammed）的心血結晶，尤塞夫更是調製液體炸藥的專家。加立德・謝赫・穆罕默德後來成為九一一恐怖攻擊的主謀，而尤塞夫因為參與了一九九三年轟炸世貿中心的前導攻擊行動，所以在當時就成了通緝犯。攻擊事件所用的炸彈是由硝酸甘油、硫酸、丙酮，還有其他化學物質所組成，他們預計將炸彈跟座位底下的救生衣藏在一起。一九九五年，尤塞夫在菲律賓航空的747客機上執行了小型試爆，炸彈成功引爆，一名日本籍商人因此喪生。波金卡計畫執行前，尤塞夫的同黨在馬尼拉的公寓發生了一場化學物質引起的大火，官方調查後破獲了這起大規模恐怖攻擊。

能不能給害怕搭飛機的人一些鼓勵呢？

我有辦法治好你的飛行恐懼症嗎？這取決於恐懼的天性，而不是我有多會說服旅客。我不是心理學家，有些乘客的恐懼很理性，有些則不然。害怕搭飛機的人所恐懼的，大多跟飛行本身沒什麼關係。無論怎麼費心解釋、提供統計資料，或是對他們直話直說，都沒辦法消除他們的恐懼。他們需要的應該不是機師，而是諮商師或心理醫生。

無論你是初次搭機的乘客，還是身經百戰的機組人員，有某種程度的恐懼是正常的。搭乘飛機的時候，我們是以時速幾百英里在離地面之遙的空中飛行，乘客還要坐在重達幾萬噸的加壓客艙中，基於以上原因，縱使有數百萬名理智的旅客對搭機感到不安，我也不意外。飛行這事對人類來說原本就不自然，但這既不違反物理定律，跟人類的常識與理解也不衝突。科技讓人類能在空中翱翔，雖說從統計數據來看搭飛機並不危險，但此說法又需要另闢話題來討論了。

說到統計數據，棒球學者比爾・詹姆斯（Bill James）最喜歡說：「統計數據能免則免，盡量少用。」大致上來說他講得沒錯，我也不喜歡拿那些老掉牙的統計數字來煩你們。我們太習慣摘錄飛安方面的確切數據，導致大家幾乎都不思考了。不過有幾個統計數字倒是值得看一看。我舉個很容易想像的例子：美國每天有超過兩萬五千架商用客機起飛，按比例推測，全球每天大約有五萬架。每天、每週、每個月都是如此。光是前十大航空公司每年的航班，就超過六百萬次。在這些航班中，抵抗不了地心引力而失事的案例數量，絕對可以在短短幾秒內數出來。

究竟能多快就數出來？在商用客機的歷史中，若要比哪個國家維持飛安的時間最長，美國絕對是數一數二。這本書的原稿差不多是在二〇一三年開始動筆，至少在過去十一年內，美國的一流航空公司都沒有發生大規模墜機事件。這項紀錄的起點是從飛機誕生開始計算，美國上一次發生的空難，是二〇〇一年十一月時，美國航空的587號班機墜毀在甘迺迪國際機場附近。在那次事件之後，大型航空公司造成的唯一死亡事故，是二〇〇四年在芝加哥一條蓋滿白雪的跑道上。有一架西南航空的737客機因滑行超過限制長度，造成一名年輕男孩身亡。男孩當時開著汽車，卻被打滑的飛機迎頭撞上。當然，還有一些未造成死傷的飛安事件（像是哈德遜河的薩倫伯格事件），以及少數區域客機發生的慘劇。但是就算計入這些案例，美國在二〇〇〇年之後，飛機造成死亡事故的比率已經驟降了百分之八十五。從二〇〇八年到二〇一二年間，飛機發生死亡事故的機率約莫只有四千五百萬分之一。

雖然如此，整個航空業在財務方面仍陷入了前所未有的困境。九一一事件發生後，有數千名任職航空界的人遭解僱、四間大型航空公司破產倒閉，接著二〇〇七年八月燃油價格來到高峰，隨後整個美國的經濟狀況又陷入谷底。航空公司生意差到幾乎要任由顧客差遣，但即使如此，大型航空公司的財務狀況還是穩定成長、他們的航班也絕對安全無虞。

再來：《科學美國人》刊登的一份研究中，密西根大學研究人員重新評估一項早已存在的爭論，就是搭飛機與開車到底哪個比較安全。為了謹慎起見，他們計算機率的基準，不是飛機飛行的公里數，而是起降次數，這是因為有超過九成的空難都發生在飛機起降時。至於公路方面，他們只採用了鄉下的州際公路——那可說是最安全的行車環境。研究結果顯示，挑選一段典型航程的航行長度，讓旅客選擇要搭機還是開車，假如他決定開車，那麼死亡機率便會增加為六十五倍。

在世界的其他地區，統計數字同樣讓人驚豔。現在跟一九八〇年相比，全球商用客機的數量成長了一倍，旅客人數也是當時的兩倍。但若從每名乘客飛行的里程數來看，現在飛航的安全程度卻是一九八〇年的五倍。再把時間範圍縮小，單看過去十年，每年搭機的乘客數量成長了大約兩成，大概是二十億出頭。在這段期間內，死亡空難事件每年都穩定維持在二十件左右。根據航空安全網路的報告顯示，自從一九四五年開始，二〇一二年是全球航空史上最安全的一年。

能有這樣子的成果並不容易。航空界會有現在的成績，主要是由於機師受的訓練更完善、駕駛艙運用的科技更進步，還有鮮為人知的、由整個航空產業、簽派員、機師群，以及像是ＩＣＡＯ這樣的國際組織共同努力的結果（ＩＣＡＯ——讀成Eye-kay-oh，即「國際民航組織」——是聯合國管理飛航的部門，負責制定與飛安相關的公約。該組織管轄涵蓋範圍廣大，舉凡機場跑道的標誌到進場程序都是）。不久之前，在中國、印度與巴西這些地方的航空產業正要迅速發展時，專家就對這種引爆趨勢的現象提出警告。如果沒有人告訴大家飛安有哪些缺陷，空難就會像傳染病一樣擴散，有可能每週就有一起墜機事件。幸好有人指出這些漏洞，訓練機組人員時更是特別強調，我們才能這麼有效地避掉造成空難的常見因素。

一直維持這麼高的飛安水準需要付出很多心力。雖然我不應該這樣說，但是有一天好運會用完，勢必會有另一場悲慘的災難。現在先有心理準備，之後才不會太過驚訝。這不代表我們可以放鬆防備，只是要提醒大家有些事情勢必會發生，也要體認即使我們規畫得再完善，也沒有安檢系統可以做到滴水不漏。假如哪天災難真的發生了，我們應該打起精神做好準備。近年來，只要發生輕微的飛安事故、無傷大雅的機件故障事件，或是機師為了避免災難而採取預防性降落，媒體都傾注全力報導，這種現象實在讓人沮喪，因為等到哪天真正嚴重的災難發生時，完全可以想見新聞媒體圈會有多麼混亂。下一場空難發生時，最糟糕的當然是又有人喪生，但其次糟糕的就是新聞媒體天花亂墜，報導反應過度。

多數乘客都了解搭乘商用客機確實很安全，我們都懂。不過在駕駛的腦中，有哪些狀況是他們揮之不去的夢魘呢？駕駛最害怕的緊急狀況是什麼？

這問題很難回答。光是稍微提到駕駛「害怕」某些特定情況，就能讓恐懼搭機的人認為這情況會發生。害怕搭機的人原本翻到這個章想尋求慰藉，我才不想嚇破他們的膽子呢。儘管如此，這問題還算合情合理，我會好好回答。

大體上，駕駛會害怕自己無法掌控的事情。比起自己犯下致命錯誤，我們比較害怕因別人犯錯而受害，或遇到自身能力、專業知識掌控不了的狀況。我最怕的幾種狀況是：鋰電池引發火災、好幾個發動機因飛鳥撞擊而失靈、重大機械故障，還有飛機在地面撞上其他東西。

飛禽的問題我們已在第二章談過（參見80頁，鳥撞到飛機），在這章的後段會討論飛機相撞的情況。「重大機械故障」這個說法相當籠統，控制設備失效（方向舵、升降舵，還有副翼失效）、反轉裝置在機師未下指令的狀況下運作，還有其他最悲慘恐怖、會讓飛機無法繼續飛行的狀況，都涵蓋在機械故障的範圍內。雖然這些狀況聽來不容易遇到，但其實都發生過一、兩次。

再來談談電池引起的火災。功率較大的電池組——像是筆記型電腦或其他電子設備使用的鋰離子、鋰聚合物電池——很容易受到熱失控的影響，熱失控這種化學的連鎖反應會導致電池過熱，速度之快根本難以控制。電池過熱造成的災難，絕對不是那種在客艙內立刻就能撲滅的火苗，很有可能是在行李艙或貨艙中我們根本看不見的大火。更讓人驚恐的，是滅火測驗的結果顯示，商用客機貨艙中由鹵化烷製成的滅火器，無法撲滅鋰電池引起的火災。

在美國聯邦航空總署的紀錄中，從一九九〇年代開始，已經有超過七十起火災是鋰電池造成的。當中最嚴重的兩次，分別是優比速的747客機，二〇一〇年在杜拜附近發生的致命墜機事件；還有二〇〇六年DC-8在費城差點造成人員死傷的起火事件，而兩次意外的火苗都是貨艙中的大型鋰電池引起的。二〇一三年的時候，由於機內電子設備艙的鋰電池造成一連串起火意外，所有波音787的飛機全部暫時停飛。

現在整裝運輸的鋰電池已經禁止運上客機，託運行李中同樣不能放置外裸的電池（像是備用電池），不過行李中的鋰電池仍有可能就這樣悄悄被運上飛機。要是你認為鋰電池起火的機率根本不高，這倒也沒錯，確實是如此。不過為了整體飛安著想，飛機駕駛把某些突發狀況放在心底，我認為是好的。

我搭飛機時很容易緊張，所以時時注意著機組人員的表情。一般來說航空公司是不是會規定，如果發生緊急狀況，不能通知旅客以免引起恐慌？我能從空服員的眼中讀出這些訊息嗎？

空服員呆滯的表情大概只是疲倦而已，不是恐懼。緊張的乘客往往會想像以下畫面：苦惱的機組人員在走道來回踱步、低聲講悄悄話，好像有什麼大難即將臨頭了。其實，如果真的發生緊急狀況或是裝置嚴重故障，我們絕對會告知旅客。

即使是輕微的故障，機組人員還是會讓乘客知道。假如我們告訴乘客起落架失靈、加壓系統出狀況、發動機異常，或是必須採取預防性降落，請不要誤以為飛機正在生死關頭徘徊。雖然我們會持續向乘客報告最新發展，但這些真的都是小事。就連緊急疏散這種不太可能發生的事，我們也絕對會讓你們了解得一清二楚。

不過，如果故障情形無傷大雅，不會影響安危，那麼機組人員就不會讓旅客知道。倘若每一件事情都要向乘客坦白，只會招致不必要的恐慌，更不用說乘客還會把情況誇大地渲染一番。「各位先生女士，我是機長。只是告知大家，我們這邊接收到故障訊號，機尾貨艙的煙霧感應系統的預備線路出了點小狀況。」像是這種情形，乘客回家一定會說：「天啊，你知道嗎？我搭的飛機起火了！」也不是說一般人不夠聰明、分不出危險還是不危險，只是我們說的都是專業的行話術語，很容易讓人誤解罷了。

說到這裡，我就想到捷藍航空292航班那段不幸的旅程。捷藍航空的空中巴士A320客機二〇〇五年緊急降落在洛杉磯，原因是起落架出了問題。從技術層面來看，這只是個小問題，但整起事件竟然被電視現場轉播，導致數百萬名美國人傾力關注，也把飛機上的人嚇到魂飛魄散，這一切根本沒有必要。

從加州的柏本克起飛後，正、副駕駛發現前起落架卡在九十度位置、沒有完全收起。因為無法重新校準，他們決定在鼻輪偏移的情況下執行緊急降落。飛機駕駛與捷藍航空的派遣團隊同意讓飛機改道前往洛杉磯，為的就是利用洛杉磯國際機場的長跑道來降落。但首先他們碰到了一個問題，就是飛機的淨重比允許著陸的重量上限多了幾千英磅。A320跟其他小型噴射客機一樣，無法卸除燃油（參見75頁，棄油），這代表他們必須在太平洋上空多飛三個小時，直到燃油重量到達一定標準之下。

而這三個小時，就讓整個新聞圈報導了一堆跟事件相關、但根本沒發生的事情。位在加州的所有新聞機構，原本出機去報導一些尋常的飆車或車禍事件，結果為了拍下在空中盤旋的空中巴士客機，全部把攝影機往空中照。而在飛機上，由於新聞播報員指出飛機極可能失事、造成慘絕人寰的災難，一百四十六名乘客也已經為此做好心理準備。客艙內的成年旅客不停哭泣，有些人潦草地在紙上給自己的摯愛寫訣別書。之後新聞採訪「生還者」時，免不了聽到他們提及「很驚恐」與「很悲痛」之類的。

在我們這些比較了解情況的人看來，這沒什麼好緊張的。這架飛機只不過碰到了有點危險的小狀況，需要採取特殊的著陸模式，雖然這很適合做成新聞專題，但其實一切都安穩地掌控在駕駛的手中。後來事情也確實圓滿落幕：飛機靠著主要輪胎順利著陸，機頭隨著速度遞減緩緩向下，而不聽話的起落架則是歪歪斜斜地磨過路面，擦出一束猛烈的火光。完全沒有人員傷亡。

不過，已經做了一連串實況轉播，電視台好像還不滿意似的，事件落幕後還停播原本的宣傳廣告與電視劇，花了整整三天不斷慢動作重播飛機的畫面、訪問搭乘該班機的乘客，大概還如捷藍航空所願，替這家航空公司免費宣傳。

搭過捷藍航空的人就知道，椅背後裝設的螢幕很容易增強旅客的恐慌，因為它毫不節制地放送現場直播。機上乘客需要的，是有人冷靜且正確地解釋發生了什麼事，還有著陸時可能會碰到什麼狀況。但畫面傳來的卻是一群人完全不知所云。這現象呈現一種探人隱私的三角關係，既詭異又讓人反感：嚇傻的乘客以為他們在畫面中看到的是自己的模樣，其實他們在看的是我們看他們的樣子；而坐在家中看電視的人，又從另一個角度看了一齣好戲。

假如搭飛機真的這麼安全，航空公司怎麼不公告周知呢？我們很少聽到航空公司談安全。為什麼它們不標榜安全以招攬旅客呢？

一般來說，美國的航空公司不會拿安全來行銷。大家會用概略的說法來傳達這個概念，很少會明確講出為求飛安所執行的計畫或新增的設備。假使真的有人這樣做，從某方面來看是在靠數據要小手段；從另一方面來看，這種做法很可能摧毀航空業、破壞搭飛機很安全這個假定，要是哪天有某家航空公司發生空難了，該公司承受的侮辱更是不堪設想。今天如果甲航空公司宣稱自己比其他航空公司來得安全，這就預設了搭乘其他航空公司的班機會有危險。在統計數字上做文章，藉以比較哪家航空公司比較安全，是相當不可靠的。二〇〇一年的恐怖攻擊之後，美國航空發生過一次致命空難，其他航空公司則沒有。如果聯合航空或達美航空誇口，說自己的表現比美國航空來得好，雖然從數字上來看是沒錯，但這樣總是有點不公平。

大家早就知道大企業的宣傳手段有多陰險了，但是對航空產業來說拿「安全」做文章會有風險，所以大家都默不作聲。現在空難發生的次數這麼少，如果飛機起飛幾萬次當中，有一、兩次發生災難，那麼「安全」與「危險」的航空公司的數據會波動非常大。一間航空公司的名聲，可能就會因為一次失誤或運氣不好，而毀於一旦，所以航空公司不願意下這麼大的賭注是可以理解的。

再者，如果有哪家航空公司敢拿「安全」做文章，這問題就脫離統計資料的層面，變成在操弄乘客的情緒了。要是乘客在「旅遊城市」(Travelocity）訂機票時會考慮到自己的生死，所有航空公司都會因此遭受波及。很多人、甚至最不敢坐飛機的乘客，幾乎都毫不遲疑地認同「搭飛機很安全」，對此航空公司已經很滿足了。

說了這麼多，在搶奪乘客的戰爭中，航空公司還是有辦法耍點手段。誇耀自己的機組人員訓練精良；在起飛前的安全解說影片中，機組人員用威嚴的口吻教導乘客使用安全帶跟氧氣罩；駕駛一再強調將乘客的人身安全放在第一，以上種種，航空公司可以大肆發揮。但這不是對廣大消費群眾的行銷手段，航空法規或條約都同意航空公司說自家的航班是安全的，但絕對不能說自己「更安全」。

航空公司沒有對外誇耀自己的安全措施，不代表它們就不存在。憤世嫉俗的民眾想必急著舉出一連串由於航空公司看似貪財、疏忽所導致的意外：某航空公司必須為某次空難付出代價、因為違反飛機保養法規所以必須繳納罰金。但我必須趕緊向各位澄清，假如某航空公司的飛機墜毀，該公司的損失可是難以估計；它必須清償的債務可能高達數十億美元，一場空難很可能立刻毀掉一家航空公司。雖然我這樣說對某些人可能難以接受，但整個航空產業還有聯邦體系的管理監督人員，大家絕對都是戰戰兢兢地面對所有旅客寶貴的生命，絕不像外界謠傳的那樣輕忽怠慢。

○史上最悲慘的十起空難

要是不斷提飛航安全有多重要，即使是最嚴謹守規矩的飛行員，也會覺得枯燥乏味。假如你膽子很大、想滿足病態的好奇心，那麼我就讓你看看以下排行榜——當然，絕對是寓教於樂。你們會發現，我沒有把世貿大樓的恐怖攻擊列入名單。把飛機當成武器這種現象，澈底扭曲了「空難」的定義，假如納入雙子星大樓攻擊事件，那麼死傷的統計數字會大幅上升。假如一架輕型飛機往人口稠密的都市投下一顆炸彈，這也算空難嗎？一九九六年在薩伊，有一架俄羅斯的渦槳飛機因負載超重，衝進一座擁擠的市場，造成三百多人死亡，但飛機上只有兩個人，這樣該怎麼算呢？死傷數目究竟要怎麼統計，目前還未有定論，最公平的方法，大概是扣除所有地面的傷亡人數吧。不過在有正式共識之前，以下是大家普遍認可的史上最悲慘空難排行榜：

1. 一九九七年三月二十七日：西班牙加那利群島的特內里費群島（Tenerife）上，兩架分別屬於荷蘭皇家航空與泛美航空的747在一條霧氣朦朧的跑道上相撞，造成五百八十三人死亡（泛美航空的747上有六十一人生還）。荷蘭皇家航空搞錯航管中心的指示，在尚未接獲許可前就開始準備起飛，以致在一條已開放使用的跑道上，與另一架滑行中的飛機對撞。造成意外的原因有幾個，其中一個是無線電通訊被阻隔，導致控制中心無法及時阻止荷蘭皇家航空（參見298頁，特內里費事件）。

2. 一九八五年八月十二日：日本航空的747國內線班機在富士山附近墜毀，有五百二十人身亡。該飛機七年前曾經出過一次意外，後來因為修復工作不夠完善，以致機尾艙壁出現裂縫，強勁的氣流就這樣毀損了飛機的方向舵與機尾。日本航空的一名維修主管後來自殺。董事長下台，擔起全部形式上的責任，還拜訪了所有罹難者的家屬，向他們表達個人的歉意。

3. 一九九六年十一月十二日：從哈薩克來的一架伊留申IL-6貨運飛機，在印度德里附近的上空跟沙烏地航空的747客機相撞，兩架飛機上所有的三百四十九名乘客全數死亡。

哈薩克這邊的機組人員沒有遵照航管單位的指示，而現今已經很普遍的避撞設備，這兩架飛機也沒有安裝。

4. 一九七四年三月三日：一架土耳其航空的DC-10在巴黎奧利（Orly）機場附近墜毀，造成三百四十六人死亡。貨艙的門因為沒有緊緊上鎖，就從門框彈開，之後飛機內部急速減壓，導致機艙地板塌陷，連帶損壞了連接方向舵與升降舵的線路。飛機失控後墜毀在巴黎東北邊的樹林中，DC-10的製造商麥道公司（McDonnell Douglas）後來不得不重新設計貨艙門系統。

5. 一九八五年六月二十三日：一名錫克教派激進分子在印度航空往返多倫多與孟買的747客機上放置炸彈，飛機爆炸後墜入愛爾蘭東邊海域，造成三百二十九人身亡。加拿大調查人員指出，事件起因是行李檢查程序以及員工訓練出了問題。

6. 一九八〇年八月十九日：一架原本要飛往喀拉蚩的沙烏地航空L-1011班機由於一起飛就起火，所以又飛回沙烏地阿拉伯的利雅德。不知為何，安全緊急降落後飛機又滑行到了跑道的另一端，發動機還持續運轉超過三分鐘，完全沒有立刻疏散。後來在裝備不齊全的救難人員打開機門之前，大火早已吞噬機艙，造成三百零一名旅客喪生。

7. 一九八八年七月三日：伊朗航空的空中巴士A300，在荷姆茲海峽上空遭美國海軍巡洋艦文森斯號擊落。文森斯號上的軍人當時深陷槍戰，誤以為這架A300是敵軍的飛機，就發射飛彈擊落它。機上兩百九十名乘客無人生還。

8. 一九七九年五月二十五日：美國航空的ＤＣ－１０從芝加哥歐海爾機場的跑道起飛後，一部發動機脫落，嚴重損壞該側機翼。機組人員還來不及搞懂究竟發生什麼事，飛機就九十度側滾，在一團火焰中瓦解開來。當時造成兩百七十三人身亡，成為美國境內損傷最慘重的空難。發動機吊架的設計以及航空公司的維修流程都出了問題，所以後來ＤＣ－１０全數暫時停飛。

9. 一九八八年十二月二十一日：泛美航空的１０３航班在蘇格蘭洛克比的夜空中爆炸，造成兩百七十人身亡，包含地面上的十一個人，事後證實是兩名利比亞情報員在飛機上安裝炸彈所致。整架飛機最龐大的部分——猛烈燃燒的機身與單側機翼——墜落在洛克比的舍伍德新月廣場附近，摧毀了二十棟民宅，砸出了三層樓深的坑洞。飛機墜落時在地面引起很大的震盪，芮氏地震儀還測量到了一．六級的地震。

10. 一九八三年九月一日：由７４７執行的大韓航空ＫＬ００７班機載運兩百六十九名旅客，從紐約飛往首爾（中間在安哥拉治技術停留）。由於飛機迷航誤入蘇聯領空，就在北太平洋的庫頁島附近遭蘇聯的戰鬥機擊落。事故調查人員將這起事件歸咎於：「機組人員缺乏警覺、漫不經心。」

把這十起空難事件摘成數據感覺有些弔詭。有人可能會推斷７４７是最危險的飛機——這十件最悲慘空難中，就有七件與７４７相關——因此便忽略了它「能載運最多旅客」這項優點。但我們還是能發現一些特別現象，像是機組人員造成的意外——也就是駕駛操作失誤——在十起中只占三起。這些意外涵蓋了十二架飛機與十家航空公司，泛美航空跟較鮮為人知的沙烏地航空（現在改名為沙烏地阿拉伯航空）都各占兩起。下面還有一份有趣的列表：

- 在美國境內發生的事故：一件
- 一九七四年以前發生的事故：〇件
- 一九七〇年代或一九八〇年代發生的事故：九件
- 因為機師犯錯而直接或間接引發的事故：三件
- 起因為恐怖攻擊的事故：兩件
- 飛機遭到誤擊的事故：兩件
- 機械故障或設計不良導致的事故：三件
- 死亡人數總和：三千五百三十人
- 生還人數總和：六十五人（泛美航空在特內里費的事件有六十一人；日航事件有四人）

美國每年死於車禍的人數，大概是死於這十起空難人數總和的十倍。

歐美地區的人，有時候會聽說搭某些外國航空公司的班機具有危險。這種恐懼合理嗎？

首先我們應該要知道，不管在何地都沒有「危險」的航空公司。有些航空公司確實比較安全，但即使是最不安全的航空公司也絕不危險。

目前搭飛機最危險的地方，是非洲撒哈拉沙漠以南的地區，那邊有很多小型航空公司，它們受到的監督與享有的資源，都不及西方世界的航空公司。不過，統計資料也可能讓大家誤解很多事實。我們一定要把主要的非洲航空公司，跟那些二、三線的貨運與不定期營運的航空公司區隔開來。舉例來說，像一些臨時成立的剛果貨運航空公司、向其他公司租用飛機的幾內亞小型航空公司，它們跟優良的南非航空或衣索比亞航空根本沒得比。所以一般人認知中非洲的那些「危險」航空公司，其實稱不上是公司。

「美國人根本不必擔心國外的航空公司，」任職邁阿密的飛航顧問公司（AvMan）的羅伯・布斯（Robert Booth）表示：「有很多外國航空公司的安全文化，其實符合、甚至超過美國的水準。」

上述說法相當有道理，不過也有些航空公司必須費盡千辛萬苦，才能擺脫壞名聲，俄羅斯航空就是如此。以前單就空難事件的總數來看，俄羅斯航空相對來說評價很低。雖然表面上看來的確如此，不過我們得了解這間航空公司的其他資訊。其中最重要的是，俄羅斯航空在全盛時期，公司規模相當龐大，差不多是美國所有航空公司的總和，營運範圍遍及各處，包括最遙遠的南極。一九九〇年代，俄羅斯航空分割成了數間獨立的航空公司，其中一個——雖然仍是最大型的航空公司，但還是比不上原先的規模——沿用了「俄羅斯航空」這個名稱，也承襲了公司原先的身分。俄羅斯航空的總部現在設於莫斯科，擁有大概一百二十架飛機，每年載運約莫一千四百萬名旅客。從一九九四年起，俄羅斯航空只發生了兩起嚴重空難意外，其中一起是其子公司造成的。

另一個例子是大韓航空。大韓航空在發生一連串重大空難意外後，在一九九九年受到了聯邦航空局的裁罰，與達美航空共掛班號的協議也暫時中止。儘管韓國政府積極整頓整個航空體系、二〇〇八年韓國飛安體系也受到國際民航組織的肯定，大韓航空仍然為人詬病不已。國際民航組織將韓國的飛安標準——包含機師的訓練與硬體維修——排在世界第一，贏過一百多個國家。

坦白講，在某些地區我會比較偏好選擇當地的航空公司，因為他們比較了解自己的領地，也比較熟悉在當地飛行會碰上什麼怪事。我最愛舉的例子是玻利維亞航空公司——它先前是國營公司，由南美洲最窮的國家經營。雖然玻利維亞航空現在已經停止營運，但是從一九二五年到二〇〇八年，它的班機在詭譎多變的安地斯山脈中穿梭，往返全球海拔最高、位於首都拉巴斯的商用機場。一九六九年之後，玻利維亞航空的排班載客航班，發生過兩次重大空難，總共造成三十六人身亡。它不是每天有好幾千個航班的主流航空公司，但是三十四年來，在曲折的山脈與阿爾蒂普拉諾高原的險峻地勢中穿梭，只發生兩起意外，可說是相當傑出。

那麼衣索比亞航空呢？衣索比亞也是地勢崎嶇的貧窮國家。然而該國的航空公司營運了超過七十年，只發生了三起嚴重空難，其中一起還是劫機事件，表現相當亮眼。衣索比亞航空可說全世界紀錄最輝煌、也最安全的航空公司。

以下所列名單，是從來沒有、或至少過去三十年內沒有發生過重大空難的航空公司，列入評選的最晚都在一九八〇年就開始營運。

- 愛爾蘭航空
- 柏林航空
- 牙買加航空（現在隸屬加勒比海航空公司）
- 馬爾他航空
- 模里西斯航空
- 紐西蘭航空
- 新幾內亞航空（巴布亞新幾內亞）
- 葡萄牙航空
- 塞席爾航空
- 坦尚尼亞航空
- 全日本空輸
- 奧地利航空
- 巴哈馬航空
- 國泰航空

- 開曼航空
- 芬蘭航空
- 夏威夷航空
- 冰島航空
- 子午線航空（義大利）
- 君王航空（英國）
- 阿曼航空
- 卡達航空
- 汶萊皇家
- 航空皇家
- 約旦航空
- 敘利亞航空
- 湯姆森航空（前大不列顛航空）
- 突尼西亞航空
- 蒂羅琳航空（奧地利）

我會用一九八〇年做為基準，因為這是飛航發展史中，從第一代的噴射機或渦槳飛機，轉變為大家認知中現代飛機的年分。上面列舉的航空公司中，在一九八〇年前大多表現也相當優異。有幾家航空公司完全沒有發生過死傷事故，像是牙買加航空、阿曼航空，還有突尼西亞航空。如果把一九八〇年後只發生過一次嚴重意外的也算進來，則有摩洛哥皇家航空、中美洲航空，還有葉門航空。甚至是備受批評的非洲航空（西非的航空公司，在二〇〇一年破產），在營運三十幾年中也只發生過一次空難。迦納航空在二〇〇四年倒閉之前，是非洲相當亮眼的航空公司，它的紀錄也很不錯，只在一九六九年發生過一次嚴重空難。

這份清單中的某些航空公司，究竟是因為擁有豐富資源，而得以在航班管控與專業水準上有優異表現，還是單純出於運氣好呢？這有待討論。若從上述清單中挑一間航空公司來看，皇家汶萊航空規模不大，機隊數量也很少。跟美國航空這種擁有數百架飛機、每天有幾千次航班的公司相比，一九八〇年後美國航空就發生了五起空難，而皇家汶萊航空則一件都沒有，不過這種比較顯然有所偏頗。但一家航空公司營運三十多年，還在國家開發不完全、設備與基礎建設都未達水準的情況下，維持如此完美的紀錄，還是很令人激賞。

在美國，聯邦航空總署除了對飛安有種莫名的堅持，還很愛使用惱人的縮寫，它創辦了國際航空安全評鑑的計畫，利用國際民航組織制定的準則，來評斷其他國家的飛安水準。評鑑目標是以國家為單位，而非個別航空公司。第一類國家符合標準；第二類國家則不符合，它們「未依照最低安全標準，來監督航空公司的安全」。由於分類依據是國家而非個別航空公司，再者這些限定條件是單方面實行，所以國際航空安全評鑑也備受批評。歸為第二類國家的航空公司仍然可以來往美國境內，但不能增加載客量，不過互惠的載運服務不受影響。羅伯．布斯發現這項計畫邏輯不通：「假如某個國家沒有妥善監督航空公司，為什麼美國的航空公司可以飛到那裡不必受罰，他們的就不能飛來美國呢？」布斯建議雙方都要限制載客量才公平，這樣一來也能鼓勵這些國家提升飛安水準。

歐盟在二〇〇五年開始編列航空公司黑名單，每三個月更新一次。有幾家來自不同國家的航空公司，甚至所有屬於某些國家的航空公司，全不得進出與飛越歐盟領空，像是來自剛果共和國、貝南、赤道幾內亞、賴比瑞亞，以及加彭的公司。不過名單中絕大多數的航空公司，根本不是一般人搭機時的首選。這些公司的飛機主要是品質不佳的貨機，總部也多位在非洲西部或中部。稍微讓大家有點概念：這份黑名單中最危險的是印尼國營的加魯達印尼航空、北韓的高麗航空，以及阿富汗的阿里亞納航空。阿里亞納航空營運已長達五十多年，不過很顯然目前在資源不足的狀況下，它還無法達到歐盟的標準。

澳洲航空真的沒有發生過死亡空難嗎？

這是迷思，是早已廣為流傳的迷思——而且想當然耳，澳洲航空不會急著出面澄清。紀錄顯示，其實澳洲航空歷來發生過至少七起致命空難。不過公平起見，這些意外全發生在一九五一年以前，自此之後澳洲航空就完全沒出過差池，所以雖然這種說法有些漏洞，但該公司仍可譽為傳奇航空公司：從紀錄看來表現亮眼。

澳洲航空對俄羅斯航空似乎是諷刺，但很多人對俄羅斯航空的印象實則來自愚蠢的諷刺漫畫

——控制台用冷戰時期的老爺車改裝而成，駕駛坐在台前豪飲伏特加；空服員是俄羅斯老太婆，像猛獸一般對乘客咆哮——接著就有更多人又陷入「澳洲航空表現零汙點」這個迷思。而這個錯誤概念又因後來的一部好萊塢電影，變得更根深柢固。以下對話是一九八八年的電影《雨人》中，湯姆．克魯斯與達斯汀．霍夫曼的交談：

「所有航空公司至少都發生過一、兩次墜機事件，」克魯斯對霍夫曼說：「但這不表示航空公司不安全。」

「澳洲航空就沒有，」霍夫曼回應：「澳洲航空就從來沒發生過意外。」

我愛這段對話不是因為霍夫曼，而是因為湯姆．克魯斯講得很對很有道理。

要是澳洲航空不是最安全的，哪家航空公司最安全呢？

常有人問我這個問題。不過我答不出來，因為沒有這樣的航空公司。發生空難的機率這麼低，要比較哪間航空公司比較安全，根本像是在做學術研究。害怕搭飛機出事的旅客喜歡把安全與否的區別，用概念式、只有統計數字的思考模式來判斷，而不是從實際狀況來看。飛機起飛了幾千、幾百萬次，意外發生的次數寥寥無幾，所以用這個來區分航空公司的安全程度沒有意義。有些網站會興高采烈地拿各航空公司與安全相關的數據來比較，飛安網（AirSafe.com）就是一例。何苦鑽研這些區分航空公司致命程度的細微數字呢？說真的，如果甲航空公司二十年內發生過一次空難，而乙航空公司在同樣期間內發生過兩次，難道甲就比乙安全嗎？假如你想搭聯合航空，不想坐俄羅斯航空；想選漢莎航空，不想搭中華航空，那倒無妨，但這樣真的比較安全嗎？假如你真的鑽研到小數點以下第三位，那或許會比較安全吧，不過從理性的考量來看，所有航空公司都差不多。你真正應該煩惱的，其實是票價、航班，還有航空公司提供的服務。

我剛剛那一番解釋，同樣可以套用到一個熱門話題上：哪種飛機比較安全？737跟A320，哪一架比較值得信賴呢？答案：任君挑選。基本上，任何一間正式成立的航空公司，還有經過認可的商用客機，從各種有參考價值的角度來解釋，都是安全無虞的。

那廉價航空又如何？

參見上一題。再說，廉價航空到底是什麼意思？照大多數人的定義，西南航空大概符合條件，但這間公司創立四十多年來只出過一次人命，那樁意外發生在芝加哥，飛機在跑道上輾過一輛車，導致車內男孩死亡。積極競爭的年輕航空長久以來都引人疑心，懷疑它們喜歡便宜行事省錢，但這種說法雖然「感覺」很有道理，數據看來卻不是這樣。在美國，過去二十五年來，如果算上一九七九年航空業開放後創立的所有公司，包括人民快運跟捷藍航空，有人死亡的墜機事故寥寥可數；相較於市占率，整體而言發生意外的機率也只是九牛一毛。

市場上永遠存在較新、規模較小的航空公司，以前有，現在也有，它們的運作方式極為專業、恪守成規，盡可能達到最高標準。有的公司行事比較鬆散，也為此付出代價。相較之下，有些航空公司儘管歷史最悠久、最為人稱道，依然出過幾次致命的紕漏。

捲入意外的機師後來都怎麼了？如果拯救全機的人免於災難，會不會得到獎勵？至於劫後餘生，卻被認定有過失的機師呢？這會對他們的職業生涯產生什麼影響？

受到嘉獎的機師一般會收到上司的奉承信函、在宴會上跟別人握手，或許還可以領到獎牌。業界最大工會「航空公司飛行員協會」（ALPA）每年頒獎，獎勵傑出的航空從業人員。拿到亮晶晶的漂亮獎牌、吃一頓免費大餐沒什麼不好，如果你面臨壓力能臨危不亂，也會因此對自己和職業產生滿足感，可惜有功的機師不會因而升職，也拿不到額外獎金。機師或許能多休幾天假做為獎賞，可是就算救了上百條人命，也贏不了年資制度。

機師最想避免另一種休假。如果某項違規行為沒有造成損傷（例如意外偏離空地），機師不太會受到嚴厲懲罰，但假如是嚴重疏失，處分可能是強制補救訓練、停職，甚至資遣。

除了航空公司自行懲處，聯邦航空總署還會施予「執照處分」，發信警告或糾正你（機師稱之為「違規」），否則就暫停或吊銷執照。也許你可以保住飯碗，可是紀錄上這一筆行政處分，在你之後找工作時可能是極大的阻礙，甚至是致命傷。

在美國，航空公司與聯邦航空總署合作成立「飛航安全行動計畫」，機組成員可以自行通報小型偏航或程序意外出差錯，做為交換，通報人不會受到懲處。這計畫一方面保護機師免受處分，另一方面，又能讓航空訓練部門和執法者收集、監控重要數據；其核心概念在於找出危險之處，積極處理，而非一有人違規就揪出罪魁禍首予以處罰。「飛航安全行動計畫」廣受好評，航空相關各方人士（包括乘客）都因此受惠。這個概念也已經散播到其他行業，例如醫藥和核能產業。

雖然醫生會因為疏失吃上官司，但我沒聽過美國機師受到行政訴訟的例子（律師也明白口袋最深的是航空公司與製造商，不是員工）。不過機師由於在專業方面出錯，結果被逮捕、送上法庭接受刑事審判，這種例子在很多國家都有。一個知名的例子發生在一九九五年，一架渦輪螺槳飛機在紐西蘭墜機，機長被以過失殺人罪起訴。二○○○年，一架新加坡航空747墜毀在台灣桃園國際機場，三名機師遭警方收押，被迫滯留台灣兩個月，面臨最高五年徒刑，罪名是「專業過失」。巴西、義大利、希臘機師都遭遇過類似境況。二○○一年，一名日本機師為了避免撞上另一架飛機，採取迴避行動，事後遭到執法人員審問。當時由於數人在飛航過程中受傷，飛機著陸後警察便立刻前往駕駛艙。

「幸好，美國和許多國家都較為重視找出根本原因，澈底解決問題。」一名航空公司飛行員協會會員這麼說，「但不是所有國家都這樣，其中也有工業化民主國家，照理說他們不該這麼糊塗。機師、飛航管制員、公司主管都可能犯下無心之過，因此面臨難關，但這種失誤跟刑事過失的定義差得可遠了。用膝蓋想也知道，這樣做會對意外調查過程產生多大的寒蟬效應。」

看著飛機著陸時，我忽然想到，飛機輪胎一定承受很大的壓力。爆胎是不是很常見呢？

不常見，但三不五時會發生。飛機鼻輪爆胎基本上無害，但機翼和機身下方的主要輪胎就不同了，可能造成更嚴重的問題。

急煞過程或急煞之後（像是飛機放棄起飛，或著陸後乍然停住），最可能損傷輪胎，這是因為緊急煞車會產生極大能量和高熱，而有些會轉移到輪胎上。飛機輪胎內部充滿惰性的氮氣，並裝上保險插頭，所以不會爆胎，只會自動消氣。然而飛機在跑道上高速行駛時，一旦主要輪胎損壞，還是會引起不便，譬如減速能力降低、起火，諸如此類。飛機發生其他問題時，只要一個輪胎不能用，就可能導致情況惡化。若是數個輪胎壞掉，飛機要在跑道上停下來會很冒險，要是在接近起飛速度時爆胎，最聰明的對策是繼續起飛作業，升空後再處理問題。

一九八六年，墨西哥航空一架727自墨西哥市起飛後墜毀，死了一百六十七人。由於飛機煞車造成輪胎過熱，導致四個主輪胎之一爆胎，碎片切斷燃油、液壓系統、電力系統的管線，原來本該打氮氣的輪胎被誤充了空氣。胎壓也是重要因素，太低可能會產生高熱。一九九一年，加拿大一架DC-8墜機於沙烏地阿拉伯，兩百六十一人死亡，原因是其中一個輪胎胎壓不夠，把能量轉移至另一個輪胎，結果起飛過程中雙雙爆胎。接著，起落架收起後，殘餘碎屑燒了起來，火勢擴散至機艙，飛機急忙回航，但已經來不及。二〇〇〇年，法國航空某架協和號起火墜機，懷疑是爆胎造成油箱破裂所致。

在此澄清：就算在高速之下，絕大多數爆胎最後都沒有造成損傷。現代民航機具備極為有效的防滑系統，駕駛艙會顯示煞車溫度，起落架艙中的輪艙也裝上滅火系統。發生上述災難的機型，現在都已經停飛了。

其中一架是我非常熟悉的DC-8。足足四年，我大半時間都在一架DC-8貨機型號上工作

（參見190頁，北緯）。一九九八年某個深夜，我們要前往比利時布魯塞爾，飛機已達可容許最大承載量，正準備起飛。地面管制員要我們繞一大圈去25R跑道，於是我們在黎明前的黑暗中，沿著停機坪緩緩滑行，這時突然聽到一陣巨響，飛機還震動了一下。飛機除此之外一切正常，所以我們以為只是經過小小的路面坑洞，就這麼繼續開。我們開上跑道，地面淨空，可以起飛了，此時傳來第二聲巨響，緊接著是第三聲、第四聲，然後，這架整整三十五萬五千磅的飛機就此停住，動彈不得。

原來，DC-8機翼下有八個輪胎，我們聽到的第一個巨響，其實是一個輪胎猛然斷氣的聲音。飛機到達最大重量，又在滑行道上急轉彎好幾次，下一個輪胎遭遇相同命運只是遲早的事。我們很慶幸是在這種狀況下發生問題，而不是速度一百五十節才出事。後來機場關閉跑道，卸下機上貨物和燃油，把飛機拉去維修，這才重開跑道。

要不會開飛機的人駕駛噴射客機安全降落，這種事成功機率有多高？要是駕駛艙裡的人都沒辦法開飛機，那沒受過正式訓練的人有辦法讓飛機著陸嗎？

這可以分不同程度來談。你是指對飛行一竅不通的人嗎？那飛過四人座飛機的私人機師，或是用過電腦模擬器、研究過噴射客機系統和控制方法的飛機迷呢？不論是哪一種，都會是以災難做結，不過有的人會做得比較好。這也要看「降落」的意思是什麼，你是指高度離地面只有幾百英尺，天候良好，飛機平穩飛行，方向正對著跑道，還有人指示你該怎麼做？還是指從頭到尾的完整降落過程——從正常航行高度，一直開到飛機著陸？

前者的話，就算開飛機的人是鄉巴佬，一樣有機會存活。在最好的狀況下，著陸還是會搖晃不穩，運氣好一點，也許不至於變成翻滾的火球。二〇〇七年，探索頻道節目「流言終結者」找來航太總署的模擬機，清掉多餘的東西，用來模擬「一般商務民航機」，主持人薩維奇和海納曼負責駕駛，另有一名經驗豐富的機師待在模擬控制塔，用無線電謹慎下達指令。試第一次，飛機墜毀；再試第二次，他們便成功著陸。

可是，他們充其量只是開一架假想飛機，從本來就很靠近跑道的地點著陸。大多數人想像的情景如下：飛機在航行高度隆隆開著，機組成員突然發病，一名勇敢乘客只好挺身拯救大家，坐進駕駛艙，聽從無線電中柔和嗓音的指引，努力控制飛機降落。如果這個人對開飛機一無所知，或是從未接受訓練，成功率是零。僅憑無線電的指示，這個人必須駕著飛機，從三萬五千英尺高空，一路開到能夠執行自動進場的高度，完成不知多少個轉彎、下降、減速、改變飛機設定（妥當設定襟翼、前緣縫翼、起落架）——我想，這大概就像用電話教一個沒拿過手術刀的人動移植內臟手術一樣簡單。即使換做私人機師，或是愛打電腦模擬機的狂熱者，也很難成功。我們這位英雄可能連麥克風開關都找不太到，連正確設定無線電都很勉強，遑論安全降落所需的飛機動作、輸入指令、控制航向、調整設定了。

有些人可能記得《九霄驚魂》（*Airport '79*）這部電影，敘述一架747被小型螺槳推進飛機撞上，正中駕駛艙，三名機師無一倖免。雖然我很不想承認，但是用直升機吊著卻爾登．希斯頓，讓他從機身的破洞登上飛機，這個解決方法其實沒有那麼異想天開。要讓這架巨型飛機安然無恙返回地面，免於撞成無數碎片，這大概是唯一的辦法。凱倫．布萊克在片中飾演空服員，成功操控受損的飛機飛越山脈，這一幕即使在技術層面的描寫算不上精確，至少是個有用的例子，足以說明一般人連執行最簡單的動作都非常困難。幾年前在新英格蘭，一架海角航空短程客機唯一一名機師身體不適，一名乘客接手駕駛，安全落地。這事件讓電視新聞台樂翻了天，不過那名乘客是持有執照的私人機師，出事的飛機也只是十人座西斯納。乘客臨時上陣開飛機的情況只此一例，我猜這要不是代表這種事永遠不會發生，就是快要發生了，端看你有多不信任統計數字。

好吧，那二〇〇一年九一一劫機事件又怎麼說？那些人成功操控波音757和767撞上目標，這不就跟我說的話矛盾嗎？也證明不是機師的人一樣能飛，還飛得很好。

其實不然。那些劫機的人（包括穆罕默德．阿塔）都持有私人機師執照，他和團體中至少一名成員都曾出錢受訓，進飛機模擬器練了幾個小時，此外還買了757與767（這場恐怖攻擊挾持的飛機）的教學手冊跟影片，這些東西都可以在航空器材店買到。不管怎麼說，他們並不需要深入的技術知識與技巧，也看不出他們具備任何一項，畢竟這場行動目的很簡單，只要趁著完美的天氣，迫使已經升空的飛機轉向、撞上大樓即可。從雷達紀錄與乘客的電話來看，飛機一路上都飛得十分震盪顛簸。

駕駛美國航空77班機的劫持者哈尼．漢哲（Hani Hanjour）是出了名的缺乏天分，從沒開過比四人座機還大的飛機。據說，他猛撞進五角大廈之前，竟然做出一連串驚人的飛行特技動作，可是細看之下，頂多只能說他飛得比別人還要冒失。要說那種亂無章法的繞圈和迴旋代表什麼，也不過證明他確實如傳聞所言，飛行技術奇爛無比。正面撞上大樓需要一點運氣，他偏偏就走了好運。要開飛機大角度驟降、高速撞上直立物體，就算這物體大到不行，還有五個像在招手的角，還是極難成功。哈尼・漢哲為了更容易達成目標，刻意採取斜飛，轟轟烈烈開過五角大廈草坪，一路把路燈撞倒。要是他循著同一方式再重飛十次，其中七次不是在撞到目標之前就墜毀，就是完全飛過頭。

> **這個問題或許很異想天開，可是何不在商務飛機上替乘客準備一人一個降落傘？臨時要從沒跳過傘的人跳傘，是有可能讓他們賠上性命或摔斷手腳，但總比時速四百英里撞到地面要好。**

姑且不管成本、重量、無經驗者跳下飛機的死亡率，先考慮一下空難的特性。空難事發前往往缺乏警訊，又常發生在起降過程中，這代表降落傘幫不上多少忙。正常的高空跳傘都是在嚴格控制四周變因的狀況下，如果要設法讓從客機跳下的乘客安全落地，飛機必須極為平穩，速度不能太快，高度也要夠低，但又要高到降落傘能好好打開。在民航史上，機組成員知道嚴重空難即將發生，飛機就要墜毀，卻還有充裕時間及控制權，能夠著手準備和其他人員合作疏散大量乘客，這種例子有多少？我只能想到一個或許符合條件的例子：一九八五年日本航空空難（參見268頁，史上最悲慘的十起空難）。那架波音７４７艙板突然破裂，方向舵失靈，失控亂飛了幾分鐘，最後在富士山附近墜毀。可以推測，假如當時機上備有降落傘，「部分」乘客「也許」可以生還。

有的單引擎私人飛機裝設了降落傘，以防特定緊急狀況，像是飛過崎嶇地形時引擎失效。我知道你在想什麼——想像一下，那架失去飛行能力的日航７４７打開超巨大降落傘，緩緩落地。然而這種事故極為罕見，況且那種噴射客機的尺寸、重量，一定非常難應用在商業用途。

天空變得這麼擁擠，飛機相撞的危機有多大？

三不五時就會有飛機侵入其他飛機的飛行區域，這種越界之舉通常很短暫，只是擦肩而過。像這樣的錯誤幾乎都會被發現，也有相關規定把傷害降到最低，例如機師必須回報航向和高度。

為了以防萬一，民航機如今都裝有防撞設備，駕駛艙答詢器連接了空中防撞系統（縮寫為ＴＣＡＳ，念做「梯卡斯」），會在螢幕顯示代表附近飛機的圖像。如果其他飛機跨越特定距離或高度，防撞系統會穩定發出聲音和視覺指令，警告機師。假如兩架飛機持續飛近彼此，雙方機上的防撞系統會共同合作，對其中一架飛機發出大聲、急迫的「上升！」指令，對另一架則發出「下降！」指令。

一九七八年，美國西南航空一架７２７正準備在聖地牙哥降落，卻和一架西斯納互撞。一九八六年，一架派柏偏離航道，未經允許誤闖限制區域，撞上一架隸屬墨西哥國際航空的ＤＣ－９，導致ＤＣ－９墜落於洛杉磯市郊。十年後，一架沙烏地阿拉伯７４７在印度上空被哈薩克貨機撞上。儘管都是悲劇一場，但上述事故發生時，空中防撞系統尚未列入標準配備，飛航管制協定也不如現在嚴謹。拜科技和訓練所賜，空中相撞的威脅已經大幅減少。

可是，要讓一切良好運作，需要人類和科技互相配合。提到這點，令人想到一起事件：二〇〇二年，在德國與瑞士邊界上空，一架ＤＨＬ貨機與巴什基爾航空的Tu－１５４相撞。由於飛航管制疏失，兩架飛機航道部分重疊，一名瑞士管制員及時發現，向巴航機師發出下降指令。同時，兩架飛機上的防撞系統讀到即將發生危險，在最後一刻分別發出指令，要DHL貨機下降，巴航上升。DHL遵照指示降落，然而巴航卻忽視防撞系統的命令，反而遵循管制員原先的要求，開始下降。這是錯誤之舉，既然防撞系統的指令較晚下達，應該要捨棄先前飛航管制的指示，才是標準程序。假如巴航聽從防撞系統的警訊，兩架飛機本該安全飛往不同航向，實際結果卻是撞上彼此，造成七十一人死亡。

二〇〇六年，亞馬遜上空發生更嚴重的慘劇。一架波音737與巴西航空行政專機相撞，巴西航空成功安然迫降，但波音在森林墜毀，機上人員全數罹難。調查發現巴西管制員犯下一連串程序疏失，另有證據顯示，行政專機的防撞系統可能無意間被關掉。

美國擁有世上最擁擠的天空，危險程度又是如何？飛航管制系統早已過時，許多設備早該汰換，對吧？我們亟需更新系統，不是嗎？某方面來說是沒錯，現在天上的飛機數量是史上最多，終端區（也就是機場內部和附近空域，飛機最容易相撞的地方）從沒這麼忙碌過。話雖如此，飛航管制系統有待改善，不代表這系統破爛到充滿相撞危機。在美國，每年會統計空域入侵機率，偶爾會有幾年特別高，聽起來很恐怖，不過真的足以讓大家擔心受怕的入侵事件極為罕見。整體而言，美國紀錄優良，足茲證明飛航管制系統即使老舊難用、風評不佳，依然是很可靠的。

那麼，地面相撞意外呢？

你大概聽過最近幾起事件，說美國各地機場發生愈來愈多「跑道入侵」。這是一種委婉說法，指飛機或其他交通工具在未經飛航管制許可下，誤闖或行經跑道，產生相撞風險。絕大多數入侵事件都是小型越界，不過數量逐漸攀升，少數幾起意外還真的差點撞上。

問題基本上不在於飛機多寡，而在許多飛機的航行環境太過擁擠。拉瓜地亞、波士頓、甘迺迪國際機場等，都是數十年前建造，那個年代，機場容機量只有如今的一小部分。這些舊機場的跑道互相交叉，滑行道互相交織，比起新機場平行、整齊的設計，風險自然高多了。這不代表舊機場不安全，只代表機組成員和飛航管制員要面對更多挑戰，尤其是在能見度低的天候下。

聯邦航空總署正十萬火急趕工，成立新計畫、設計新設備，以期減少失誤，一旦發生意外，也能減輕後果。新措施包括更新路面記號，機師和管制員需強制參加防撞訓練計畫；其他則尚在測試中，例如改良跑道、滑行道照明系統，以及研發中的駕駛艙交通訊息顯示系統，該技術以衛星為基礎，不論飛機是在空中或正在地面作業，都可顯示附近的詳盡交通資訊。此外有愈來愈多機場配備一種精細雷達，除了天上的飛機，連跑道、滑行道上的飛機也能一併追蹤。

這些措施立意良善，但聯邦航空總署老是為了解決簡單問題，而想出過度複雜的對策。這種事沒有一勞永逸的神奇療方，關鍵在於人的因素。聯邦航空總署最寶貴的貢獻，說不定是他們已經做到的事——提升問題意識。仔細想想，防範相撞意外的最佳方法，就是讓機師和管制員別忘記可能發生這種事。

另外，我無意以恐怖故事做結，但容我提醒一下，航空史上最慘烈的空難是一九七七年的特內里費事件，捲入意外的兩架747都從未離地升空（參見298頁，特內里費事件）。

九一一當天你有什麼遭遇？從機師的觀點來看，那天以後，飛航產生什麼改變？

關於那天早上，我有幾個特別鮮明的記憶。七點整，我人在政府中心地鐵站，等著搭車去洛根國際機場，看到對面月台上爬過一隻巨無霸黑蟑螂。我搭上車後，和一名聯合航空空服員聊了一會，至今我仍不知道他的名字，說不定他之後就登上175班機，天知道。我要去佛羅里達，原本我會在那裡接到指派任務。我那班飛機的起飛時間，只比美國航空11號班機晚上幾秒，我還目送那架飛機從洛根機場B航廈二十五號登機門向後移動，開始滑行。

飛往佛羅里達的半路上，我們開始降落。機長說，由於一項「安全問題」，許多班機要立刻改航，包括我們。機師個個精於說話隱晦，「安全問題」要屬我聽同行說過最荒唐可笑的委婉用語。我們的目的地改成南卡羅來納州的查爾斯登。

我當下猜想，大概是機場面臨炸彈恐嚇。我不擔心戰爭爆發，民眾陷入強烈絕望，我只擔心工作遲到。直到我抵達查爾斯登，在美食廣場加入一群圍在電視前的乘客，我才知道發生了什麼事。

我正看著第二架飛機撞上大樓的影像。是從地面拍攝，宛如札布德（Zapruder）拍下的甘迺迪遇刺影片，只不過是二十一世紀版本。鏡頭轉向左，拍到聯合航空767快速飛行，搖晃一陣，抬起機鼻，像隻怒氣沖沖的公牛直衝向嚇得動彈不得的鬥牛士，撞上雙子星南塔正中央。然後，飛機消失了。那一瞬間，沒有掉落的磚瓦，沒有煙，沒有火，沒有任何動靜。接著，大樓在你眼前從內部爆炸，冒著熾熱白光，噴出火舌和碎片。

我覺得，要是飛機墜毀、爆炸，把那幾棟大樓的上半部燒成廢墟，整起事件還比較可信一點。到了現在，我們對九一一餘悸猶存，但要是大樓沒有真的崩塌，我們的心結或許不會維持那麼久。正因大樓倒塌——那隆隆作響的內爆，挾帶灰燼的颶風掃過低矮的曼哈頓下城——這樁事故才從一般空難，迅速升級為惡名昭彰的歷史事件。我站在南卡羅來納這間寒酸破爛的機場餐廳，目瞪口呆，看著電視上的世貿中心大樓。這幾棟建築不只是起火，不只是掉落殘骸、吐出黑黝黝的濃煙——而是正在崩毀。看著這些外觀難看、雄偉大樓倒塌，是我此生所見最慘烈、最可怖的景象。

如同消防員、警察，以及其他牽涉其中的職業人員，機師難免覺得此事和自己切身相關。四組值勤機師罹難，這些人的專業遭到嚴重蔑視，熱愛的飛機在眼皮底下被偷走、撞上大樓，最後因此而死。我想起擔任美航11號班機機長的老好人奧格諾斯基（John Ogonowski），當天遇難的數千受害者中，奧格諾斯基機長可謂首當其衝。我們住在同一州，他的葬禮登上報紙頭版，新聞盛讚他曾參與幫助當地柬埔寨移民的慈善活動。要說我對這八名機師懷抱深厚親切感和緊密連結，這種話大概很俗爛，但我內心確實抱著強烈的同情。

就在大樓崩塌的十秒內，我便已明白，開飛機這一行將會產生變化。如果說這個世界或飛航本身「永遠改變」未免太過誇大，不過的確，現在已經不同了，雖然我們未必會承認背後的原因。

相較於不同文明產生的其他衝突，穆罕默德．阿塔真正帶給後世的影響更加平庸瑣碎，那就是「乏味」：長長的人龍、搜檢、搜身、不同顏色的警訊，大家現在被迫遵守一長串不方便的規定和協定——打著安全之名，淨做些沒意義的表面工夫。現代生活的虛文縟節中，尤以航空方面最為無趣。我們稱之為「飛航」，這詞帶給人多大的誤解啊，我們永無止境地枯坐、閒晃，真正能飛的時間卻很少。最令人灰心喪志的是，我們似乎覺得沒關係。有句名言是「恐怖分子贏了」，這話說不定是對的。恐怖分子想贏的東西跟這不太一樣，可是他們依然贏得了某種勝利。

商務飛機為什麼不在機身側邊開個門，當做駕駛艙唯一入口？這樣一來，想劫機的人就不可能進駕駛艙了。

首先，單純在機身旁開洞、加個門上去，這是行不通的。這麼做必須大幅修改結構設計，成本極為高昂。當然，還要在駕駛艙增設廁所才行。至於休憩設施又怎麼辦？長途航班會增派機組成員，讓機師輪班駕駛（參見141頁，機組成員休息時間），所以要有適合的場所供非值勤機師休息。這樣一來，駕駛艙會變成現今平均大小的二到三倍，因此占掉原本用在廚房、貨艙、乘客座位的空間。不只如此，機師可以直接進入機艙偶爾也有好處，例如檢查某些機器問題、協助空服員處理乘客狀況等等。即使做起來很簡單、不會花太多錢（其實既難又貴），大費周章做這道門真的值得嗎？從戰術層面而言，九一一自殺攻擊劫機計畫成功機會僅此一次。現在劫機對策已經修改過（參見236頁，論安全議題），依我之見，乘客和機組人員的安危意識，配合裝甲艙門，已經足夠防範問題了。總而言之，要機組成員在機頭築起堡壘，會產生更多問題。

我們需要擔心肩射式飛彈嗎？航空公司是否該在機上設下對應防護措施？

可攜式火箭筒常稱為「可攜飛彈」，是可攜式防空系統的縮寫，體積小、可輕易隱藏，由於媒體認為說不定會有人利用這種武器攻擊，甚至可能在近期內發生，所以其潛在危機最近成為熱門話題。據估計，全世界的可攜式火箭筒數量約達五十萬，超過三十個恐怖組織和犯罪集團都持有這種武器。有些專家宣稱，美國所有航空公司都該效仿軍機和貴賓機，裝設反飛彈電子裝置。這類系統一個要價約一百萬美元，美國政府已投入研究，評估可行性。

可是有幾件事未受媒體大幅報導，例如這種武器的技術缺陷：不只難以使用，近距離射擊時，很可能頂多是和目標擦肩而過。二〇〇二年，一架以色列包機從肯亞蒙巴薩起飛，某輛貨車朝飛機發射兩枚蘇聯製「箭－2M」飛彈（Strela-2M），雙雙射偏。就算直接命中，也不見得能擊落飛機，例如二〇〇三年，一架DHL空中巴士在巴格達上空被擊中；一九八四年，一架DC-10中彈，這兩起事件並未造成飛機失事可茲證明。確實，不該因為這「大概」不會造成事故，就忽視火箭砲或其他威脅，然而我們不過是又開始不計代價追求「絕對安全」的幻象。若論成本效益和能救幾條人命，我不認為應該把錢砸在這種地方，大可花上億元加強其他方面的防護措施。

之前，有人提議研發一套機上軟體，一旦飛機遭挾，該軟體可以阻止飛機本身開往限制空域或城市上空。

這個概念叫做「軟防護牆」，就是這種東西，讓《科技時代》雜誌作者有東西好寫。我支持他們，不過這個想法就跟在火星建立殖民地差不多：工程技術辦得到，只是成本極高，用處卻不大。如果你讀研究這些東西的人所寫的文章，你會驚訝他們並不在乎安全或實用問題，純粹是全心全意、狂熱追求科技發展。這本身不是壞事，也證明那些人熱愛且投入科學或工程，可是這些概念的應用層面有限，就像是以科幻為主題的簡報。另一方面，這就回到另一個問題：美國舉國上下，對於安全的迷戀日增。我們堅信，不管攻擊來自何方，都能保護自己免受傷害，如今又更進一步，企圖在雲端編織虛擬鐵絲網。在我看來，妄圖守住頭上天空的想法，有一股美麗而詩意的徒勞之感。

幾乎每一樁著名墜機事故都有幾個陰謀論，你可不可以挑幾則出來，澄清流傳已久的疑點？

該從哪裡說起？打從道格．哈瑪紹（Dag Hammarskjöld）之死*、百慕達三角洲流言滿天飛的年代，陰謀論便已經甚囂塵上。一九八三年，大韓航空００７號班機遭蘇聯戰機擊落，開啟現代陰謀

*編註：一九六一年九月，聯合國維和部隊與加丹加國的軍隊發生衝突，時任聯合國祕書長的道格．哈瑪紹搭飛機前去參加停火談判的途中，墜機身亡。調查報告沒有找到行刺的證據，但不少人認為那不是意外。同年哈瑪紹獲追授諾貝爾和平獎。

論時代，從那時開始，網路儼然化身迷思和錯誤資訊的強力孵育器，只要漫不經心按下「發送」，即可散播真假參半的消息。花五分鐘動動鍵盤滑鼠，你就能掌握更多祕密，有些愈演愈烈的揣測，甚至連早期熱衷於甘迺迪遇刺案瘋狂的陰謀論者絞盡腦汁都想像不出。

在二〇〇一年前，那些個性古怪的聰明人最喜歡琢磨的事件，大概要屬一九九六年環球航空悲劇。那年七月，該公司的800班機在長島上空的破曉晨光中爆炸，宛如巨大的羅馬煙火筒，肇事原因是電線短路走火，點燃一個空油箱裡的油氣。事發之後，就像餘興節目似的，出版了至少四本以此為主題的書，網路討論之熱烈，足以推動747衝破音障。就連主流新聞評論都染上強烈的懷疑氣息，認為800號班機照理來說應該墜機，畢竟油箱不可能那麼輕易爆炸。

只不過，在極為特殊的情況下，油箱的確會爆炸。可能性很低，但並非不可能，也非空前絕後。至少十三架商務客機都曾發生油箱爆炸，其中一架泰國航空737當時位在曼谷，停在登機門前，突然爆出火花，一名空服員因此罹難。環球航空800班機是架頗有機齡的747-100，預定飛往巴黎，起飛前一直停在滾燙的柏油路上烘烤，導致位於中央的空油箱內部氣體過熱（747不必加滿油箱，就能飛越大西洋）。稍後，中段機身深處緊密纏繞的電線短路，點燃氣體。基於聯邦航空總署的命令，航空公司開始引進一種系統，用惰性的氮氣填充空油箱。

二〇〇一年恐怖攻擊之後，不到兩個月，美國航空587號班機在紐約市墜機，引起更多流言。根據官方說法，墜機原因是機組人員疏失，加上A300方向舵系統的設計缺陷，然而陰謀論愛好者自有一套說法：飛機是被炸彈摧毀，可是政府跟航空公司擔心經濟癱瘓，所以聲稱只是意外。

再來還有九一一事件。你可能沒注意到，不過網路上充斥一種假說：這起攻擊裡面有內鬼。很多推論都寫得十分明確，可惜數量太多、內容太複雜，這裡無法一一列舉。詳細內容各網站眾說紛紜，再三強調某些細節，有些部分互相重複、互相補足卻又彼此矛盾，簡直到了瘋狂的地步。五角大廈是被飛彈擊中，不是757；撞上世貿中心的，其實是遠端控制的軍用飛機；真正的11、175、77、93號班機要麼不存在，要麼其實改航飛向祕密基地；雙子星大廈崩塌是人為操控的……沒完沒了。

你或許會想，既然這些捏造的謠言如此輕易散布是依靠網路，那麼同一項神奇科技，應該也能使反駁、破除流言一樣簡單。嚴格來說，確實如此，但這端看有沒有人注意消息，況且相較於分析、辯論真相，人類更輕易相信陰謀論，也許這是人性，也許是某種反常、意料之外的科技副作用。無論如何，實在太多人積極試圖讓我們相信某件事，而不是說服我們「不要相信」某件事，畢竟，比起反陰謀論網站，陰謀論網站刺激多了，想必也能獲得更多點擊數。這兩種網站都存在，但是陰謀論販子（不管信用如何）更熱切追求目標，因此也吸引更多注意。

二〇〇一年恐怖攻擊發生後，美國成立九一一委員會。此事的確值得深入探究，然而那些急於說服我們的人過度延伸自己的假設，難以服人，各式各樣陰謀論的細節有的強而有力，也有的瘋狂至極，這對他們來說一點好處也沒有。五角大廈附近有一間喜來登大飯店，店裡的監視畫面竟遭沒收，從未公開，我真的很好奇原因何在——當然，前提是真有這件事。另一方面，也有人說飛機撞上世貿中心的畫面是人工合成，再用雷射光投影，真正的飛機根本不存在。砲火如此猛烈，很難分辨到底哪些是貨真價實的謎團，值得進一步查證，哪些又是胡說八道（這裡篇幅不夠，不過我在個人網站上逐點探討了一些和飛機有關的九一一傳說）。在此，我要提出一個陰謀論：那些陰謀論全都屬於一個陰謀論，目的是為了讓人再也不相信有陰謀論，並且拆解、擊倒那些解出部分真相的陰謀論。

我承認，有時確實有某些關鍵真相遭到掩蓋，不讓大眾知道。但我們也要記住天文學家卡爾．薩根（Carl Sagan）的名言：「異乎尋常的主張，更需要異乎尋常的佐證。」我們應該抱持這個態度看待九一一，看待「化學凝結尾」理論（別逼我開始罵這個），以及其他陰謀論。我也學會在試著跟這些人講道理時更加謹慎，搞到最後，每次都像是在吵宗教。那些信徒的動機和證據（或是缺乏證據）沒有多少關係，如果提出與陰謀論不符的事實，他們就乾脆不接受。支持他們信念的東西，並不全然受理性支配——那就是信仰。

○「上路吧！」——史上最慘烈空難

特內里費島空難的恐怖與荒謬

大多數人從未聽過特內里費島，這個島狀如淺盤，就像大西洋上的一個小點，隸屬加納利群島。整個島群由火山形成，歸西班牙統治，離摩洛哥海岸只有幾百英里。特內里費島上最大城是聖克魯斯，機場位於連綿山脈下，名為洛羅德歐。就在此地，一九七七年三月二十七日，兩架波音747（分屬皇家荷蘭航空和泛美航空）在霧氣籠罩的跑道上相撞，五百八十三人罹難，至今仍是史上規模最大的空難。

這起事故光是規模本身就夠驚人，但意外發生前一連串驚人巧合和諷刺之處，特別令人印象深刻。的確，大部分墜機事件都不是單一疏失或錯誤所致，而是許多意料之外的過失形成連鎖，加上幾分糟到不行的運氣而導致。然而大約四十年前的那個週日夜晚，把這種巧合突顯得最淋漓盡致，後果最為慘重，幾乎可說是荒謬。

一九七七年，波音747剛邁入服役第十八年，但已榮登有史以來體積最大、最具影響力，或許也是最壯麗的商務噴射機。光是這些原因，便不難想像一旦兩架這種巨獸相撞，情況會多怵目驚心、災情會多慘重。不過說真的，這種事發生的機率也太低了，如果拍成電影，一定是好萊塢劇本等級。

想像自己身處現場：

兩架747都是包機；泛美的班機從洛杉磯起飛，中途在紐約停留，皇家荷蘭航空的班機從母基地阿姆斯特丹出發。事有湊巧，兩架飛機理應不會來到特內里費島，原定行程是在大加納利島旁的帕瑪斯島降落，許多乘客都要去那裡搭遊輪。由於加納利島獨立分子在帕瑪斯機場花店放置的炸彈引爆，兩架飛機和其他幾個班機改航至洛羅德歐機場，大約在下午兩點抵達。

泛美航空班機註冊號碼是N736PA，名氣本就響亮。一九七〇年一月，就是這一架飛機完成747客機型號首航，從紐約甘迺迪機場飛到倫敦希斯洛機場。它的機鼻某處被香檳酒瓶敲了個凹痕，通體白色，只有窗戶上畫了一道藍線，機身前段漆上了「快帆號」字樣。皇家荷蘭航空的747同樣是藍白雙色，命名「萊茵」。

也來簡介一下這兩家航空公司吧。首先是泛美航空，民航史上著名的特許經營公司，無須多做介紹。至於皇家荷蘭航空，則創立於一九一九年，是現存歷史最悠久的航空公司，在安全與準時兩方面皆聲譽卓著。

皇家荷蘭航空的機長凡桑騰（Jacob Van Zanten）再過不久，就會因為起飛滾行方向錯誤，造成將近六百人死亡，自己一同罹難。但他原本是公司的首席747飛行教練，還是個名人，曾出現在皇家荷蘭航空的廣告上，下巴方正的自信臉龐直視前方，所以常有乘客認得他。稍後，皇家荷蘭航空甫接獲空難消息，行政人員還企圖聯絡凡桑騰，想要派他去特內里費島協助調查小組。

平時氣氛慵懶的洛羅德歐機場，此刻塞滿改航的班機。萊茵號與快帆號比鄰而立，停在停機坪東南角，機翼幾乎相觸。四點左右，帕瑪斯恢復開場。泛美航空迅速完成離場準備，可是由於空間不足，加上兩架飛機是面對面，皇家荷蘭航空必須先開始滑行。

意外發生前，原本還不錯的天氣驟然轉壞。兩架飛機本該更早啟程，然而皇家荷蘭航空在最後關頭要求額外加油。就在這段延誤時間中，一陣濃霧從山丘襲來，裹住整座機場；額外燃油也意味著增加重量，影響747的升空速度。待會你就會知道，這些因素後來成為事故關鍵。

由於路面壅塞，平常前往30跑道的路線被擋住了，要離場的飛機必須自行滑進跑道，抵達跑道末端之後，要轉個一百八十度的彎，才能往反方向起飛。這個程序叫做「反向滑行」，在商用機場極少使用。在一九七七年的特內里費，兩架747會因此同時在相同跑道上，彼此看不到對方，加上機場沒有地面追蹤雷達，所以控制塔也看不到這兩架飛機。

荷航先開始滑行，駛上跑道，泛美的快帆號跟在後方幾百碼之處，緩緩前進。凡桑騰機長開到跑道終點轉向，在原處待命，等待塔台授權起飛。泛美接到的指令是沿著左側滑行道轉彎離開，讓另一架飛機離場。等泛美安全離開跑道之後，要向塔台回報。

由於能見度太低，泛美機師無法分辨滑行道，錯過了分派到的出口。繼續往前下一個出口不是大問題，但他們因此在跑道多停留了幾秒。

與此同時，凡桑騰把飛機轉進跑道末端，停了下來。副機長謬爾斯（Klaas Meurs）拿起無線電，收到飛航管制員發出的航路許可。這不是「起飛許可」，而是傳達升空後轉向、高度、無線電頻率的程序。一般來說，飛機上跑道前早該知道這些資訊，但荷航機師太忙於確認檢查表和滑行指示，這才拖到現在。這幾名機師又累又煩，急著啟程，控制台注意到他們（尤其是凡桑騰）的聲音流露出焦躁之情。

目前還有幾張骨牌沒倒，但最後一幕已然開場，飛機開始動作。接到航路許可的時機和位置，導致荷航機師誤以為那是起飛許可。坐在凡桑騰右手邊的謬爾斯確認完高度、航向、航點，最後，伴隨著引擎加速的聲音，他用稍嫌遲疑的不尋常口吻說：「我們現在可以，呃，起飛了。」

凡桑騰鬆開減速板，駕駛艙錄音器錄到他說：「We gaan.」，意即「上路吧。」接著，在完全缺乏許可的情況下，這架巨型飛機迅速沿著濃霧籠罩的跑道向前駛。

「可以起飛」不是機師標準用語，但意思夠明顯，讓泛美機組和控制塔立刻注意到此事，雖然兩方都不太相信荷航真的開始動作，不過都拿起麥克風確認。

泛美副機長布拉葛（Bob Bragg）說道：「我們還在滑行道上前進。」

同一刻，塔台用無線電聯繫荷航。「好的，」管制員說：「請等候起飛指示，我會再呼叫你。」

沒有回音。管制員把這陣沉默當成對方已經收到，儘管以沉默回應不算妥當。

這兩段訊息應該都足以讓凡桑騰立即停在半路，他還來得及中止滾行。問題是，這兩段訊息同時發生，導致訊號重疊。

機師和管制員是用雙向特高頻無線電聯繫，過程類似於用對講機溝通：其中一人啟動麥克風，說話，放開按鈕，等待回音。這和使用電話等設備聯絡不同，一次只有一方可以說話，而且說話者完全不知道自己的訊息聽起來是怎麼樣。假如兩個麥克風同時啟動，訊號會互相抵銷，被吵雜的靜電聲掩蓋，或是傳出又高又尖的聲音，稱為「外差」。外差很少引起危險，可是在特內里費，這成了最後一根稻草。

凡桑騰只聽見「好的」，隨後是五秒高音。他繼續前進。

十秒後，塔台和泛美進行最後一次通話，清楚錄在事發後找到的錄音帶裡，聲音格外清晰可聞。控制塔告訴泛美：「離開跑道時回報。」

布拉葛確認道：「離開後我們會回報。」

專心準備起飛的凡桑騰和副機長顯然錯過這段對話，但坐在兩人後面的第二副機長聽到了。此刻，飛機以時速一百節向前疾衝。第二副機長警覺到不對勁，傾身向前，問道：「他們還沒離開嗎？那架泛美？」

「喔，離開了。」凡桑騰堅定回答。

這架隱形的不速之客飛快駛近面對面的泛美，在泛美駕駛艙裡的人愈來愈覺得事態不對。機長格魯布緊張地說：「我們快離開這鳥地方吧。」

過了幾分鐘，荷航747的燈光從一片灰霧中浮現，就在正前方兩千英尺處，高速接近中。「他在那！」格魯布大叫，把推力控制桿用力推到滿。「你們看！該死，那個混蛋衝過來了！」他用力拉飛機的方向控制柄，盡全力往左轉向跑道盡頭的草坪。布拉葛喊道：「閃開！閃開！閃開！」

凡桑騰看到他們了，然而已經太遲。他把升降舵操縱桿往後拉，企圖爬升，機尾在路面上拖行七十英尺，冒出點點火星。他差一點成功，但就在飛機離地之際，起落架和引擎切進快帆號的艙頂，瞬間毀掉機身中段，引起一連串爆炸。

嚴重受損的萊茵號跌回路面，機身底部在跑道上大力滑行一千英尺，隨即遭火吞噬，機上兩百四十八名人員無一逃出。令人驚歎的是，泛美機上三百九十六名乘客和機組成員，有六十一人生還，包括駕駛艙中的五人——三名機師，以及兩名坐在備用座裡的非值勤人員。

幾年前，我有幸和兩名泛美倖存者見面，聽他們親述這樁事件。這話說得輕鬆，但這大概是我人生中最像是見到英雄（沒有更好的詞了）的經驗。把五百八十三人之死浪漫化，差不多等於把戰爭浪漫化，可是特內里費空難圍繞著某種神祕氛圍，產生如此強烈的引力，因而我和這些倖存者握手時，竟自覺有如小孩見到最崇拜的棒球選手。對我們某些人來說，這起事件多少有些傳奇味道，而這些男人當時就在現場，從災難中脫身。

其中一名倖存者是泛美副機長布拉葛。為了空難三十週年，有人打算拍攝紀錄片，我就是在拍片現場碰到他的。

布拉葛就是說出「我們還在滑行道上前進」的人，簡單幾個字，本該挽救一切，卻永遠迷失在訊號干擾的尖銳雜訊中。光是想到，就令我不寒而慄。

但布拉葛本人絲毫不黑暗陰鬱，外在看來根本感覺不到七七夢魘帶來任何影響。他是世界上最隨和最好相處的人，滿頭灰髮，戴著一副眼鏡，口條清晰，外表、言談都恰恰符合他的身分：退休的民航機師。

天曉得布拉葛重述這場意外多少次了。他老練地敘述事件，語氣帶著適當的疏離，彷彿自己是在遠處注視的旁觀者。你儘管可以把逐字稿從頭到尾讀完，在調查發現裡頭翻翻揀揀，看紀錄片一百次；然而，你一定要坐下來聽布拉葛講述未經編輯的版本，那些奇異、震撼人心的細節常被忽視，卻能讓你真正捕捉到事發當下的氣氛。事件梗概很多人都知道，但是枝微末節才能讓故事活起來，也讓故事更加超現實。

對於第一道撞擊，布拉葛只用「碰了一下，搖晃一陣」來形容。駕駛艙位於747前端的上層艙，也就是外形顯眼可辨的隆起之處，裡面五個人全都看到荷航飛機迎面而來，各自躲開。布拉葛知道飛機被撞，本能地伸手想拉「滅火握柄」，那是一組四個裝在上方的操縱桿，能切斷輸入及輸出引擎的燃油、氣體、電力、液壓系統，結果他的手摸了個空，抬頭一看，艙頂已經不見了。

他轉過身，發現座椅後面的上層艙後半部都被削掉，可以一路看到後方足足兩百英尺處的機尾，機身破裂起火。艙裡只剩下他和格魯布機長，待在一個狹小、完全裸露、離地三十五英尺的高台，四周所有東西就像帽子一樣被掀走。第二副機長和備用座裡的人依然用安全帶繫在座位上，頭下腳上，吊在幾秒前原本是頭等艙艙頂的地方。

他們別無選擇，唯有往下跳。布拉葛站起身，從三層樓的高度縱身一躍，落在下方草地，腳先著地，奇蹟似地只有腳踝輕微扭傷。格魯布跟著跳，一樣大致沒有受傷。駕駛艙裡其他人解開安全帶，歪歪扭扭沿著牆板往下爬到主艙地板，然後同樣往下跳，安全脫身。

落地後，他們聽到震耳欲聾的巨響。剛才飛機重重落在草坪上，因為駕駛艙控制線已斷，所以引擎仍然全力運轉，過了幾分鐘，馬達開始瓦解。布拉葛還記得，引擎前端其中一片大型渦輪扇扇葉從機軸鬆脫，往下墜落在地，發出「碰」的一聲。

機身被火包圍，幾名乘客（大多是坐在機艙前段的人）順利逃到飛機左翼，站在前緣，離地大約二十英尺。布拉葛跑過去催促他們跳下來。幾分鐘後，飛機中央油箱爆炸，噴出一團火球，濃煙直衝雲霄。

此時，裝備不良的機場救援小組正在荷航失事地點。機場一得知出事，便派人前來第一個災難現場，他們還不知道這樁意外牽涉到兩架飛機，其中一架有人生還。最後，機場打開側門，要求有車的人開去現場幫忙。布拉葛說了一則軼事：他站在霧中，身邊圍繞著震驚、流血的倖存者，看著自己的飛機燃燒，突然之間，一輛計程車就這麼憑空冒出來，停在他旁邊。

幾個月後，布拉葛回到工作崗位。一九八〇年代後期，聯合航空接手泛美的太平洋航線，他也跟著轉到聯航工作，以７４７機長的身分退休。目前，他和妻子桃樂絲住在維吉尼亞（格魯布機長和第二副機長沃恩斯皆已過世）。

拍攝紀錄片的過程中，我跟布拉葛和製作人前往加州莫哈維沙漠的飛機封存場，布拉葛就在一架封存的７４７旁邊受訪，描述他從上層艙的驚人一躍。

前一天，導演德賈汀斯（Phil Desjardins）拍了一段影片，還原特內里費撞擊場景，找來三名演員坐在模擬駕駛艙飾演荷航機師。為了協助演員，有人提議讓布拉葛和我示範，進入模擬駕駛艙演練起飛過程。

布拉葛坐進機長席，我坐副機長席，我們念完臨時做的確認表，做完模擬起飛動作。這時我往旁邊看，猛然醒悟：這位是布拉葛本人，特內里費空難碩果僅存的生還機師，此刻竟坐在駕駛艙內扮演凡桑騰——就是凡桑騰的失誤，導致整樁慘劇。布拉葛一定完全不想牽扯上這種令人抑鬱的輪迴，我也沒有勇氣說出這件事，但或許他自己早已察覺這點。我幾乎藏不住內心的震撼。特內里費事件本身便充滿讓人毛骨悚然的諷刺之處，如今又添上一個。

結尾小記：失事三十週年，為了紀念死者，特內里費機場高高立起一座紀念碑，外形呈螺旋狀。「這是螺旋梯，」設計師如此說明：「……象徵著無窮無盡。」大概說得通吧，不過我很失望他們沒注意到更顯而易見的外觀象徵：包括發生意外的那兩架飛機在內，早期型號都有一道螺旋梯，連接主艙和上層艙（參見50頁，高級藝術）。這樓梯非常出名，在成千上萬跨國旅人的心目中，它儼然是民用航空的代表標誌。這個意象多麼啟發人心，又是多麼詩意、貼切，再適合紀念碑不過了，就算設計師其實不是這麼想的。

CHAPTER

7

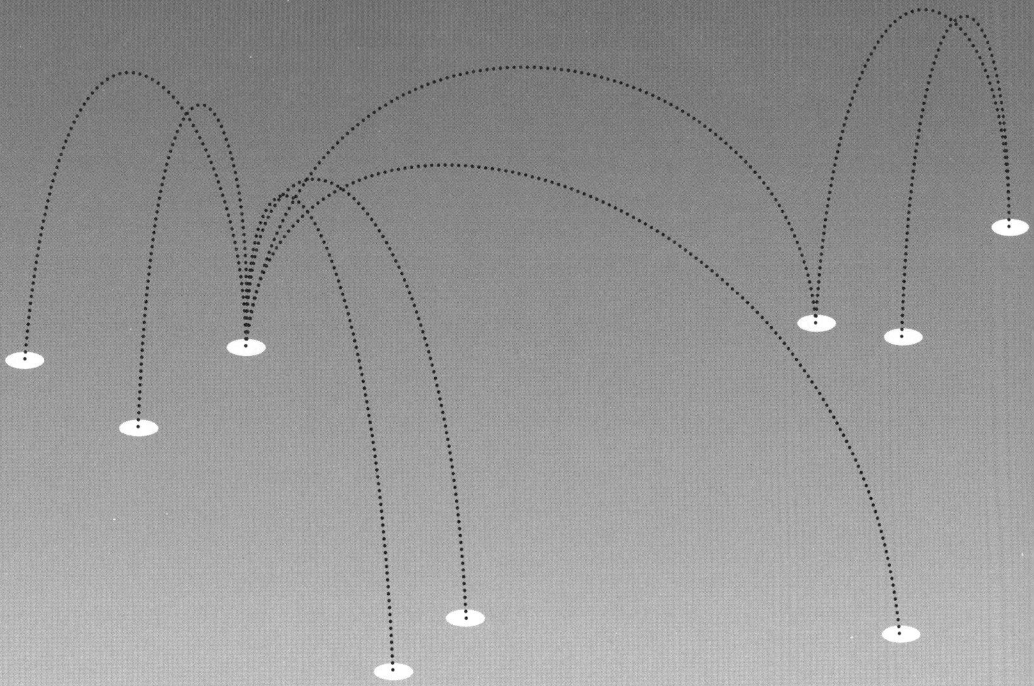

讓人愛恨交織的航空公司

航空公司身分的陰陽兩面

The Airlines We Love to Hate

○航空公司身分的陰陽兩面

│商標與塗裝

還不是很久之前，泛美世界航空公司的標誌可說舉世皆知。它的圖樣——一個藍色圓圈被數條白線割開，狀如籃球——沒什麼特別，卻意義非凡。這標誌創於一九五〇年代，直到一九九一年泛美吹熄燈號為止，默默伴隨這家公司將近半個世紀。在人們對泛美的印象不斷改變時，這顆藍色的球始終維持原貌。我相信，假如泛美航空屹立至今，人們將繼續看到這顆球。

自民用航空崛起以來，航空公司就不斷重新設計及修正自身標誌，讓它不再只是空泛的圖樣。如基思·洛夫格羅夫（Keith Lovergrove）在他出色的著作《航空公司：標誌、設計、文化》（*Airline: Identity, Design, and Culture*）中所說的，形象設計用來營造公司給人的第一印象，包括機艙內部、員工制服與維修車顏色，而標誌只象徵其中一部分。但標誌是商標，是公司象徵，是從文具到登機證都看得見的圖案，它讓公司形象變成一個重要的藝術符號，成為整個設計的核心。

許多知名航空公司的標誌都會援用國家或文化元素，比如：愛爾蘭航空用三葉草、澳洲航空用袋鼠、黎巴嫩中東航空公司用綠色雪松，還有泰國國際航空使用蓮花。有些會做微調效果，比如馬來西亞航空的本土化風箏設計、香港國泰航空的書法風格。這些符號雖無固定模式，卻都有個共通點：簡潔。有人說，一個標誌是否成功，端看小孩能否記得並徒手畫出相差無幾的圖案，比如蘋果公司的標誌。泛美航空的籃球標誌非常符合這項標準，其他還有漢莎航空的鶴、紐西蘭航空的「環」等等。它們高貴、簡樸、不受拘束，而正是上述理由，讓它們逐漸受到世界認可。或許隨著時光流逝，它們的型態會有所改變，但實質意義上，真正好的商標是永不抹滅的。

假設你擁有的是上述標誌，那麼你將無後顧之憂。調整標誌的案例中最令人惋惜的，莫過於二〇一三年美國航空決定撤換它珍貴的「AA」標誌。AA標誌有一隻姿態昂揚、雙翼形成十字狀的老鷹，這個永不過時的圖樣是馬西莫・維涅里（Massimo Vignelli）在一九六七年設計的，是航空業所有公司中最獨特、最歷久彌新的圖像。然而，接替它的新標誌卻難看得令人不忍贅述——一條垂直狀紅色與藍色長條形，被類似老鷹嘴巴的圖形一分為二，整體看來猶如一把香蕉刀將浴簾割開，醜陋且毫無生氣。

另一個讓人失望的決定，則是日本航空取消在尾翼噴上紅白相間的鶴形圖樣。打從一九六〇年起，日本航空的每架飛機上，都有這個可說最具特色、也最優雅的航空公司圖樣：一隻獨具特色的鶴舉起雙翅形成圓圈，象徵日本升起的太陽。從二〇〇二年開始，日本航空做了個令人遺憾的決定：不再使用這個永恆象徵，改在尾翼噴上一個特大、向上揚起的紅色斑點。不論是單從美學來看，或者再考量到鶴對於日本的重要文化意義，這

美國航空原本的標誌（右）和新標誌（左）。

都是個糟糕的決定。

顯然，有很多人抱怨日航這麼做，所以該公司最後決議重新使用鶴形圖案。這成了航空史上少數用回先前標誌的特例，不過無疑是明智之舉。（美國航空，你有聽到嗎？）

我不是說不能保留原先的標誌輪廓再設法改造，但近年來已有不少航空公司證明，這麼做只是畫蛇添足。

以貨運巨頭優比速國際快遞為例。它原先的標誌是個紋章，上頭放置綁著蝴蝶結的盒子，設計者是曾為西屋公司與ＩＢＭ設計標誌的傳奇設計師保羅・蘭德（Paul Rand），他將公司核心理念的靈魂——遞送包裹——完美呈現在該標誌中。後來取代這個標誌的，卻是個極其平淡、軍事風格的「現代化作品」：捨棄上方的盒子，一條無意義的金色斜線橫在標誌的斜上方，不清楚優比速的人看了，可能會以為這是間銀行或保險公司吧。這是繼美國郵政署將自家標誌的老鷹頭妖魔化後，貨運業中最糟糕的標誌更改事件。

類似悲劇在數年前也在西北航空發生過。你也許還記得那個一九八九年亮相，堪稱天才之作的標誌：紅線圈起的白色圓圈內，有個融合Ｎ與Ｗ二字母的字，字的右上角猶如尾巴，左上角則像指向西北方的羅盤指針。這或許是形象設計界數一數二的朗濤設計顧問公司（Landor Associates）所操刀的設計中，最深植人心的標誌之一，但二〇〇三年時，西北航空卻將標誌

西北航空原本的標誌（右）和新標誌（左）。

改成一個灰色圓圈與小三角箭頭。不過這一切都過去了——由於達美航空收購，西北航空與這個標誌現在都不復存在了。

達美航空的名聲展現在它著名的「三角形」標誌，儘管顏色曾經修改也無損這件事。這個三角標誌低調平穩地展現了「達美」（Delta）*一詞的意涵。類似手法中值得一提的，還有俄羅斯航空。雖然它的最新標誌顏色略嫌華麗，但自一九四〇年就幾乎不變的飛翼狀錘子與鐮刀圖樣，仍為整體加分不少。

那麼，有什麼標誌是應該改卻沒有改的呢？開曼航空吉祥物「烏龜先生」是一例，它看起來就像剛從博斯（Bosch）的畫作爬出來的。

不消說，企業商標是航空公司視覺形象的一部分。飛機是塊大畫布，可以繪上你想表達的，也可以毀了它。盡情揮灑吧。

幾十年前，布蘭尼夫國際航空的出名之舉，是將整架飛機噴上單一顏色——有藍色、綠色，甚至粉色系。同樣的，現今人們欣賞飛機的重點，已從部分機身與尾翼轉移到整體。飛機塗裝工作傳統上傾向分部作業，而今強調機身與尾翼結合圖樣一體成形。這導致大家熟悉的「錯覺線」——一條從機鼻延伸到尾翼的細長線條——逐漸消失。從前每艘船殼都會畫上一道橫線，這個慣例現在轉而出現在樓梯與別緻的機上餐點中。

* 編註：Delta是第四個希臘字母，它的大寫便是一個三角形。

由於機身畫線的慣例逐漸式微，尾翼的設計就成了聚光燈焦點。比如澳洲航空就藉著尾翼的鰭狀圖樣，來撐起整體的塗裝設計。再比如阿聯酋航空利用超大、廣告風格的字體，來平衡機身與尾翼的設計焦點。還有些走的是飛機倉庫風格——除了任意放置的標題，就是一大片白色與少少的修飾細節。

塗裝的主要風格在近期仍不斷變化。現今的塗裝已有夠多條紋、裝飾、弧線、曲線、花紋與波浪，不僅讓人頭昏眼花，而且大多數皆很不幸地難以出眾——因為過度設計、華麗且不夠自然。來看看中美洲航空、以色列航空，以及巴基斯坦國際航空這三個最糟的例子。「我稱品牌形象的最低標準為『無靈魂的彎鉤』」，經驗豐富的平面設計師阿曼達・科利爾（Amanda Collier）說道。「這項標準發生在公司想改頭換面時。經營者希望新設計表達出公司『具備前瞻思想』而且『不斷求進步』，而且至少會有三位經營者舉彎鉤標誌的始祖Nike為例。設計部門會一邊聽著，一邊微笑、點頭，並偷偷用雕刻刀捅自己。」

於是，最後只有少數設計能讓人印象深刻。各家航空公司的飛機塗裝盡是動態風格，沒有與其他公司區隔的的特色。某處成了自動售貨機，航空公司行政部門投入值百萬美元的諮詢硬幣，就會跑出各種線條玲瓏有緻的「無靈魂彎鉤」。除了少數例外（比如墨西哥航空），這些設計實在乏善可陳，讓人不打哈欠都難。航空公司起初的目標，是想給人精緻及活力充沛的印象，最後卻特色盡失。人們從航廈窗戶看出去，心中都會生出疑問：那架飛機是哪家航空公司的？

記住前述的一切，一起來評論北美前十大航空公司最新的機身圖案設計：

1. 聯合航空

聯合航空與美國大陸航空在二〇一〇年宣布合併後，其混搭風塗裝的神祕面紗也隨之揭開，它在大陸航空飛機的尾翼和機身也放上了「聯合航空」字樣。我們就稱這個主題為「陸化」吧。這是個賞心悅目的設計，其中的意涵一目瞭然。然而，廢除聯合航空那親切又熟悉的「U」字圖案卻是錯的。雖然那個形似鬱金香的羽狀U字圖案不太時髦，但現在採用的線狀地球儀圖案實在無聊得像張PPT。我還懷念一九九〇年代「聯合航空」的完整拼音圖案，那比現在給人輕浮感覺的「聯合」字型圖案莊重得多。

評語：乾淨、輕盈、超越企業本身。總體評分：B+

2. 達美航空

有人形容達美「宛如穿上晚禮服」。其機身圖案設計精緻高檔，名稱的字體美觀，意思等同達美的「三角形」標誌。尾翼的標誌圖案使用深淺不一的兩種紅色（顏色的深淺表示對西北航空於二〇一〇年併入達美的歡迎之意）。缺點是機身幾近全白，還有底部的藍色線條太細。如果設計能大膽些，例如在底部點綴上紅色，效果或許更加卓越。

評語：整齊、自信、有氣度。總體評分：B

3. 美國航空

少數風格變動不大的航空公司，已四十年未曾改變顏色搭配，其光亮的銀色機身、黑體風格，鳥尾狀的尾翼塗裝與三色腰線皆屹立不搖。雖與美麗無關，卻在四十年間的設計潮流中獨樹一格。但該公司二〇一三年發表的塗裝設計被認為無趣又花俏，原因已於上方討論過，撤換其意義深遠的「AA」標誌著實難辭其咎。我能接受琴鍵般的尾翼與灰色字體，但無法饒恕破壞商標這項舉動。

評語：悲劇、災難、但具愛國心。總體評分：D-

4. 西南航空

該公司的舊塗裝一度被稱做「沙漠黃金」，機身的腹部是紅色與橘色，上方為卡其色。這樣配色糟得離譜，優點是不花稍而且反應總部的地理環境。西南的飛行航線已離自家總部十分遙遠，若不是因為名稱，這樣的塗裝會被認為過於狹隘，不過也有些人覺得，呃，很提振精神。原因在於整個塗裝看起來像架雲霄飛車，或是飢餓的孩子捏造出來的超豐盛甜點。每架飛機的頂端都是紫色棉花糖，從機鼻延伸到尾翼如緞帶般的黃色線條，將棉花糖與底部的紅色區分開來。連引擎罩與輪圈都成了甜點。究竟是誰驗收的？下次記得別嗑藥。

評語：朝氣蓬勃、豐富充沛、可能會導致蛀牙。總體評分：F

5. 全美航空

在幾年前，全美航空那煙哨味濃厚的灰與一抹鮮紅，還是天空最美的風景線之一。目前使用的塗裝發表於二〇〇五年被美西航空併購之後，因此意圖同時展現各自的基調。旗幟與字體仍保留全美航空的模樣，機身上色澤較淡的倒鉤則代表美西，整體感覺就像沃爾瑪。與其耗費成本變更塗裝，為何不乾脆送給每名乘客一支手表呢？特別是機鼻下方收攏起來的部分，特別無意義且醜陋。

評語：廉價市場、便宜、不自然。總體評分：D（備註：之後我們會提到全美航空與美國航空合併的事情。）

6. 加拿大航空

以全美航空為指標，我們這位來自北方的朋友成功詮釋了何謂弄巧成拙，並搞砸了經典圖案。楓葉仍保留著，這是好事，卻因為像素化而顯得怪異。機身的藍色帶有肥皂感，讓人覺得——該怎麼形容呢……——獨一無二。我認為這顏色某程度上傳達了冰川的蒼涼感，讓人聯想到加拿大，但同時也讓人想起機場男廁所的磁磚面。

評語：樸素而怪異。總體評分：D

7. 捷藍航空

捷藍航空的尾翼塗裝使用了手提袋花紋系列，利用深淺不一的藍色交織出各種幾何圖案，有方形、菱形、波卡圓點及格紋，還有一個看起來像電路板。聽起來有趣，其實挺無聊。其餘部分則可完全忽略——純白頂端，海軍藍底，還有公司名稱字體太小。

評語：藍色，淡，沒了。總體評分：C-

8. 穿越航空

我想在世的藝術家中，沒有人會同時使用白色、孔雀藍綠、皇家藍及蘋果紅，並且使它賞心悅目，但這並沒有讓穿越航空停止嘗試。此外，為了使設計更加難看，他們還加上一些不知所云的曲線及彎鉤。我承認我喜歡尾翼上那個大大的斜體字母 A，但不得不說有人必須克制自己，別再將網址放上引擎罩與翼尖小翼，那樣實在太俗氣了。

評語：果敢，超乎尋常，精神錯亂。總體評分：C-（備註：此航空公司已被西南航空收購，代表上述一切已逐漸成為歷史。）

9. 阿拉斯加航空

撇開阿拉斯加航空總部位於西雅圖這件事，我們喜愛在尾翼上掛著優雅微笑，身穿愛斯基摩毛皮外套的因紐特人頭像，它令人印象深刻，並且聯想到其發源地——不論確切地點是哪。修正主義分子試圖透過聲稱頭像為冬之老人、歌手強尼・凱許（Johnny Cash），甚至切・格瓦拉（Che Guevara），來抹黑這個頭像。但航空公司的公關部門向我保證，他絕對是名士著。不論那頭像是誰都不是問題，真正的問題出在機身，出在位於機翼前方那可怕、動感的廣告字體。如果你試著用蝕刻素描的方式寫出阿拉斯加的英文，這個字體將會是畫作成果。它就像是你在觸電時，在蝕刻素描版上寫出的Alaska。

評語：傳統氣息，民族風味，難以辨識。總體評分：D

10. 夏威夷航空

阿拉斯加航空與夏威夷航空的飛機尾翼都採用頭像，這點令人高興。前者的圖樣是男人，後者圖樣則是女子，他們隔著廣大的太平洋渴望地彼此遙望。兩人各有特點，然而比起阿拉斯加帶有冬季冷色調的因紐特人，夏威夷島的女士色彩更加鮮豔美麗。雖然從尾翼延伸至機身後方的一叢紫色花朵有些奇怪，但機身前後兩邊的設計相當平衡，字體也十分完美。

評語：溫暖，陽光氣息，些許性感。總體評分：A-

我還能說什麼，我是個嚴格的評分者。我納悶溫蒂・貝克特修女（Sister Wendy）與老年時期的羅伯特・休斯（Robert Hughes）會有什麼意見。

回想已經倒閉的航空公司，令我懷念的是太平洋西南航空的微笑。總部位於加州的太平洋西南航空的飛機，機鼻處總會印上微笑。它不花俏，只是一道細細的黑色曲線。它就像達文西筆下那種淺淺的、模稜兩可的微笑——卻讓人覺得，每架飛機都單純為身為飛機這件事感到滿足。也由於這個原因，在被全美航空合併後，其公司名稱轉由全美航空旗下一家總部設於俄亥俄州的子航空公司使用。如果你問我對此事的看法，我想我會皺眉。

總有一天我會寫出一份歐洲與亞洲區的成績單。也許人們會假定，比起外國的競爭者，我們美國人的設計是過時的，但不盡然如此。讓我們瞧瞧埃及航空最新的機身圖案，這是在現今二十一世紀因標誌問題而影響設計的最佳例子，它糟糕得難以形容，看起來就像業餘曲棍球隊的制服。同樣的，看看印度航空的最新設計，他們將泰姬瑪哈陵窗戶的樣式縮小到都看不見了，還在尾翼繪上豔俗、像是旭日的圓輪。

英國航空曾於一九九七年因飛機塗裝而背負罵名，那個設計為了表達「四海一家」這行銷概念，十分大張旗鼓。尾翼上繪製了十幾種獨特圖案，各代表世界上某一地區。該公司揚棄了英國國旗與皇家徽章，採用「台夫特藍陶．破曉」、「舞娜拉之夢」、「市集之日」等嶄新圖樣，雖然非常先進及多元，卻讓人反感。提出此設計的紐威爾和索雷爾公司（Newell and Sorell）稱這一系列為「振奮人心的慶典」，然而卻遭譏諷這根本是「壁紙系列」。柴契爾夫人曾把手帕蓋在其波音747模型的尾翼上說道：「在空中的飛揚應該是英國國旗，而不是這些糟東西。」自二〇〇一年開始，紅色、藍色與白色的新設計取代了這些圖案，讓現在的英國航空飛機看起來像大型的百事可樂易開罐。

是的，我看過西南航空的波音747殺人鯨彩繪機與其他類似的新玩意。從民族認同到奧林匹克，噴射客機的外部常為了紀念各種事物而噴上各種圖樣，其中較為傑出的，有澳洲航空的波音747彩繪機，以原住民為靈感的「納蘭吉之夢」。這項觀念在一九九〇年中期終於被打破，航空公司開始將其機身彩繪主題租賃給廣告業主。例如瑞安航空就大幅使用這項行銷決策。這麼做的還有現已消失、總部設於科羅拉多州的西太平洋航空公司，旗下的波音737「廣告彩繪機」系列的廣告業主，大多屬賭場飯店及租車行業，福斯電視也曾為了推銷動畫《辛普森家庭》，讓角色美枝頂著藍色恨天高假髮登上尾翼。西太平洋航空宣告破產之際，剛好也是《辛普森家庭》變得極其無聊之時（其實自一九九六年後就開始無聊了），而其彩繪機的模樣仍流傳下來。目前，廣告彩繪機在業界仍屬例外，而非常態。希望日後能維持現狀。

‖名稱、標語，以及鹽包

事實上，聽到作品名字取得不怎麼理想時，所有平面設計天才都會直接走進盥洗室裡畫圈圈。品牌遠不只是視覺印象，還包括聽起來怎麼樣——航空公司名稱的最原始聲調，以及它背後暗藏或提示的事物。

提到最難念的繞口令，怎麼能錯過俄文發音呢：比如阿迪格航空、森林航空消防服務、奧布舍瑪什航空，以及哈拉特里嘉航空。上述這些詞還不算長呢，最長的公司名稱已經以首字母縮寫表示了，你只要記得KMPO就好——但如果你堅持聽全名，那是「喀山發動機製造聯合公司」（Kazanskoe Motorostroitel'noe Proizvodstevennoe Ob'yedinenie），發音就像用水族箱的石頭來漱口一樣。另外哈薩克有一間「傑茲卡甘傑滋航空公司」（Zhezkazan Zhez Air），總共有五個z。我不確定怎麼念，但應該像個響亮的噴嚏吧。

最近取名字的流行趨勢超古怪——也許我該說「好玩」？例如祖恩航空、爵士航空、點擊航空、飛翔航空及威茲航空等，族繁不及備載。當然，這樣取名是挺別出心裁的啦，但你真有辦法在晨光的照耀下，向名稱像是英倫寶貝航空（為英倫航空旗下的廉價航空）的公司買機票，然後仍覺得自己棒極了？我認為這樣的趨勢，是為了將時下航空業的舒適與經濟予以擬人化。立意良善，但作法卻削弱了我們對航空公司的尊重。同樣地，我們推測點擊航空（Clickair）取這名字，是為了讓人聯想到利用網路輕鬆訂票時，用滑鼠點擊所發出的聲音。滿合乎邏輯的，但仍令人討厭。匈牙利的廉航威茲航空同樣讓人想起某種聲音，雖然可能和他們原本想的不同。

在此同時，區域性企業集團梅薩航空集團在大約五年前，與幾家公司簽約密切合作，由它旗下以區域飛機與渦輪螺旋槳式飛機組成的機隊，為這些公司提供共用班號服務。梅薩集團從時代的某股潮流中獲利，以分拆策略建立了子公司自由航空。嗯，我曾在甘迺迪機場見過自由航空的一名機師。他看上去十七歲左右，當時我正試圖猜測他隸屬哪家航空公司，但實在認不出他識別證徽章上的星條旗是哪家的標誌，最後索性直接問他。

「我為自由工作。」他回道。

我不確定他是在回答我的問題，還是在宣揚政治口號。我想按住他的肩膀說：「是，孩子，我們都是。」

提到雙重意涵，沒人能勝過台灣因飛安問題等原因而結業的瑞聯航空公司，它將廉價航空的概念帶入新高度。我們也不該忘記俄羅斯克拉斯航空（Kras Air）厚臉皮的自信，它距離聲名狼藉永遠只差一個字母H的距離（Kras發音類似crash〔墜機〕）。

說我老土也行，但我一直比較喜愛富有涵意、象徵性的名稱——那些會讓人想起它們國家的意象、歷史及文化的名稱。以印尼的國家航空公司嘉魯達為例，它的名稱取自神明迦樓羅，嘉魯達是佛教與印度神話中一隻老鷹的名字，也是印度教三位一體的動物神祇。選用這名稱令人有些費解，因為印尼是穆斯林最多的國家，但我們最好別爭論這點，免得它被改成「印度尼西亞航空」。另外還有哥倫比亞航空（Avianca），這個從西班牙文縮寫而成的名字讓人激賞；若寫成Air Colombia就沒那麼好了。西班牙國家航空的名稱Iberia，意涵也勝過Spanish Airways。義大利航空的名稱Alitalia也比Air Italy亮麗許多。如果你堅持直接援用祖國名稱，請運用點才華修飾。例如摩洛哥皇家航空（Royal Air Maroc）與皇家約旦航空（Royal Jordanian）的名字可以接受，就連墨西哥國際航空（Aeromexico）也相當不錯。

順帶一提，澳洲航空的名稱Qantas與袋鼠沒什麼關聯，它是一九二〇年創立的「昆士蘭及北領地航空服務」的縮寫。

一九九二年，奇異鳥國際航空（Kiwi International）在紐華克開始營運，創立者是前美國東方航空的一群機師。失敗對他們來說不陌生，他們以不會飛的奇異鳥為公司命名，以警惕自己。紐西蘭也有一家奇異鳥國際航空，其飛行範圍只在奧克蘭與澳洲之間。撇開其他因素不談，就地理位置而言，後者取這名稱比前者更為恰當。兩間公司的營運起伏伏，這也因公司名稱而有造化弄人的味道。是的，它們都活得不長。你可以說那是自找的。

也有些航空公司仍繼續使用已不符現況的名稱。比如西南航空，三十五年前它只是個飛行範圍限於德州的航空業者。又比如已走入歷史的西北航空，直到最後仍沿用起初代表地理方位的名稱——它後來的全球航線錯綜複雜，維持原名並不容易（西北航空早年重大成就之一，是首度開拓美國至日本的太平洋航線）。在西北航空一度改名為西北東方航空的那段時間，它在一九八五年併購了共和航空。共和航空本身是中北航空、南方航空與休斯西方航空所合併建立的公司。

但等等，現在不是也有間營運中的共和航空嗎？確實有，這反映出航空公司名稱回收再利用的惱人現象：

現存的共和航空是美國數一數二的區域營運商，與上段所述的共和航空完全無關，只是沿用了名稱（並將 Airlines 改為 Airways，意思不變）。這並非首例，曾經也有兩個名字差不多的泛美航空與布蘭尼夫國際航空，以及兩個名字完全一樣的中途航空，他們都繼承了前人的名稱，但全都未能在踏上前朝隊伍所在的大型天空停機坪前，在世上用時間鑿下深刻痕跡。全美航空名稱還是USAir時，在一九八七年併購了彼得蒙航空與太平洋西南航空，由於兩者的名稱都令人讚賞，所以在併購後，分別由全美航空快遞旗下的兩家子公司沿用。於是突然間，太平洋西南航空的總部變成在俄亥俄州，而在美國東岸的機場，旅客仍可再次登上算是彼得蒙航空的飛機。

順帶一提，現存的共和航空收購了申請破產保護的前線航空。前線，你猜得沒錯，也曾是另一間航空公司的名稱。最初的前線航空位於丹佛，營運時間為一九五〇年到一九八六年。總而言之，這種回收利用的現象，讓我們一次又一次的改寫舊名的歷史。

也許前線這名稱有偷竊之嫌，但新的前線航空使用了巧妙的塗裝主題，做為全方位的行銷工具。它在客機尾翼繪上北美洲原生的動物與鳥類，如綠頭鴨、海獺、山貓等，配上航空公司足智多謀的口號，「與眾不同的動物」，帶領我們進入形象設計的另一個主題：標語。

如同標誌與塗裝，標語不需要太多巧思，語句表達的感情能否與帶有節奏感的念法搭配得宜，才是重點。捷藍航空的標語「我們也愛你」是有點冒昧，但合乎條件。大韓航空的「卓越的飛行體驗」是我十分喜愛的標語，十分簡潔但具備巧妙的雙重涵義，而且不刻意暗示「我們這麼做都是為了你」這種我們本就期望從航空公司獲得的感覺。

歷年來有不少經典標語。聯合航空煽情溫暖的「翱遊天際，友善體驗」一舉奪得高分。泛美航空的「經驗豐富，允冠全球」表達了該公司的一切。「荷蘭航空，值得信賴」展現荷蘭皇家航空的直率與謙虛。有史以來最具形象意識的布蘭尼夫國際航空，標語是「帶著絢爛色彩邁向成功」，充分考慮到自家的彩虹機隊。

另一方面，美國東方航空曾打出「人類之翼」這樣過火的標語，類似的例子還有英國航空的「世界最受喜愛的航空公司」。我猜想英國航空應該受到某些壓力，迫使他們運用可愛的英國拼音來寫出美國人喜歡的東西。不過根據登機人數，它實際上是全球第二十一名的航空公司。

其餘不佳的例子中，達美航空至少有兩個，和藹可親的標語「達美已隨時為您準備好」，名聲被之後的標語「美好行程」給否定了，後者聽起來像在推銷健怡可樂。而之前的標語為「我們帶您到達目的地」。旅客對航空公司不再抱有更多期待，反而開始討論各自的最低期盼。

要是想不出別的，那就別天馬行空。步入北歐航空的客艙，一眼就能看見潔淨整齊的陳設與高雅低調的色彩搭配。充滿斯堪地那維亞風格，除了幾年前設計的一些怪誕的直譯英文標語。例如設於前方登機門處的標語牌寫著：「有三種方式可以展開旅行——在扶手椅上，在你的想像裡，歡迎來到第三。」這是什麼意思？稍後餐點送達時，放有胡椒與鹽包的托盤上面寫著：

雪之色，
淚之味，
海之洶湧。

啊，身處三萬七千英尺高空的安靜時刻，還有什麼比思考斯堪地那維亞的鹽詩更好的事呢？接著談談廣告：

自一九七〇年早期發生的國家航空「Fly me」性暗示宣傳語抗議事件後，已過了很長一段時間。當時的空服員會對著相機擺弄性感姿勢，說道：「我叫洛琳，一起去奧蘭多樂翻天吧。」布蘭尼夫國際航空也有類似的廣告叫「空中走廊」，年輕迷人的空服員會在飛行途中換裝，過程帶有性意味。而最讓我記憶深刻的飛航廣告，如果不提是否達到預期效果，是英國航空一九八九年的「眨眼」廣告。由上奇廣告公司構思，《火戰車》導演休．哈德森（Hugh Hudson）執導。他請數百人裝扮以代表各地文化，在猶他州鹽湖城附近一處風景秀麗的地方集合。旁白為湯姆．康蒂（Tom Conti）。配樂出自作曲家萊奧．德利布（Leo Delibes）的歌劇《拉克美》（*Lakme*），由捧紅性手槍樂團及寶娃娃合唱團而聲名大噪的音樂家麥爾坎．麥克拉倫（Malcolm Mclaren）改編。鏡頭從高處拍攝，演員們聚集拼出一張巨大的臉，再透過精心安排做出眨眼效果，過程約三十秒，神奇且讓人起雞皮疙瘩，留下深刻印象（可上YouTube觀賞此廣告）＊。然而，那些穿著怪異的人們對著我眨眼時，我感到一陣緊張。更糟的是，我之後總把英國航空與北韓體育館內人民拼成的前任北韓領導人肖像影片聯想在一起。

還有，「叮，現在你能隨意四處旅行囉。」這句西南航空廣告結尾詞，伴隨其標誌性的鈴聲，點出了廉價航空邁向成功的關鍵要素：價格親民。不幸的是，在重複聽幾百萬遍後，這句話已經刺耳到足以讓正常人選擇搭乘其他航空公司。

與其他國家相比，你對美國國內航空公司的服務標準有什麼看法？

美國航空業者有很多地方有待加強，這件事早已不是祕密，從旅客調查及獲獎次數即可窺見一斑。幾乎全世界——亞洲、歐洲、南美，甚至非洲——都將他們甩在一旁。為求公正，我得說明國外也有服務品質較差的航空公司，比如埃及航空的座椅會使膝蓋受傷，以及摩洛哥皇家航空提供危險料理，但這畢竟是少數例外。

＊編註：讀者可上以下網址觀看：https://goo.gl/tWpVsp，或用「british airways commercial 1989」等字搜尋影片。

我們究竟為什麼會走到如此尷尬的境地？原因尚無定論。是因為財政？因為文化？還是兩者都有？說來話長，但大多數人認為，一切源於一九七九年實施〈航線解除管制法〉。從那時開始，航空公司展開逐底競爭，其混亂進而引發一場戰爭，在航空公司看來，削價競爭要比令顧客滿意重要許多。到二〇〇一年，這些存活下來的少數大型營運商受到九一一事件影響，不得不咬緊牙關度日。

在我看來，有某種根本問題超出了底線。我們常認為，服務品質下降的原因在於利潤減少，然而我們面對的是種長期現象，即使到一九九〇年中期——航空公司賺最多的時候——情況也未曾改變。而同一時刻在國外，大多數面臨財政窘境的航空公司仍能維持良好信譽，對他們來說，收益與顧客服務並不是無法兼顧的。

這帶出一項重點，國外的經濟艙品質往往不遜於美國國內線航空的頭等艙。這點我能保證。根據我最近乘坐大韓航空、阿聯酋航空、國泰航空、土耳其航空、泰國國際航空以及蘭．祕魯航空的經驗，所有經濟艙都與多數我搭乘的國內航空頭等艙差不多，甚至更好。促成這結果的，包含物質上的舒適體驗與機上人員的貼心，前者包括搭配舒適頭戴式耳機的超寬個人影音螢幕、可調式腳踏板、座椅後方附設的USB連接裝置、大小適中的餐桌、便利的用具，即使短程飛行也會提供正餐等。國泰航空長途班機設有先前提到的臥鋪式經濟客位（參見220頁，客艙等級），即使座椅完全放平，也不會影響到後方乘客。而泰國國際航空在起飛前都會送上熱毛巾，材質像是很厚的衛生紙，是從可微波的盒子取出的，這個服務相當不錯，只需多花一點點錢就能享受。此外該公司每架飛機從座椅口袋到洗手間，全都一塵不染。

你會注意到，上述一切都不是格外豪華。老實說，由於票價便宜，利潤微薄，航空不可能提供奢華服務。而那不要緊。航空公司要想通的是，令人滿意的服務未必要精緻華美，一般乘客其實不期望備受寵愛，他們期望的只是便利、尊重以及些許舒適感，他們也應當得到這些。過去十年來，從沒有人鼓吹回復一絲不苟的服務態度。在特選艙內，只要以超過七千美元的價格，購買飛往倫敦或東京的臥鋪座位，你就有權享受奢華。但坐在第四十五排的大學背包客，並沒有興趣活在一九四〇年代的中產階級幻想中，他不會垂涎鋪著天鵝絨、放滿起司的手推車，或者精心擺盤的烤鮭魚佐茴香與韭蔥。他渴望的是有乾淨、還算過得去的舒適空間可坐，有影片或音樂可欣賞，也許來份三明治，如果上帝保佑，或許還能拿到一罐瓶裝水。

接著談談另一件事：禮貌與專業的員工。這種說法也許已是陳腔濫調，但最終能留住乘客的並非物質享受，而是員工的態度與奉獻精神。這是個瘋狂的行業，我永遠不會說其他人的工作一點都不難，但若是航空公司員工整體的工作品質無法達到一定標準，那肯定是體系中有環節出了錯，必須在引發其他錯誤前修正。大一點的伸腿空間、隨選影片及免費飲料等，的確都令人讚賞。然而當你在過夜航班的中途感覺渴得要命，桌上還有三個時區前發送的餐點所遺留的垃圾，而一切是空服員在廚房看了五個小時的雜誌，完全不關心乘客的動靜所導致時，或是登機門服務員檢查登機證時，連看都不看你，前述那些福利也會變得沒有價值。我搭乘大韓航空、國泰航空與阿聯酋航空等的班機時，最令我銘感在心的，就是機組人員的用心；在整個飛行期間，空服員不斷來回穿梭各機艙，詢問乘客是否需要水、咖啡、果汁或其他用品。

值得一提的是，空服員的訓練平均為期六週，新加坡航空空服員則長達五個月。這也大幅超過大部分航空公司的機師訓練時間。我不是在說新加坡航空可成為美國航空業的指標——因為它並不適合。對所有美國的航空公司來說，仿效新加坡充其量只是空想，還會造成財政大災難。但這個訓練時數背後深層的意義，在於它闡述了何謂航空公司最有價值的服務資產，那就是員工的專業素養、優雅身段，以及謙恭有禮的舉止。

我有一些建議：做事情不要半調子；小細節往往就能讓人留下深刻印象。如果你打算在機上提供枕頭，那麼就該準備舒適的枕頭。在法國航空橫跨大西洋的旅行中，經濟艙乘客都能享有面料相當不錯的羽毛枕頭。它既不起眼、也不昂貴，卻能讓你覺得愉悅，並留存在記憶中。換做美國的航空公司，倘若他們提供枕頭，大小往往像切片麵包，而且用極易撕裂的面料包覆泡沫所製成。或者，假使你要提供免費雞尾酒，請鄭重其事，千萬別像某間航空公司，一邊發送餐點、還一邊廣播提醒乘客享有免費飲料，但「每人僅限一次」，這會降低整體服務的格調。問題不是出在「僅限一次」這規定本身，而是將乘客當小孩般教育是不適當的。

那麼，最優秀的航空公司是哪幾家呢？我們來聽聽SkyTrax怎麼說。SkyTrax是頗具威望的顧問公司，主要業務是給航空公司的服務品質評分，以一星到五星表示。目前獲得五顆星的只有六家，它們能夠「在最前線，以卓越品質提供產品及服務，並引領潮流，使其他航空公司爭相模仿」。依照這些公司英文名稱排序，它們是：

- 韓亞航空（南韓）
- 國泰航空（香港）
- 海南航空（中國）
- 馬來西亞航空
- 卡達航空
- 新加坡航空

有三十二間航空公司獲得四顆星評價，裡頭不乏亞洲與歐洲航空業界的中流砥柱：法國航空、阿聯酋航空、英國航空、漢莎航空、日本航空、大韓航空、澳洲航空、泰國國際航空、土耳其航空，以及南非航空。還有些意外驚喜，例如哈薩克的阿斯塔納航空、阿曼航空，以及加拿大的區域航空公司波特航空。美國唯一達標的是捷藍航空（總是以最後的極限衝刺，跑贏其他美國航空公司）。

其他美國航空公司則落在三星認證，「大部分旅遊項目的核心產品皆達到滿意標準，但特定機上或機場的產品／服務品質低劣或參差不齊」。這個名次的上榜公司是目前最多的，美國的有達美、聯合、西南及美國等航空公司，另外還有衣索比亞航空、俄羅斯航空、阿根廷航空、巴基斯坦國際航空，以及中國東方航空等。

獲得二星的航空公司約二十五家，有古巴航空、蘇丹航空、TAAG安哥拉航空、孟加拉航空及瑞安航空等，沒有美國的航空公司。

拿到一顆星的只有一家，是來自北韓、神祕的高麗航空。

我認為美國航空業最大、普遍的失敗之處，不在飛行服務，而在於消息傳遞。他們缺乏即時提供顧客正確資訊的能力。

大多數人常認為航空公司說謊，然而依照政策，航空公司不會刻意欺騙或誤導顧客。乘客認為的謊言，其實是資訊傳遞不完全導致的斷章取義。發生的原因在於航空公司各部門嚴格分工，事情從一個部門傳達到另一個部門時，會因各自考量的重點不同、對術語的了解程度與專業不一樣等因素，而產生變化。許多細節會在翻譯時流失，就像小學時玩的遊戲，短短的故事會在八卦的過程中被加油添醋，變得愈來愈長。在機場，負責廣播告訴你班機延誤的人，通常只知道真正問題的冰山一角。

而各式各樣的員工都可能是強大、具有領域意識的士兵。幾年前，由我擔任機長的一架通勤飛機因暴風雪而無法成行，大約二十名乘客都不清楚發生什麼事，登機處的工作人員也沒把事情解釋清楚，於是換成我在候機室向他們解釋事情的經過。也許我太過深入解釋諸如「離場時間」等專門術語，沒過多久我後方就傳來重重的腳步聲，有人大聲說：「這個混帳究竟在幹麼？」是機場經理，他無法容忍機長竟代替機場員工做這件事。

不論理由是什麼，航空公司一次又一次違反它們的最佳利益，無法說出真實情況——這是個問題。它不僅違反客戶服務的普遍約定，還讓謠言、謊話及陰謀論漫天飛，引發更深層的憤怒與不信任，使飛行員更加焦慮恐懼。航空公司針對異常現象——比如航班表稍微延誤或更嚴重的事件——的回應有個糟糕的習慣，他們會有兩種模式：不是對事件保持沉默，就是將事情過度簡化，而後者可能更糟。這樣做完全不尊重公眾。人們會開始討厭航空公司，不相信他們說的任何事情——也有部分原因是航空業者向來只會說空話，抑或是因為真相本身令人不敢恭維或駭人聽聞：

班機取消是因為「機體過熱，無法飛行」、機師放棄降落而重飛是因為「有飛機橫過我們面前」。有一次，在亞利桑那州的弗拉格斯塔夫，櫃檯人員向一群被耽誤的乘客說，需要有人志願放棄座位。乘客詢問為什麼，員工回答：「我們需要減輕飛機的負荷，這架飛機一直都有問題，其中一部引擎恐怕要壞了。」

在所有第一線工作人員中，機師可能是最能有效紓解焦慮，以及解釋異常狀況細節的人。不幸的是，由於害怕承擔責任，他們往往無法發揮最佳效果。他們害怕說錯話、怕被責怪、怕被處罰，或是被人誤解及斷章取義。的確會有些人因一些難以置信的事，而寫信威脅提告，但這其實是航空公司的文化與訓練方面的問題，他們太常強調該如何不去溝通——什麼話不該講，哪些術語或聽起來可怕的行話應該避免。最後航空公司的員工便盡量少說為妙——對閃爍其辭簡化的默認策略。

這麼做顯然適得其反，尤其在那些不嚴重的異常聽起來好像很可怕時：有一次我搭乘經濟艙準備前往波士頓，班機正要降落前，機師們中止了降落計畫，開始重飛。明明沒有跡象暗示即將發生嚴重的事情，但我明顯感覺到身邊有一股恐懼的氣氛。終於，一名機師開口解釋。「啊，我很抱歉，」他說：「有架飛機切到我們前面，所以我們才中止降落。我們會在幾分鐘內繞回來，重新進行降落程序。」

當時我們僅僅知道這些，我坐在位子上沉默的苦惱著。「拜託，再說多一點。」我心想，「你得再說多一點。」但他沒有這麼做。他不只沒有平息乘客的焦慮，反而把事情搞得更糟。「一架飛機切到我們前方？」後面幾排有人提高聲音問道，伴隨著緊張的笑聲。坐在我斜對角的一個大學生很明顯嚇到了。毫無疑問，他當天晚上一定會和朋友侃侃而談他的「空中接近」驚魂記。當然，事情不是他想的那樣。這裡的重飛（參見112頁，取消降落）只是簡單的間隔問題——與空中接近完全無關，雖然有時的確會重飛以避免發生空中接近。

「總的來看，在溝通方面，航空業者還有改進的空間。」一名航空公司發言人說道。「事實上，你可以說重複溝通是很困難的事。」誠然如此，一旦涉及揭露真相的議題，就代表麻煩大了。一些看似無害甚至有益的言論或動作，都可能引來訴訟。而用飛機運行的奧祕來震懾人們並沒有太多優勢。利用莫名其妙的技術理論來把事情分成多個層次，會讓人們陷入懷疑，開始搖頭。「如果你試圖把事情講得太理論，」發言人又說道，「會給人很嚴肅的印象，但其實它只是種慣常程序。對於延誤，我感覺大部分顧客都希望能定時獲得新消息，並誠懇跟他們說明原因。除此之外，我認為灌輸他們太多細節不會加分多少。」

他說的或許有道理。二〇〇五年，捷藍航空292號班機由於起落架無法收回，面臨緊急降落的情況時（參見265頁，捷藍航空事件），機組人員竭盡全力讓乘客了解情況其實不怎麼危險。但是，根據一些當事者所述，比起接受這個說法，很多乘客選擇相信機師在說謊。我常常收到信件，說他們明明遇到了可能危及生命安全的狀況，航空公司員工卻不實話實說。其實乘客搞錯了，但這種想法卻已深植人心。

然而，問題的核心也許只是下述狀況——航空公司總是拿石頭砸自己的腳，卻幾乎沒有因此付出代價。促進及強化航空旅行方面的歪曲觀點，不會影響他們的資產負債表。總之盈利是另一回事。飛機仍舊會客滿，而大多數人在理智勝於情感的情況下，都能理解飛行是安全的。既然如此，何必煽風點火呢？

規模最大的航空公司是哪一家？

這取決於你的衡量標準。最簡單的方式是比較一年的乘客載運量，但這會忽略航空公司的航線網絡——其駐點的城市總數與飛行距離等。

第二種標準是知名的「可售座位公里」，計算方法是將可供銷售的座位數乘以航段距離（其英文縮寫ASKs也常被寫成ASMs，計算單位從公里變成英里）。從紐約飛往倫敦的波音777，可售座位公里約為一百二十萬；波音757從洛杉磯國際機場飛往芝加哥，可售座位公里約為四十五萬。換言之，大型客機與長途飛行的搭配價值，要比小型客機與短途旅行的搭配來得高。不過航空公司可以藉由開設更多班機，來彌補後者的不足之處。這方法的缺點在於：未銷售的空座也計算在內。在同一航線上，設有四百個座位的波音747，可售座位公里將高於兩百個座位的波音767，但若是前者乘客稀少，而後者卻高朋滿座，又該如何計算呢才好？

第三種標準為收益旅客公里（RPK），將乘坐人數也列入考量，是可售座位公里標準的修正版，又稱為承載率。一名旅客飛行一公里即為一RPK。我認為這是最準確及公平的測量方法，因為它考量了所有因素：飛行距離（航線網絡規模）、可售座位（飛機大小與機隊規模），以及真正的乘坐人數（載客量）。

目前全球最大的航空公司是達美航空，其乘客數（一年一億六千四百萬）及RPK（三千一百億公里）都是最高的。緊接在後的是與全美航空合併之後的美國航空，聯合航空位居第三名。當我們比較各種不同的排行，可以看出計算方法對於結果的影響力有多大。阿聯酋航空在RPK排行為第五名，卻是載客量排行的第二十名。而載客量排名第六的瑞安航空，卻連RPK排行的第二十五名都沾不上邊。

全球前十大航空公司排名（以RPK為標準）——

1. 達美航空
2. 美國航空（包含全美航空）
3. 聯合航空
4. 西南航空
5. 阿聯酋航空
6. 漢莎航空

7. 法國航空
8. 中國南方航空
9. 澳洲航空
10. 國泰航空

瞧瞧上方第四名（載客量第三名）的西南航空，它沒有半架廣體客機，也不飛跨國航線，拿到這樣的名次不讓人驚訝嗎？

每年，你都會聽到有航空業者搬家。也許就在你閱讀此段時，一場合併案正在世界某個角落發生。然而，上方的排名近期內不會因此大幅變動（備註：此排名沒有納入荷蘭皇家航空。法航荷航公司於二〇〇四年法國航空併購荷蘭航空後成立，但其運作結構、機隊及員工皆獨立進行）。

人們很容易認為，最大的航空公司理應擁有最多飛機，但飛機的乘載量使得這變得不合理。美鷹航空旗下的飛機，比上方排名中半數的航空公司擁有的還多，不過全是區域飛機。根據紀錄，旗下飛機數目最多的，是合併後的美國航空與全美航空，擁有九百六十架噴射客機。達美航空次之，擁有七百一十五架（這些數字會因飛機售出、買入、列入後備，以及退役而改變，但與RPK排名相同，每年的名次變動率不高）。全球最大、只擁有廣體客機的航空業者為阿聯酋航空、國泰航空及新加坡航空，這些公司的機隊裡，最小的客機機型為空中巴士A330。

目前，全球只有不到十二家航空公司能自稱擁有我稱為「六大洲俱樂部」的會員身分，這個身分代表他們提供乘客在南、北美洲、歐洲、亞洲、非洲及澳洲中，最少一個目的地的預訂服務。美國具有這身分的航空公司有達美航空與聯合航空，其他地方的則有阿聯酋航空、英國航空、南非航空、新加坡航空、澳洲航空、大韓航空與阿提哈德航空。在航線涵蓋的國家數目方面，第一名是土耳其航空，涵蓋了九十五個國家。這間航空公司除了規模比一般民眾認知的還大之外，其服務品質也是頂尖的。

....

然而，規模大小是一回事，盈利能力是另一回事。以下是截至本書出版前，全球淨利最多的前十大航空公司排名：

1. 日本航空
2. 中國國際航空
3. 中國南方航空
4. 達美航空
5. 聯合航空
6. 中國東方航空

7. 瑞安航空
8. 國泰航空
9. 俄羅斯航空
10. 阿聯酋航空

它們有不少是國旗上有星星的，而不是星星與條紋。美國的航空業者確實能賺取週期性利潤，但相較於其他公司，他們的週期似乎更為艱苦及不穩定，其原因包含競爭激烈的環境、州的所有權與補貼、薪水等等，得花一本書的篇幅才能討論出結論。

上述航空公司中有幾間是公營的，這代表他們可以減稅、得到補貼，以及其他可獨享的好處。總部位於杜拜的阿聯酋航空，它的總裁提姆．克拉克（Tim Clerk）曾在二〇一二年一場業界午宴中說道：「由於有杜拜政府革新與不懈的政策支持，航空業才能夠這樣長期穩定的成長。」反觀美國政府，則對商業航空的基礎設施做了不少限制與妨礙。我們傻傻的分析他國航空業，想找出解決辦法，卻沒發現問題不是出在美國的航空公司與外國航空公司之間，而是出在美國的航空公司彼此之間。

即使在九一一事件前，美國最大的航空業者也面臨內部產能過剩，以及經濟拖垮的問題。緊接而來的恐怖主義及戰爭，導致燃料價格達到前所未有的高峰，整體經濟也嚴重衰落。二〇〇一年至二〇一二年間，聯合、達美、西北、美國及全美航空皆因此宣告破產，其中美國及全美航空甚至宣告兩次。總體損失高達幾十億美元，數以萬計的員工被迫捲鋪蓋回家。

目前這種情況已經緩解。這些大型航空公司忙著削減成本、調整商業模式，以恢復盈利，整個重建過程長達十年，其間有三起航空公司大規模合併事件。在此期間，廉價航空業者如捷藍航空、西南航空、精神航空與穿越航空等，開始伺機而動。這些適應力強的年輕業者不受高額人力成本、支援複雜機隊的需求，以及老舊設備等的阻礙，提供乘客一條龍式的服務，以及難以抗拒的廉價機票，迅速分食到美國國內市場的一塊大餅。廉價航空公司大量崛起，已從根本上改變了動態競爭模式，其影響程度勝於其他因素。

此種現象不只在美國發生。看看歐洲，廉價航空業者如瑞安航空與易捷航空，也對主要航空業者造成不小的壓力。巴西的航空公司高爾航空，一年的旅客運輸量比英國航空還多。不斷擴大的亞洲航空乘載旅客的數量，也勝過新加坡航空、泰國航空或大韓航空。在澳洲、科威特、匈牙利、墨西哥、加拿大和斯洛伐克，廉價航空也如雨後春筍般出現，這邊舉的僅是其中幾家。

在這樣的大環境下，生存下來的航空業者採取的策略之一，是轉型成區域航空公司航線的外包業者。現今美國國內航班，區域航空公司的占有率高達百分之五十三。起初，他們傾向複製先前使用渦輪螺旋槳式飛機（我們習慣稱為「通勤飛機」）的經驗，飛航範圍僅限以出發地為中心，方圓三百英里內的地區。而後，規模更大的第二代業者已可支撐更長途的旅行，打入了先前空中巴士與波音公司獨霸的市場。不論是芝加哥到皮奧里亞或到紐約，區域飛機都能在這道狹長的航線中飛出一片天。

今天在每一座大機場裡，那些停置於閘門口的傳統航空公司客機看來狼狽而憂慮，它們四周環伺著一群策略靈活、敏捷的區域航空公司與廉價航空業者，他們不是虎視眈眈，就是愉快地逐步發展，一切取決於你怎麼看待。

航空業的競爭這麼激烈，難道沒有帶給消費者什麼好處嗎？

有，比如非常便宜的機票。正如我在本書引言提到的，在一九三九年，往返紐約與法國的機票，費用超過現今的六千美元。到了一九七〇年代，從紐約飛夏威夷的費用約三千美元。我家書櫃上放著一張我從跳蚤市場買下，一九四六年的古老美國航空機票收據。在那年，一個名叫詹姆斯．康納斯的人花費三百三十四美元，買了愛爾蘭與紐約間東行或西行的機票，約為現在的三千六百九十美元——而且只是單程。而到二〇一三年，淡季往返上述兩地的機票只需不到六百美元。

雖然石油價格急遽上漲，但空中旅行的實際價格——即因應通貨膨脹而調整的機票費用——已因解除管制法而大幅下修。二〇〇五年至二〇一〇年間，在航空公司掙扎求生以及燃料費用高漲之際，經濟艙的平均票價達到了前所未有的低價。直到下個十年，即使增加讓人們鄙視的各種附加費用（詳見下一個問題），情形依舊沒有太大改變。雖然設施與顧客服務已和過往不同，但是當淨利率下降到只能在每個乘客身上賺取幾分錢，你還能期待什麼？航空公司販售各種乘客想要的東西，然而比起那些，乘客最想要的仍是便宜至極的機票。

如果說飛行付出的代價不小，其中一項原因，可能是票價中附加的那些五花八門的稅捐。比如國內航段稅、機場保安稅、旅客設施使用費、飛機燃料稅、國際出境與入境稅，以及報關費等，這些還只是其中一部分。美國政府總共附加十七項稅捐與規費在機票上，金額取決票價多寡，可占價格的四分之一或更多（例如，三百美元的機票約有六十元為附加費用）。比例方面，這些稅捐常高於菸草、槍枝或酒類稅捐（以上通稱「罪惡稅」，目的是勸阻使用這類物品）的兩倍或兩倍以上。

除了易於負擔的費用，另一個鮮少為人承認的優點，體現在航空公司的航線網絡上。現在，人們幾乎可以自由飛行於美國國內任一座機場之間，最壞的情況也只需中途停留一次。但在幾十年前，單單跨越一半的國土就至少需要轉機兩次，十分不便。以前飛行到歐洲，就意味著必須從美國其中一個門戶都市出發才行；如今你可從任一較為小型的都市出發（例如匹茲堡、波特蘭、夏洛特），省下大量時間。

請問過去免費，如今航空公司開始收費的項目有哪些？例如託運行李、食物、毛毯……

眾所皆知，航空公司一直實施「分類計價」以增加收入，也就是提供旅客各種付費選項，比如：第二件行李加收五十美元；羊毛毛毯與防過敏枕頭加收二十美元，可帶下機；一份普通的牛肉或雞肉捲餅價格六美元。

這些附加服務從不是「免費的」，它們會被加進機票錢裡，票價也因此變得更高。然而，在沒有機票錢已到達最低點的共識下，是沒辦法理性討論分類計價的。聽到旅客只花一百五十九美元就能飛往國家的另一端，卻依然抱怨登記行李費用，是件很奇妙的事。分類計價除了能讓旅客覺得他們只多花了少許金錢，也能讓服務提供者賺取更多利潤，是十分聰明的策略。比起全面漲價，讓乘客為自己選的自費項目額外付費，不失為更明智的選擇，畢竟不是每名乘客都想用這些服務。

儘管如此，這項做法目前實行到這樣應該夠了。在二〇一〇年，總部位於佛羅里達州羅德岱堡的精神航空，將手提行李的費用提高到四十五美元，引發了一場爭議。此項舉措將分類計價的概念推至極限——甚至超越、違反了中心思想（沒開玩笑）。說實在的，航空公司都已經收取託運行李費了，手提行李不該再歸為自費項目。

航空公司的最大收入可以是多少？精神航空宣布手提行李收費的同一個月，歐洲的瑞安航空也宣布乘客使用洗手間得付一歐元（雖然他們後來撤銷這項措施，但其節約成本的花招從此名聲遠播，而且證據確鑿）。我曾開玩笑說，不久後航空公司就會開放廠商在座位上方行李架與摺疊餐桌打廣告，過沒多久，某次我搭乘全美航空途中，打開摺疊餐桌後發現，桌上居然真的登了一則手機廣告，我驚訝得下巴都掉下來了。你可以稱我為幻想家，然而倘若航空公司沒這樣出賣自己，或許就更能輕易得到他人的尊重。

我們都聽說過有人因為飛機延誤，被困在機艙裡好幾個小時，簡直是場噩夢。請問為什麼會有這種情況呢？遇到這種狀況又該怎麼處理？

這種冗長等待宛如在停機坪上擱淺，不僅引起相當多的注目，也煽動群眾對航空公司懷抱難以化解的痛恨。綜觀來看，這類情況並不常見。在美國，每年約有一千五百架次的飛機延誤超過三小時，聽起來似乎十分可觀，然而每年有將近千萬架班機起飛前往世界各地，其中百分之八十五是準時或提早抵達目的地。即使如此，這仍無法解釋為何諸如引導乘客下機走入航廈，或為困在機上的乘客供給食物及水等簡單的事，在某些情況下竟變成了考驗。二〇〇七年，隆冬一場暴風雪襲擊美國東北部後，紐約有數百名乘客，被迫與尚未起飛的捷藍航空班機一起滯留長達十小時。幾個月前，德州的奧斯丁也有一架美國航空的飛機在機場滯留超過八小時。而令人最難忘的，是發生在二〇〇〇年的底特律，數千名西北航空的旅客因一場新年暴風雪，受困在機上將近十一個小時。

公眾之所以對航空公司抱持負面看法，原因是後者不思變革，未能充分授權給員工（如機長、機場經理和其他擁有指揮權的人），使他們能夠當下直接做出重要決定，比如叫梯子、叫巴士、讓乘客下機等待。

上述最後一項決定已有可能付諸實行。二〇一〇年，美國的新立法規定，航空公司起飛時間延遲在三個小時內、抵達時間延遲一個半小時內是合法的，在這限制時間內乘客絕對准許下機。倘若航空公司不遵守規定，必須賠償每名乘客兩萬七千美元。這項法規有時被認為是人權法案重要里程碑，人們也的確一直極力爭取這樣的強硬手段。但真有必要設定這個規則嗎？它真的會有效果嗎？同時，我們還須提防後續意外發生：

想像在一場暴風雪中，你正坐在一架停留在滑行道上，準備從紐約飛往舊金山的延誤班機裡。空中交通管制給你的離場時間只有二十分鐘，但由於三個小時的起飛延遲時間將至，飛機被迫折返回登機處。停泊之後，機上有幾名乘客發現自己已錯過之後的轉機，決定下機回家，這代表他們的行李也得一併下去，飛機因往返航廈所消耗的燃料也得重新補滿。上述作業皆需大量人力完成，這些人同時得處理其他飛機，還必須重寫、印製一份全新的飛行計畫。我們保守估計每項步驟需耗時一個小時，這樣一折騰，比起若未返回登機門，時間又至少浪費了三十分鐘，再加上除冰或值勤人員換班所消耗的時間，情況更是雪上加霜。而錯過離場時間，代表工作人員會再指示你一個新的，然後兩個小時過去了，原本只延誤三小時，這下變成了五小時。

那麼，有什麼更好的解決方案嗎？我不知道。但我明白飛機延誤的情況是複雜多變的，立法硬性規定時限，事情並不會就順利發展。如同許多法官與公設辯護人鄙視強制量刑準則，這些法規引起的問題要比它們解決的還多。

有時會有乘客冷嘲熱諷，說飛機一旦延誤，機師與機上服務員就有加班費可領，他們可開心了。先不討論工作人員有沒有得到補償，這簡直是無稽之談。如果你正在想像駕駛艙裡的兩名機師搓著雙手，學著惱人的收銀機聲音，相信我，沒這回事。我們不比你樂見這種情況。而且不幸的是，我們或多或少都得聽從遠方工作人員的監督與指示工作。機長除了必須回報緊急情況給美國聯邦航空總署與上級，無法單方面決定讓乘客下機走上滑行道或結冰的停機坪，他也不能自行決定把飛機駛回航廈並打開艙門。

倘若讓乘客自己判斷狀況並自行疏散，我認為有半數乘客會搶著滑下逃生滑梯，摔斷腿或被自己的隨身行李擊傷。逃生滑梯高度可達兩層樓，而且非常陡峭，因為設計的初衷不是為了方便，而是讓機上所有人能在緊急情況發生時迅速離開飛機——而且是雙手空空地離開。

請說說西南航空祕訣的成功。為什麼這家公司的服務不走精緻路線，卻能做得這麼好？

西南航空是全美最賺錢的航空公司，同時也是稀有品種：大批時常飛行的旅客真誠喜愛這家航空公司。為了回應旅客的喜愛，西南航空使用的標誌是一顆飛舞的心，其股票代碼為LUV（取自總部所在地點達拉斯的愛之地〔Love Field〕的名稱）。它的創始人赫伯・凱萊赫（Herb Kelleher）是個騎著哈雷、拿著威士忌酒瓶豪飲，和人比賽掰手腕還輸掉的男人。不論你愛或不愛，我們都該敬西南航空一杯——來自國內、價格便宜、用隨身鋁製小酒瓶裝著的酒。

你可以說西南航空之所以成功，不過就是因為乘客對它要求不高嘛。如果他們不夠謙虛，沒有精準掌握一分錢一分貨的藝術精髓，那麼他們將會什麼也不是。但乘客想要的，西南航空幾乎都能做到，這就是他們贏得乘客信賴的關鍵。具體來說，乘客喜歡他們的不劃位政策、工作人員的幽默風趣，以及彈性的售票與退款政策。如果要用三個詞來形容該公司的魔法，那可能是：方便、友善，以及最重要的，完全掌握。關於最後一點，它的競爭對手可說遍及四處；也許上個航班的旅途還十分愉快，但接下來的卻糟透了。

也請記得，在大多數美國人的心中，空中旅行就像橫越對街，不是起飛與降落。西南航空的優勢不僅在於飛行服務，還有起飛地點。他們將目標市場鎖定郊區，比起忙碌混雜的波士頓、紐華克或拉瓜地亞，乘客可以選擇照理說較為簡便的曼徹斯特、艾斯利普或普羅維登斯。傳統的大型航空公司極度依賴龐大樞紐點，這使得他們無法走與西南航空相同的路，因此西南航空可說是郊區的航空公司龍頭。

西南航空的另一項資產是簡化業務結構，它只用波音737，週轉時間極短，而且只專注國內市場。當你試圖將它與其他業務結構完全不同、事業範圍更為廣闊的航空公司做比較，你會發現兩者完全是兩回事。一家航空公司若擁有四個樞紐點、營運範圍為六大洲，由六百架飛機組成機隊，那麼要行事一致且完全掌控，是相當困難的。

西南航空不斷調整模式使自身更加美國化，做得似乎相當成功。機票售價低廉、航班緊密且無長程航班、座位全是經濟艙，員工也沒有外國口音。

問問弗雷迪・萊克（Freddie Laker）就好。這個特立獨行、在二〇〇六年去世的爵士高中就輟學，卻與（維珍集團創辦人）理查・布蘭森擁有同樣的企業氣勢（他們都受封為爵士）。萊克創建了萊克航空，並在一九七七年設立從倫敦飛往紐約的廉價航線「空中列車」。當時正準備實行〈航線解除管制法〉的卡特總統，在萊克花費六年時間極力爭取航線合法化後，終於同意他的請求。儘管人們願意花上幾個小時，排隊購買兩百三十六美元的來回機票，空中列車的利潤仍微乎其微，它的成功也宛如曇花一現。另外，人民快捷航空與寶塔航空，也曾挑戰這個只提供基礎服務的長途航線舞台，最終都以失敗收場。

……………

不論是好是壞，如果西南航空代表沃爾瑪式的航空公司，那麼貓頭鷹航空代表什麼？是的，我說的是貓頭鷹餐廳老闆所創立，總部位於默特爾海灘，租賃四架一組的波音客機來使用的貓頭鷹航空。這家公司雖已關閉，但倘若單就只經營美國國內市場這點來看，它值得追憶。

我聽到的第一則貓頭鷹航空笑話是：「萬一哪天飛機需要降落在水上，機上服務員可能可以充當漂浮物使用。」貓頭鷹航空的所有航班，都有兩名從連鎖餐廳調借來的「貓頭鷹女郎」。飛機座椅採用藍色真皮材質，腿部空間也十分充足，他們稱之為「俱樂部艙」——英國航空也曾經為自家商業艙取這名字。貓頭鷹航空與英國航空之間的差異，就像貓頭鷹餐廳與在白金漢宮舉辦的宴會之間的差別，然而貓頭鷹航空的飛機可能比大多數航空公司的還要舒適。他們曾說，多數乘客要求坐在靠走道的位子，聲稱是「為了風景」。只有靠近窗戶的座位才欣賞得到山景，走道旁的座位……嗯，只有其中一道風景才是真實。

歷史最悠久的航空公司是哪家？

航空公司的歷史有時十分複雜。許多航空業者會變更名稱、身分，或因為被併購或併購別人而使自身組織架構變得龐雜。但大部分研究航空公司歷史的學者——真的有這類學者——認為，現存最老的航空公司是總部位於阿姆斯特丹的KLM，全名為荷蘭皇家航空公司，創立於一九一九年。下列為五個歷史最悠久而且還在的航空公司，以公司最初名稱表示，依序是：

- 荷蘭皇家航空（一九一九）
- 澳洲航空（一九二〇）
- 俄羅斯航空（一九二三）
- 捷克航空（一九二三）
- 芬蘭航空（一九二三）

如果納入改名與併購的公司，一九一九年創立、哥倫比亞國營的哥倫比亞航空公司將登上第二名，當時它叫做哥倫比亞－德國航空運輸公司，英文簡稱SCADTA。墨西哥航空原本名列三名，可惜在營運八十七年後，已於二〇一〇年畫下休止符。也許你對於墨西哥、哥倫比亞、俄羅斯或澳洲擁有歷史悠久的航空公司感到驚訝。這些國家崎嶇地形、道路不暢，加上國土遼闊，因此國內自然風光景點的交通得依賴空中旅行完成。

而在美國，歷史最悠久的是達美航空，自一九二八年起算。

大家都在說航空公司會「共用班號」，共用班號究竟是什麼意思？

共用班號是項十分普遍的政策，航空公司以自己的名義出售機位，但使用別家航空業者的班機。這是航空公司互相分享乘客與收益的一種方式。這種安排在財政上有錯綜複雜的理由，但不是因為有利可圖，這也不是旅客關心的重點。真正的重點在於：你實際搭乘的是哪家航空公司的飛機。某個夜晚我在波士頓候機大廳等待著，一名男子滿臉慌張地向我詢問，想找到他該去的登機門。他告訴我他是搭澳洲航空，我請他把機票給我看，上方的確印有熟悉的紅袋鼠標誌。與機場巴士上閃爍的標示與通知相反，澳洲航空真的沒有飛往波士頓的班機，從來沒有。「不，」我向他解釋，「你應該找美國航空。」

除了少數航空龍頭業者與其他至少一家航空公司合夥外，多數航空公司都選擇加入大型跨國聯盟——天合聯盟、星空聯盟、寰宇一家。美國、歐洲、亞洲及南美皆至少有一名加入這些聯盟，其策略即是盡可能囊括版圖。

而如同你能以共用班號搭乘波音777飛往巴黎、法蘭克福或孟買，你也能用這方式搭乘區間噴射客機飛往雪城、蒙哥馬利或尤金。幾乎每個帶有「聯運」或「快捷」字樣的航班，都是由獨立的區域航空業者以共用班號的方式，代表大型航空公司營運的。打電話向聯合航空預定從紐華克飛往水牛城的班機，上機時你會發現自己乘坐的是快捷航空負責的區域噴射客機；達美航空從拉瓜地亞飛往波士頓或華盛頓的知名接駁航線，是由穿梭航空負責……諸如此類。你有必要搞清楚自己要搭的，究竟是哪家航空公司的飛機。仔細瞧瞧機票上的資訊，或查看班機號碼。除了少數例外，任何以三或三以上數字開頭的四位數編號，都屬於共用班號。如果你購自聯合航空的機票班機號碼為201，你搭乘的航班就是隸屬聯合航空，由聯合航空組員為您服務的班機；如果號碼為5201，你搭乘的航班就是代表聯合航空服務的某家航空業者的班機。

班機號碼是如何產生的？有一定的規律或理由嗎？

通常東行航班號碼為偶數，西行則為奇數。另一種習慣是：航空公司中比較知名的長途航線，班號會以一或二號這種較小的數字開頭。如果某航空公司航班表有一開頭的班機，代表那個班次是從倫敦飛往紐約。班機號碼也可能是用地理位置編號。聯合航空橫跨太平洋的班機號碼是以八開頭的三個數字，因為許多亞洲文化認為八是幸運數字。另外就是上個問題談到的，班號的四個數字以3或3以上數字開頭的，大多屬共用班號的航班。

理論上，班機號碼都是由字母加上數字組成，字母是使用該公司的「國際航空運輸協會」航空公司代碼的前兩碼。每個航空公司都有這個代碼，比如達美、美國及聯合航空的代碼分別是DL、AA及UA，捷藍航空是B6，漢莎航空是LH，新加坡航空是SQ。美國會省略這些字母，但其他地方都會標上，比如歐洲與亞洲，機場的離境航班表都會顯示字母，例如班機LK105或TG207，指的就是漢莎航空及泰國航空（在填寫移民申請表時，應在班機號碼一欄填上完整編號）。

用於特定航線的班機號碼可長年不變。自一九六〇年代開始，美國航空早上從波士頓飛往洛杉磯的班機，號碼一直是AA11，直到二〇〇一年九月十一日才畫下句點。九一一恐怖攻擊發生後，該公司隨即更改了這個受影響的班次的班機號碼。

為什麼從美國飛往歐洲的班機總是在夕陽西下起飛、早晨到達，在一大清早把它們的乘客趕下飛機？

大多是為了兩個原因：方便乘客銜接其他航班以及提升飛機利用率。例如，從紐約飛巴黎的班機中，會有相當比例的乘客將繼續前往歐洲、亞洲、中東或非洲等地。飛機的到達時間是為此安排。更不用說有許多在紐約搭乘傍晚班機的乘客，其實早已開始他們的旅程——從鹽湖城、聖地牙哥、紐奧良、雪城、洛亞諾克或哈里斯堡。從巴黎飛回紐約也是一樣：在午後時分降落紐約（或芝加哥、休士頓、達拉斯、邁阿密），也是為了有充分時間讓乘客前往北美各地。

飛往亞洲也一樣。若要從芝加哥飛東京，你會在上午起飛，下午抵達，之後再搭東京的某一航班前往更西的亞洲地區。又比如你在晚上十一點抵達曼谷，飛機將會在此修整一夜，在隔天早晨出發飛回東京，中午時分抵達，方便準備出發飛回北美。

也因此飛機在陸地上的時間極少。廣體客機每個月的租賃費用要幾十萬美元，而閒閒停在停機坪上時是無法賺錢的。航空公司會想盡辦法使飛機馬不停蹄地飛行，計畫最快速可行的週轉時間（國際航班的最低週轉時間為九十分鐘）。

前往南美或自南美起飛的航班比較麻煩，通常出發與抵達時間都需要通宵。日出後到達布宜諾斯艾利斯的飛機無法轉向飛回紐約，否則抵達時間會在半夜，不利乘客銜接。許多航空公司只好硬著頭皮，讓飛機待上十到十二個小時，等傍晚再起飛（我待的公司常利用這機會對機艙內部進行大掃除，連總是骯髒的駕駛艙也會來回擦拭、清除灰塵）。

有些航空業者會針對起訖運輸需求，提供快速服務給不需銜接其他航班的乘客。以英國航空為例，該公司一直以來，都設有從美國少許城市出發飛往倫敦的每日航班。假設早上九點自紐約起飛，會在晚上八點左右抵達倫敦希斯洛機場。

在特定航班中，半數或半數以上的乘客，可能會在第一個停留地點轉乘其他航班。對於一些知名航空業者，若沒有這些有轉搭需求的乘客，他們的公司規模將縮水一半。事實上，美國最大、最賺錢的航空公司中，有幾間的發源地人口不多，起訖運輸需求只占公司總量的一部分。以新加坡與阿聯酋航空為例，新加坡航空是擁有最大廣體客機機隊的航空公司之一，該國面積還小於費城的地鐵。阿聯酋航空總部的人口只有美國麻州的一半，使用中的廣體客機卻有將近兩百架，還向空中巴士下訂五十多架Ａ３８０系列。一切可歸功於地理位置。這兩家公司這麼成功，不是由於載運乘客到達新加坡或杜拜，而是中繼停留。憑藉絕佳的地理優勢，這兩個國家成為幾條最繁忙的長途航線上，重要的中轉樞紐，這也是為什麼他們會大力投資航空基礎設施。

從達拉斯搭機飛往芝加哥時，我發現自己搭乘的居然是波音７７７。這條航線那麼短，為什麼航空公司動用這麼大的客機呢？

在埃及盧克索機場的某夜，我登上了一架空中巴士Ａ３４０班機，廣體客機，擁有四具引擎，可一次飛行近半個地球。我的目的地是哪？開羅，飛行時間大約六十分鐘。為何這麼微不足道的航班，埃及航空會派長度最長的飛機出馬呢？不論有多少理由，都與飛機最大能力無關，而是與載運量、地點及時間安排有關。

一些短途航線的市場會因為乘客需求量大，而使用大型飛機。全日空與日本航空最繁忙的國內航線，都有幾條採用波音７４７飛機。我沒搞錯的話，波音７４７總共有五百六十三個機位，派這樣上等的飛機上場，能使公司穩坐業界龍頭。在某些情況下，飛機在長程航線間的空白時間可用短線來填補。例如，一架來自歐洲於中午到達的班機，在晚上八點前都不會飛返原地，航空公司就能利用中間這空檔，指派飛機負責一些需求大的國內航線。同樣的，來自南美於上午抵達亞特蘭大的飛機，可能會在當晚從紐約出發飛往歐洲。事實上，飛行亞特蘭大與紐約間的航程，只是為了調整飛機的出發地而已。

還有別忘了運費。航空公司的利潤不只來自出售機位，還有位在機位下方的貨艙。有時某種飛機特別適合某航線的原因，在於它載運物品的空間占有最大優勢。波音７４７除了在上層設有四百個座位，下層還設有六千立方公尺的載貨空間。

飛行距離最長、中間不停站的航程是？

在第一章我解釋過，如果要計算飛機的航程，比起計算物理距離，計算飛機待在高空的時間會更準確。但飛行時間變化莫測，因此要回答這個問題，最好的計算指標是海里數。

截至最近，新加坡航空以全商務艙配置的空中巴士Ａ３４０-５００客機，從新加坡飛往紐華克（八千兩百九十英里）與洛杉磯（七千兩百六十英里）的航班，是前兩名。這兩者也是紀錄上最長的不停站航班（的確，紐華克與洛杉磯國際機場相距兩千一百英里，但從新加坡開始計算的話，兩地的距離只有這個數字的一半——這要歸功於大圓線三角學。〔參見127頁，大圓線〕）。不過這兩個航班已於二〇一三年停止服務，接棒的是澳洲航空從雪梨飛往達拉斯－沃斯堡機場的航班，飛行距離為七千四百五十五英里。

下方是至本書截稿時間前，以海里為單位，仍在飛行的最長不停站航班排名，不過易受航空公司調整而變動。如果你想搭乘，請帶上最喜歡的書（這本最好），把生理時鐘留在家裡，出發吧：

1. 雪梨－達拉斯：七千四百五十五（澳洲航空）
2. 亞特蘭大－約翰尼斯堡：七千三百五十五（達美航空）
3. 杜拜－洛杉磯：七千兩百四十五（阿聯酋航空）
4. 馬尼拉－多倫多：七千一百四十五（菲律賓航空）
5. 杜拜－休士頓：七千零九十五（阿聯酋航空）
6. 杜拜－舊金山：七千零四十（阿聯酋航空）
7. 紐約－香港：七千零一十五（國泰航空、聯合航空）
8. 杜哈－休士頓：六千九百九十五（卡達航空）
9. 杜拜－達拉斯：六千九百九十（阿聯酋航空）

10. 紐約－約翰尼斯堡：六千九百二十五（南非航空）

注意有三個是往返堪薩斯州與中東的航線，（石）油多不愁。

回想起約莫四十年前的日子，感覺很奇妙：當時泛美航空的經理們會坐在公園大道旁的摩天大樓裡，撓頭思考如何讓波音747可以中途不加油，飛抵東京。後來，拜波音777與空中巴士A340的發明之賜（參見36頁，遠程噴射客機），幾乎全球市場現在都能不用中途停留就能互相連結。我們不僅克服技術的瓶頸，也克服了想像力的侷限。

倫敦與雪梨間相距約一萬英里，某些圈子稱之為「聖杯航線」，是道難以橫越的關卡。澳洲航空一度利用波音747-400客機，飛這條難以捉摸的珍貴航線，它們發現如果條件完美，整個過程將不需要中繼停靠。但挑戰實在太大了，令澳洲航空機組人員與調度員都聞之色變，他們必須用最大警惕與最高準確性來對付燃料、天氣及備降計畫。更不用說行銷宣傳時會有多麼站不住腳：「澳洲航空直飛倫敦，中途不停——有時。」

波音777-LR客機會計畫航程一萬一千六百英里的促銷航班，而且企畫本身看來似乎可行。然而，做為宣傳伎倆可行的計畫，不代表可以變成常規服務。首先，你有雙發延程飛行（ETOPS）*的操作限制。

另外，當地空域限制、風的型態與季節氣候的變化等，都會影響飛行時間。對航空公司來說，兩個城市可以連接不能說明什麼，除非它們之間有市場潛力可供開發。倫敦到雪梨不是飛行距離最長的不停站航線，但可能是保證擁有穩定客源的航班中，飛行距離最長的。其他更艱鉅、但仍在想像階段的對飛城市也應力求建立。在這之中最讓人感興趣的，是聖保羅－東京、奧克蘭－倫敦，以及布宜諾斯艾利斯－東京，全都不滿一萬英里。除此之外，有任何航空公司打破一萬英里關卡——例如布宜諾斯艾利斯到首爾，有嗎？——事實仍然是，這可真是個飛行距離遙遠且成功機率不大的嘗試。

我待在機上時間最長的一次，是在二〇〇〇年五月，搭的是南非航空從甘迺迪國際機場到約翰尼斯堡的SA202班機，時間為十四個小時又四十六分鐘。目前南非航空飛行此航線的是空中巴士A340，而當年使用的是波音747。我會知道確切時間，是因為艙壁上有用螺絲固定一個數字計時器，會在起落架收起時開始計算，以分鐘為單位。盯著時間逝去是件折磨人的事，直到某個勇敢的乘客用膠帶將一張紙黏在計時器上才結束。

譬如，獲得「一百八十分鐘ETOPS」就是指：此型飛機執飛的航路上各點，距離最近備降機場的航程不可以超過一百八十分鐘。規則主要應用在跨洋飛行，因為此時可供選擇的備降機場較少，如果沒有ETOPS能力，意味著飛機需要選擇盡量靠海岸線的航路飛行，以確保安全。ETOPS能力愈強，意味著航空公司可以利用雙發飛機開闢更多直飛航線。

＊譯註：雙發延程飛行是國際民航管理機構為了保證雙發民航飛機安全飛行，而專門提出的一項特別要求。當雙發動機飛機的一具發動機或主要系統故障時，要求飛機能在剩餘一台發動機工作的情況下，能在規定時間內飛抵最近的備降機場。

我搭過一架機鼻附近噴有名字的飛機。顯然飛機有時會像輪船跟船那樣，有自己的名稱？

所有客機都會在機身後方印上註冊編號（數字或字母，表明來自哪國），有些還會印上航空公司名稱。如果飛機為了表示敬意而以某地、某人或某物命名，看機身前部的稱號即可。我很喜歡這種做法，這讓飛行多了點人情味與尊嚴。如果有航空公司為了幫自家飛機命名感到苦惱，那麼該公司一定很有使命感。

土耳其航空用安那托利亞上的城市名稱，做為旗下纖塵不染的波音及空中巴士客機的名字。你會登上名字叫「科尼亞」、「格雷梅」或「伊斯帕爾塔」的飛機。維珍航空取名字偏好性感風格，你可能會買到「圖布勒佳麗」、「芭芭麗娜」或「巴爾加斯女孩」的機位。你能在愛爾蘭航空搭「聖派翠克」前往都柏林，絲毫不奇怪；你也可以試試有沒有運氣搭乘敘利亞航空、名字叫「阿拉伯團結」的波音７４７客機。曾經有段時間，納米比亞航空為旗下一架波音７４７取名「千歲蘭」，以對這種生長於納米比亞沙漠、可存活數百年的沙漠肉質植物表達尊崇。而我前面所述，航程十五個小時飛往約翰尼斯堡的南非航空班機，名字則是德班，回程搭的班機叫布隆泉（皆是南非城市名）；如果無法確定名稱是否正確，我只需查看位於通往頂層樓梯旁、用翅膀及花紋裝飾的木牌即可。我覺得木牌上那艘優雅的客輪圖案挺有特色的。

我想念已被奧地利航空併購的奧地利航空業者——勞達航空，該公司為了紀念畫家及音樂家，將飛機取名「古斯塔夫・克林姆」、「邁爾士・戴維斯」，還將一架波音737命名為「法蘭克・扎帕」。至於創意則非荷蘭航空莫屬：不論城市、鳥兒、作者或探險家，都是自家藍白相間的波音客機取名的材料，而且公司旗下的麥道MD-11客機皆以著名女性命名，比如「佛羅倫斯・南丁格爾」、「瑪莉・居禮」與「奧黛麗・赫本」。

另一方面，捷藍航空以藍色為主題命名的系列，實在可愛到讓人難以忍受。雖然我不主張對這些中短程客機砸番茄，但有些飛機的名字實在讓人有股衝動。我可以忍受「狂野年代之藍」，甚至「貝蒂之藍」，但「這就是我喜歡的藍」、「竟然在這遇見藍」、或「嗶滴叭滴藍」就太超過了。我之前提到的航空公司的尊嚴呢？幾年前，聯合航空為了向自家飛行里程數最高的乘客致意，用他們的名字為飛機命名。想像一下你搭乘機鼻上印有自己名字的飛機，卻沒有被升等的感覺。

泛美航空的每架飛機都有獨特的帆船稱號，紀念早期泛美的飛行艇做為先鋒，開創跨洋航線的輝煌年代。有些稱號帶有海洋風味，比如「海蛇」、「美人魚」、「海洋之珍」；有些表達了對海浪的迷戀，比如「浪潮波峰」、「海浪滔滔」及「浪濤洶湧」。有些稱號使用希臘與羅馬神話，比如「邱比特」、「墨丘利」、「阿爾戈」；有些則是勵志的陳腔濫調，比如「天空女皇」、「天空榮耀」、「自由」。還有少數飛機名稱會不禁讓人猜想胡安・特里普（Juan Trippe，泛美航空歷史上的重要人物）與下屬是不是在公園大道上的公司會議室中喝太多威士忌了：「海上巫女」？「海神座駕」？「年輕布蘭德」？原來這些都是古代帆船的名字。

一九八八年，泛美航空103號班機在蘇格蘭上空被炸毀（洛克比空難），唯一保持較完整的殘骸是機身前半，從機鼻到靠近第一道艙門的部分，雖然因為墜落而變形，但比機身其餘的部分容易辨認。以此殘骸為主題的照片在幾週內登上新聞版面、報紙頭條、《時代雜誌》與《新聞週刊》的封面，在網路上還能找到它們的蹤跡，照片上可以看到四處飛散的碎屑與殘礫。金屬碎片與電線散落在仍不禁讓人肅然起敬的波音747殘骸旁，一切如死一般的沉寂。殘骸上，藍色直線的噴漆有些許刮落的痕跡，而在橢圓形的客艙窗戶上方有一行藍色、有些扭曲卻清晰可見的字，寫著「海之侍女快帆號」。

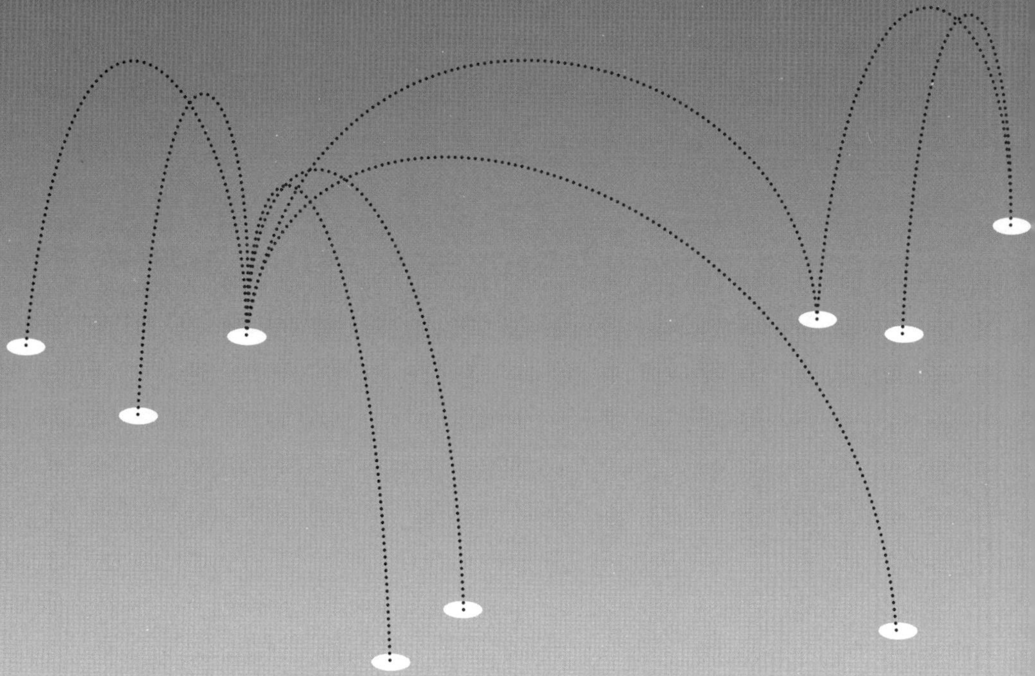

航空術語怎麼說

給旅客的詞彙表

How to Speak Airline

空中旅行的經驗是獨一無二的，因為人們服從一連串的權威，而且這些權威大多來歷不明。從踏進航廈大門那一刻起，就會有人對你下達一堆命令——站這兒、脫下鞋子放那兒、繫上安全帶、照做這件事、把那個收起來——同時轟炸你的還有一大堆資訊。這些事情大多不是當面傳達給你，而是幕前或幕後的工作人員透過麥克風，夾雜著術語、簡稱等委婉說出的，常令人聽得一頭霧水。每年搭機十幾次的人，有的仍舊對術語一知半解。為此我編製了一份詞彙表（如下，條列順序無特別依據），主要解釋容易誤解或難懂的術語，希望對您有幫助。

解除逃生模式並重複檢查（Doors to arrival and crosscheck）

例子：「空服員，解除逃生模式並重複檢查。」

意義：有時是「將艙門解除逃生模式並重複檢查」。飛機靠近機場閘門時，座艙長或空服組長會這樣說，以確定附在艙門上的緊急逃生梯是否確實解除充氣。當艙門處於逃生模式，逃生梯會在艙門打開的瞬間展開，解除逃生模式後，逃生梯會需要手動展開。起飛時，逃生梯需處於隨時準備充氣的狀態，以應付需要緊急疏散的所有情況（你也可能聽到「將艙門設成自動模式」）。飛機停靠後，逃生梯的自動充氣狀態會解除，防止逃生梯在登機通道中彈出。「重複檢查」是機師與空服員都會使用的通用術語，意思是由第二人去檢查第一人的工作。在客艙裡，空服員會互相檢查彼此站點的艙門是否開啟或解除逃生模式。

全員回報（All-Call）

例子：「空服員，解除逃生模式，重複檢查並全員回報。」

意義：通常是開啟或解除逃生模式的程序之一。所有空服員會從他的站點用對講機報告情況——這有點像空服員的電話會議。

最終檢查（Last-minute paperwork）

例子：「我們的最終檢查已快結束，之後會馬上準備飛行……」

意義：一切準備就緒，飛機也準備開始後推時，就會開始「最終檢查」，時間為半個小時。通常是關於載重平衡紀錄、飛行計畫的修訂（參見104頁，飛行計畫），或等待維修人員修正並寫好飛行紀錄。

駕駛艙（Flight deck）

意義：駕駛員座艙。

副機師（First officer or copilot）

意義：副機師是駕駛艙的第二負責人，座位在右手邊，可執行所有階段的工作，包括起飛與降落，在飛行期間與機師輪流駕駛飛機（參見140頁，機師與副機師）。

飛航高度（Flight level）

例子：「目前班機的巡航高度已達三〇三。我們會繼續飛往目的地，現在關掉安全帶信號燈……」

意義：飛航高度有學術解釋，但我不會講這些讓你覺得無聊的東西。基本上，上述例子用了一種特別的方式告知你現在距離海平面有多高，你只要在數字後面加上兩個零，就知道真正的飛航高度了，上例為三萬三千英尺。

等待航線（Holding pattern）

意義：因為天氣或交通因素而使用的一條操場形狀的航線。等待航線會顯示在航空地圖上，而且幾乎任何地方都能使用。

禁止起飛（Ground stop）

例子：「抱歉，各位，所有飛往南方的班機全面禁止起飛。」

意義：通常目的地的機場容量不適合進場時，空中交通管制就會限制班機起飛。

預計進一步許可時間（The expect further clearance time，**簡稱** EFC time）

例子：「好消息。一個小時後，我們有三十分鐘的預計進一步許可時間。」

意義：有時又稱「解除時間」，是工作人員預計班機能離開等待航線或取消禁止起飛的時間。

離場時間（Wheels-up time）

意義：有點類似預計進一步許可時間，但離場時間為飛機完全起飛的時間。工作人員必須在這時間內盡可能使飛機到達跑道。

惡劣天氣區（Area of weather）

例子：「由於紐澤西上空有惡劣天氣區，我們將轉往南方，朝費城方向前進……」

意義：典型的代表為大雷雨或超大豪雨。

氣穴（Air pocket）

意義：亂流急遽顛簸的俗稱（參見60頁，亂流）。

最後進場（Final approach）

例子：「各位先生女士，我們開始最後進場，進入邁阿密。」

意義：對機師而言，最後進場代表飛機已駛入落地航線的最後一道直線，與跑道中線對齊，不需再轉彎或操縱。空服員對這個詞有更為通俗的解釋，他們說這是降落程序的最後部分。

豎直椅背，繫好安全帶（The full upright and locked position）

意義：如字面所說。

損壞、打壞或毀損（Tampering with, disabling, or destroying）

例子：「美國聯邦法律禁止損壞、打壞或毀損洗手間的煙霧偵測器。」

意義：即損壞。

關閉狀態（The off position）

意義：未開啟。

下機（Deplane）

例子：「下機前請記得帶走您所有的隨身物品。」

意義：下機即登機的相反詞。有些人認為其英文字根「plane」不應做為動詞使用，害怕引發一連串仿冒效應，例如「下車」（decar）或「起床」（debed）。但事實上，這個字彙早在一九二〇年代就已收錄於字典中，它並非聽起來最油腔滑調的字，我本身就會使用。類似詞語還有空姐（stewardess），偶爾使用很方便。還有些許活潑、友好、意義也相當實用的用法，最優雅但挺笨拙的例子為「下車」（Disembark）。

組員任務空位搭乘（Deadhead）

意義：因任務調派的緣故，該機師或空服員需隨機前往下一趟任務地點，這種情形稱為死頭（因任務而空位搭乘）。

航空器（Equipment）

例子：「由於需要更換航空器，飛往倫敦希斯洛機場的時間將會延後三小時。」

意義：即飛機（這東西是整個航空業的核心，好端端的「飛機」不用不會很奇怪嗎？）

直飛航班（Direct flight）

意義：理論上，直飛航班的意思，是指整個航程使用的班機號碼都是同一個，而不是指飛機是否有中途停靠。這個詞源自早期班機飛行於主要城市之間時，飛機會在中途降落停靠，有時是停靠好幾個地方。當乘客問及航班是否「直飛」，航空公司大部分員工都十分清楚，他們其實是在問有沒有中途停靠，但其實乘客預訂機票時就能知道答案。

不停站（Nonstop）

意義：這才是中途不停的航班。

入出境大廳（Gatehouse）

例子：「入出境大廳的派翠克・史密斯先生，請至櫃檯前。」

意義：登機大廳或候機室的特殊說法。我很喜歡這個詞，給人友好的感覺。航空業者應該多使用。

先行登機（Pre-board）

例子：「我們現在先請需要特別協助的乘客登機。」

意義：這個詞不特別，意思就是登機，只不過是最優先登機。

最後一次緊急登機廣播（Final and immediate boarding call）

意義：告訴慢吞吞的旅客趕快加緊腳步登機，這說法較引人注意，也比「最終廣播」或「最後廣播」來得緊急。

即將抵達（In range）

例子：「班機即將抵達，預計四十分鐘內開始登機。」

意義：當航班延誤而且你準備登機的飛機仍未降落時，你就會在入出境大廳聽到這則廣播。飛機開始降落時，機師就會傳送「即將抵達」的訊息，讓大家明白他們馬上就要到達機場。但正確時間很難說清，因為這個訊息是優先於任何一架已降低高度、準備降落的班機，並且假設進場跑道沒有壅塞的情形下發送的。你聽到的廣播時間是最快的登機時間，根據經驗，再加上二十分鐘比較準。

停機坪（Ramp）

例子：「很抱歉，您的行李在停機坪上被波音７４７給擠壓變形了。」

意義：停機坪是指靠近航廈，提供飛機停泊及地面車輛移動的地方。在早期，許多飛機不是海陸兩棲就是水上飛機，因此若是飛機沒有飛行，那麼可能就是停在水面或「停機坪」上。

通道（Alley）

例子：「我們正在等另一架飛機離開通道，只要等一下就好。」

意義：位於航廈與停機坪之間的滑行道或坡道。

停機坪（Apron）

意義：類似停機坪，是用柏油鋪設的區塊，沒有跑道或滑行道的功能，用來讓飛機停駐或提供其他服務。

柏油路（Tarmac）

意義：公路路面的鋪設材料，一九〇一年在英國取得專利。後來也代表瀝青或用瀝青鋪設的道路。

雖然在機場時常聽到這個詞（用來指稱停機坪），但幾乎所有停機坪、跑道或滑行道都不是使用柏油鋪設。真正的柏油會在天氣太熱時變軟，黏在噴射客機的輪子上（我想到樂手保羅・韋勒（Paul Weller）寫的歌〈這就是娛樂！〉（That's Entertainment!）中的一句歌詞「黏黏的黑柏油」）。這個詞指涉的意義已大於它原有意涵，這讓遵循語言傳統主義的人感到困擾，但它沒有困擾我。

現在（At this time）

例子：「現在，請您收好所有電子產品。」

意義：現在或即刻。這是空中旅行的委婉用語。

真的（Do）

例子：「我們真的感謝您搭乘美國航空。」或「我們真的提醒您，請勿吸菸。」

意義：除了令人惱怒，文法上毫無意義的用語。「感謝您搭乘美國航空」及「請勿吸菸」這兩句話有哪裡不對嗎？這讓人想知道航空公司員工交談時，是不是也是這樣：「我真的愛你，史提夫，但我現在不能和你結婚。」

作者的說明與感謝
Author's Notes and Acknowledgments

我開始撰寫本書時，起初僅打算小幅更新及重編我在二〇一四年出版的《問問機師：關於航空旅行，你該知道的大小事》。但改得愈多，這本書的面貌就變得更多，最後它成了一本全新的書。這本書的架構雖然與《問問機師》相似，而且保留了該書的一些章節名稱，但內容皆已延伸或更新，變得大不相同，約有百分之七十的內容是全新的。

本書內容汲取超過三百篇的文章與專欄，都是來自「請教機師」旗下品牌、創刊於二〇〇二年的線上雜誌《沙龍》，書中的問題也大多是此雜誌的讀者提出的。對於他們幾年來的熱情與鼓勵，我不勝感激。

我已經盡最大努力，確保這本書的資訊禁得起時間考驗，但請記得——商業航空業是一片不斷變化的領域——你要說「領空」也行。航空公司興起與沒落、飛機購入與售出、航線交替與廢棄。偶爾會發生悲劇。

特別感謝我的經紀人，蘇菲亞・賽得娜，以及Sourcebook出版社的莎娜・德利斯。感謝茱莉亞・派德斯處理後續事情及校對。音樂方面要感謝鮑伯・默德、格蘭特・哈伯、格雷格・諾頓，以及爵士屠夫陰謀樂團。

本書所有想法與意見皆出自我個人，不代表任何航空業者、機構或商業單位。
想獲得更多資訊與延伸閱讀，請造訪http://www.askthepilot.com。

派翠克・史密斯
美國麻薩諸塞州，薩默維爾

twin- engine planes, ETOPS
離場時間 wheels-up time
寶塔航空 Tower Air
蘇丹航空 Sudan Airways
蘭・祕魯航空 LanPeru

作者的說明與感謝

《問問機師：關於航空旅行，你該知道的大小事》*Ask the Pilot: Everything You Need to Know about Air Travel*

馬來西亞航空 Malaysia Airline
高爾航空 Gol
高麗航空 Air Koryo
國家航空 National Airlines
國泰航空 Cathay Pacific
國際航空運輸協會航空公司 IATA
捷克航空 CSA Czech Airlines
敘利亞航空 Syrianair
曼徹斯特 Manchester
梅薩航空集團 Mesa Air Group
竟然在這遇見藍 Fancy Meeting Blue Here
荷蘭皇家航空 KLM
這就是我喜歡的藍
That's What I Like About Blue
雪城 Syracuse
麻薩諸塞州 Massachusetts
傑茲卡甘傑滋航空公司 Zhezkazan Zhez Air
勞達航空 Lauda Air
喀山發動機製造聯合公司
Kazanskoe Motorostroitel'noe Proizvodstevennoe Ob'yedinenie
普羅維登斯 Providence
森林航空消防服務 Avialesookhrana
渦輪螺旋槳式飛機 turboprops
無靈魂的彎鉤 Generic Meaningless Swoosh Thing, GMST
猶他州鹽湖城 Salt Lake City, Utah
萊克航空 Laker Airways
開曼航空 Cayman Airways
塗裝 Liveries
奧布舍瑪什航空 Aviaobshchemash
奧地利航空 Austrian Airlines
奧斯丁 Austin
奧黛麗・赫本 Audrey Hepburn
愛爾蘭航空 Aer Lingus
溫蒂・貝克特 Sister Wendy
滑行道 taxiway
瑞聯航空公司 U-Land Airlines
聖地牙哥 San Diego
聖保羅 São Paulo
聖派翠克 St. Patrick
達拉斯－沃斯堡機場 Dallas Ft. Worth
達美已隨時為您準備好
Delta Is Ready When You Are
達美航空 Delta Air Lines
嗶滴叭滴藍 Bippity Boppity Blue
嘉魯達 Garuda
圖布勒佳麗 Tubular Belle
瑪莉・居禮 Marie Curie
蒙哥馬利 Montgomery
墨丘利 Mercury
墨西哥航空 Aeromexico
德克薩斯州 Texas
德班 Durban
摩洛哥皇家航空 Royal Air Maroc
黎巴嫩中東航空公司 MEA, Lebanon
寰宇一家 OneWorld
機場經理 station manager
澳洲航空 Qantas
盧克索 Luxor
貓頭鷹航空 Hooters Air
錯覺線 cheat line
默特爾海灘 Myrtle Beach
爵士航空 Jazz
聯運 Connection
邁爾士・戴維斯 Miles Davis
韓亞航空 Asiana Airlines
點擊航空 Clickair
雙發動機延程飛行的操作限制
extended range operational legalities for

昆士蘭及北領地航空服務 Queensland and Northern Territory Aerial Service
東方航空 Eastern
法蘭克福 Frankfurt
泛美世界航空公司 Pan American World Airways
波特航空 Porter Airlines
空中列車 SkyTrain
空中走廊 air strip
臥鋪式經濟客位 shell-style economy seats
芬蘭航空 Finnair
芭芭麗娜 Barbarella
邱比特 Jupiter
阿拉伯團結 Arab Solidarity
阿拉斯加航空 Alaska Airlines
阿迪格航空 Adygheya Avia
阿根廷航空 Aerolineas Argentinas
阿曼航空 Oman Air
阿提哈德航空 Etihad Airways
阿斯塔納航空 Air Astana
阿爾戈 Argonaut
阿聯酋航空 Emirates
俄羅斯克拉斯航空 Kras Air
俄羅斯航空 Aeroflot
前線航空 Frontier Airlines
南方航空 Southern Airways
南非航空 South African Airways
哈里斯堡 Harrisburg
哈拉特里嘉航空 Khalaktyrka Aviakompania
哈薩克 Kazakhstan
威茲航空 Wizz Air
星空聯盟 Star Alliance
洛亞諾克 Roanoke
皇家約旦航空 Royal Jordanian
科尼亞 Konya
穿梭航空 Shuttle America
穿越航空 AirTran
約翰尼斯堡 Johannesburg
美人魚 Mermaid
美好行程 Good Goes Around
美西航空 America West
美國大陸航空 Continental Airlines
美國東岸 Eastern Seaboard
美國航空 American Airline
美鷹航空 American Eagle
胡安特里普 Juan Trippe
英倫寶貝航空 Bmibaby
迦樓羅 Sanskrit
重飛 go-around
飛翔航空 Go Fly
哥倫比亞航空 Avianca
埃及航空 EgyptAir
夏威夷航空 Hawaiian Airlines
格雷梅 Goreme
泰國國際航空 Thai Airways
浪潮波峰 Crest of the Wave
浪濤洶湧 Wild Wave
海之侍女快帆號 Clipper Maid of the Sea
海南航空 Hainan Airlines
海洋之珍 Gem of the Ocean
海浪滔滔 Dashing Wave
海蛇 Sea Serpent
特選艙 premium cabin
祖恩航空 Zoom
納米比亞航空 Air Namibia
紐西蘭航空 Air New Zealand
紐華克 Newark
紐奧良 New Orleans
航線解除管制法 Airline Deregulation Act
起訖 origin-and-destination, O&D

第7章——讓人愛恨交織的航空公司

《時代雜誌》*Time*
《航空公司：標誌、設計、文化》
Airline: Identity, Design, and Culture
《新聞週刊》*Newsweek*
TAAG安哥拉航空 TAAG Angola
一起去奧蘭多樂翻天吧 Fly Me to Orlando
人民快捷航空 PeoplExpress
三角形 Widget
千歲蘭 Welwitschia
土耳其航空 Turkish Airlines
中北航空 North Central Airlines
中美洲航空 TACA
中國東方航空 China Eastern
中國南方航空 China Southern
中國國際航空 Air China
中途航空 Midway
天合聯盟 SkyTeam
太平洋西南航空 Pacific Southwest Airlines
尤金 Eugene
巴基斯坦國際航空 Pakistan International
巴爾加斯女孩 Varga Girl
引擎罩 cowl
日本航空 Japan Airlines
水牛城 Buffalo
世界之藍 Idlewild Blue
以色列航空 El Al
冬之老人 Old Man Winter
加拿大航空 Air Canada
北歐航空 Scandinavian Airlines System, SAS
卡達航空 Qatar Airways
古巴航空 Cubana
古斯塔夫・克林姆 Gustav Klimt
可售座位公里 available seat-kilometers, ASK
布宜諾斯艾利斯 Buenos Aires
布隆泉 Bloemfonetein
布蘭尼夫國際航空 Braniff International
弗拉格斯塔夫 Flagstaff
弗雷迪・萊克 Freddie Laker
法蘭克・扎帕 Frank Zappa
伊斯帕爾塔 Isparta
休斯西方航空 Hughes Airwest
全美航空 US Airways
全美航空快遞 USAir Express
共用班號 code-share
共和航空 Republic Airlines
印度尼西亞航空 Air Indonesia
印度航空 Air India
安那托利亞 Anatolian
收益旅客公里 RPK
自由航空 Freedom Airlines
艾斯利普 Islip
衣索比亞航空 Ethiopian Airlines
西太平洋航空公司 Western Pacific Airlines
西北東方航空 Northwest Orient
西南航空 Southwest Airlines
佛羅倫斯・南丁格爾 Florence Nightingale
快捷 Express
快捷航空 Express Jet
我們帶您到達目的地 We Get You There
杜哈 Doha
貝蒂之藍 Betty Blue
亞洲航空 AirAsia
臥鋪座位 sleeper seats
奇異國際航空 Kiwi International
孟加拉航空 Biman Bangladesh
孟買 Mumbai
彼得蒙航空 Piedmont
承載率 load factor
拉瓜地亞 LaGuardia

中情局 CIA
化學凝結尾 chemtrail
反向滑行 back-taxi
日本航空 Japan Airlines
比爾・詹姆斯 Bill James
加納利島 Grand Canary
加納利群島 Canary Islands
可攜式防空系統
Man-Portable Air Defense Systems
可攜飛彈 MANPADS
外差 heterodyne
鮑伯・布拉葛 Bob Bragg
札布德 Zapruder
母基地 home base
任務偏離效應 Mission-creep
希斯洛 Heathrow
喬治・沃恩斯 George Warns
法國航空 Air France
空中防撞系統
Traffic Collision Avoidance System
肩射式飛彈 shoulder-launched missile
穆罕默德・阿塔 Mohammad Atta
保險插頭 fuse plug
卻爾登・希斯頓 Charlton Heston
道格・哈瑪紹 Dag Hammarskjold
政府中心地鐵站
Government Center subway station
洛羅德歐 Los Rodeos
玻利維亞的航空公司 LAB
革命細胞 Revolutionäre Zellen
飛航安全行動計畫 Aviation Safety Action Program, ASAP
飛機封存場 aircraft storage yard
旅遊城市 Travelocity
海角航空 Cape Air
傑米・海納曼 Jamie Hyneman
消防桿 fire handle
航空安全網路 Aviation Safety Network
起飛滾行 takeoff roll
起落架艙 gear bay
高頻無線電 VHF radio
國際航空安全評鑑 IASA
國際航空運輸協會 IATA
執照處分 certificate action
終端區 terminal area
喜來登大飯店 Sheraton hotel
答詢器 transponder
跑道入侵 runway incursion
黑色九月 Black September
約翰・奧格諾斯基 John Ogonowski
滅火系統 fire suppression system
滑行道 taxiway
聖克魯斯 Santa Cruz
解放巴勒斯坦人民陣線 PFLP
運輸安全局 TSA
哈尼・漢哲 Hani Hanjour
墨西哥航空 Mexicana Airline
菲爾・德賈汀 Phil Desjardins
「箭-2M」飛彈 Strela-2M
輪艙 wheel well
駕駛艙交通訊息顯示系統 Cockpit Display of Traffic Information, CDTI
澳洲航空 Qantas
聯邦航空總署 FAA
聯邦調查局 FBI
卡爾・薩根 Carl Sagan
亞當・薩維奇 Adam Savage
克拉斯・謬爾斯 Klass Meurs

商用駕駛員執照 commercial pilot certificate
基礎訓練 basic indoc
基礎教育訓練 basic indoctrination
捷藍航空 jetBlue
梯瓦 TEVA
液壓 hydraulic system
野口聰一 Soichi Noguchi
普通航空 general aviation
普魯斯 Lyle Prouse
假日飯店 Holiday Inn Express
渦輪機 turbine
無人飛行載具 Unmanned aerial vehicle, UAV
無紙座艙 paperless cockpit
華盛頓杜勒斯國際機場 Washington-Dulles
註冊 dimicile
費爾菲德 Fairfield
黑人航太人員組織 Organization of Black Aerospace Professionals
傳統航空 legacy carrier
瑞安 Ryanair
聖巴夫大教堂 St. Bavo's Cathedral
萬怡 Courtyard
萬豪國際酒店 Marriott
葛文德 Atul Gawande
運輸安全管理局 Transportation Security Administration, TSA
達斯堡 John Dasburg
漢普頓 Hampton
精神航空 Spirit
布萊恩・維查 Brian Witcher
蓋瑞特TPE-331 Garret TPE-331
豪生酒店 HoJo's
儀器進場 instrument approach
儀器導降系統 Instrument Landing System
箱桶之家 Crate & Barrel
衝刺8號 Dash-8
複訓 recurrent training
駕駛艙資源管理 cockpit resource management, CRM
親友票 buddy pass
霍華・波登 Howard Borden
優比速 UPS
戴高樂機場 Charles de Gaulle airport
聯合快運航空 United Express
聯邦快遞 FedEx
臨時住處 crash pad
斷電器 circuit breaker
羅盤航空 Compass Airlines
攪和合唱團 The Jam

第5章——航途中

大學入學考試 SAT
水晶刺蝟 quartz porcupine
壯麗艙 Magnifica Class
空中列車 SkyTrain
旅人艙 Voyageur
動力傳輸機組 PTU
商務頭等艙 BusinessFirst
華夏艙 Dynasty Class
寇特・馮內果 Kurt Vonnegut
豪華商務艙 Upper Class

第6章——……一定會掉下來

《九霄驚魂》*Airport '75*
《雨人》*Rain Man*
《科技時代》*Popular Science*
《科學美國人》*American Scientist*
九一一委員會 9/11 Commission
凡桑騰 Jacob Van Zanten
大爆炸 Big Bang

銀線公車 Silver Line bus
標準航站進場 STAR

第4章——靠天吃飯

〈工作機會〉Career Opportunities
〈史密勒斯・瓊斯〉Smithers-Jones
《鮑伯・紐哈特秀》*Bob Newhart Show*
一般航務手冊
General Operations Manual, GOM
九五號州際公路 I-95
二副機長 second officer
人類戒酒動機研究
Human Intervention Motivation Study
大陸航空 Continental
大韓航空 Korean Air
小岩城 Little Rock
切斯利・薩利・薩倫伯格
Chesley "Sully" Sullenberger
戈林 Goering
日清食品公司 Nissin Food Products
仙童航空 Fairchild
卡羅索 Caruso
傑佛瑞・史基爾斯 Jeffery Skiles
民航運輸駕駛員執照 Airline Transport Pilot
吊艙 pod
安柏瑞德航空大學 Embry-Riddle
Aeronautical University
安藤百福 Mamofuku Ando
托賓橋 Tobin Bridge
自動飛行 autoflight
自動落地 autoland
西南航空 Southwest Airline
免票 deadheaded
免費票 nonrevenue
免費搭機 nonrevving
亞特拉斯航空 Atlas Air
初步操作經驗 initial operating experience
拉昆塔 La Quinta
拉雅餐廳 La Layal
東北快運航空 Northeast Express
布魯斯・法克登 Bruce Foxton
孚斯克杜樂團 Hüsker Dü
哈德遜河奇蹟 Miracle on the Hudson
威斯汀 Westin
柏寧酒店 Pullman Hotel
科爾根航空 Colgan Air
美多號 Metroliner
美國套房飯店 AmeriSuites
飛行計畫 flight planning
飛行教官執照 flight instructor certificate
飛航工程師 flight engineer
巴瑞・哥德夏 Barry Gottshall
恩德培 Entebbe
時區員工優惠 Zonal Employee Discount
衛斯理・格林 Wesley Greene
泰國航空 Thai Airways
航空公司安全及飛行員培訓改善法 Airline
Safety and Pilot Training Improvement Act
航空公司飛行員協會 Air Line Pilots
Association
航空公司飛行員協會 Air Line Pilots
Association, ALPA
航務作業規範 operation specification
航務規範 ops-specs
航路考驗 line check
航機操作手冊
Aircraft Operating Manual, AOM
起飛能見度標準 takeoff visibility criteria
起動器 starter
動態模擬機 simulator

麥克唐納・道格拉斯 McDonnell Douglas
備用機場 alternate airport
普洛溫斯－波士頓航空
Provincetown Boston Airline, PBA
最低裝備需求表
Minimum Equipment List, MEL
朝聖者航空 Pilgrim
減速板 speed brake
渦旋氣流 vortice
渦輪扇引擎 turbofan
渦輪螺槳飛機 turboprop
湧動積雲 cumulus cloud
進氣口 intake
進場 approach
傾斜式翼尖 raked wing
傾斜角 bank
奧利機場 Orly
奧斯摩比 Oldsmobile
微爆氣流 microburst
愛德懷德機場 Idlewild
滑降路徑 glide path
煞車狀況報告 braking action reports
TAP葡萄牙航空 TAP Air Portugal
跨海航線系統 transoceanic track system
跳水機 puddle jumper
達美航空 Delta
酬載量 payload
預防性回航 precautionary return
圖波列夫 Tupolev
夢幻客機 Dreamliner
漢莎航空 Lufthansa
福克 Fokker
快帆號 Clipper Victor
輔助動力系統 Auxiliary Power Unit, APU
輕聲機 whisperjet
閣樓機艙 penthouse deck
噴射時代 Jet Age
廣體飛機 widebodies
機棚 dock
機艙減壓 decompression
盧森堡貨運航空 Cargolux
壓縮機失速 compressor stall
環國際 Trans International
環球巡洋 Global Cruiser
翼尖 wingtip
翼尖小翼 winglet
聯合航空 United Airlines
聯邦航空總署 Federal Aviation
Administration, FAA
螺槳推進飛機 propeller
賽倫蓋提 Serengeti
雙水獺飛機 Twin Otter
簽派員 dispatcher
貝瑞・羅培茲 Barry Lopez
賈克・羅賽 Jacques Rosay
襟翼 flap
襟翼整流罩 flap fairing
贊托普 Zantop
龐巴迪 Bombardier
蘭森航空 Ransome
變更飛航空層 flight level
滑降路徑 glide path

第3章——上頭發生了什麼事……

《飛航建築》*Building for Air Travel*
兒童森林 Kids' Forest
茂宜島 Maui
飛航管理系統 FMS
航路管制中心 ARTCC
朝向 qibla

布蘭尼夫 Braniff
打旋墜落 tailspin
正穩度 positive stability
皮德蒙 Piedmont
伊留申 Ilyushin
先鋒號 Vanguard
全美航空 US Airways
印尼飛機工業公司 IPTN
多尼爾 Dornier
安托諾夫 Antonov
西北航空 the Northwest
西班牙航空製造公司 CASA
西斯納 Cessna
佛羅里達航空 Air Florida
尾流擾動 wake turbulence
尾翼 fin
快速維修膠帶 speed tape
沖天者 Stratoclimber
邦哥機場希爾頓花園飯店 Bangor Airport Hilton
里維爾 Revere
協和號 Concorde
坦帕 Tampa
東方航空 Eastern
波特蘭 Portland
空中巴士 Airbus
空中接近 near miss
空中慢車 flight idle
阿利根尼航空 Allegheny
阿拉斯加航空 Alaska Airlines
前段和後段 fore and aft section
前緣縫翼 slat
哈維蘭 de Havilland
帝國航空 Empire
待命航線 holding pattern
後推 pushback
星座號 Constellation
葛雷漢・查普曼 Graham Chapman
洛克希德 Lockheed
洛根國際機場 Logan International Airport
科邁羅 Camaro
穿越亂流速率 turbulence penetration speed
美鷹航空 American Eagle
英國航太 British Aerospace
英國航空 British Airways
風切 windshear
飛行日誌 logbook
飛行後檢查 postflight inspection
飛虎隊 Flying Tigers
飛航管制員 air traffic controllers, ATC
飛機庫 hangar
俯仰角 pitch
夏威夷熱帶防曬乳液 Hawaiian Tropic
座位里程營運成本 seat mile operating cost
氣穴 air pocket
海岸世界 Seaboard World
特內里費事件 Tenerife story
胡安・特里普 Juan Trippe
納罕特 Nahant
起步失誤 false start
逃生路線 escape route
馬波黑德 Marblehead
保羅・高伯格 Paul Goldberger
區域客機 regional jet
區域機師 regional pilot
商務噴射客機 commercial jetliner
康維爾 Convair
彗星噴射機 Comet
畢琪99 Beech-99
紳寶 Saab

中英文對照表

引言　畫家的刷子

巴馬科 Bamako
加德滿都 Kathmandu
汶萊 Brunei
法國航空 Air France
泛美航空 Pan Am
波札那 Botswana
俄羅斯航空 Aeroflot
柬埔寨 Cambodia
派柏幼熊 Piper Cub
英國航空 British Airways
馬利 Mali
堪薩斯 Kansas
斯里蘭卡 Sri Lanka
漢莎航空 Lufthansa
藍天使小隊 Blue Angels

第1章——飛機本身

〈西班牙炸彈〉Spanish Bombs
《本該很有趣，但我絕對不會做第二次的事》
A Supposedly Fun Thing I'll Never Do Again
〈特殊節奏服務〉Special Beat Service
《作惡執照》*Licensed to Ill*
《陸上速度紀錄》*Land Speed Record*
飛航管制單位 ATC
約翰・T・丹尼爾斯 John T. Daniels
巴布・默德 Bob Mould
風箏效應 Kiting Effect
格蘭・哈特 Grant Hart
野獸男孩 The Beastie Boy
喬・斯特拉莫 Joe Strummer
節奏樂團 The Beat
衝擊合唱團（又稱衝擊樂團）The Clash
〈事情就是這樣〉So It Goes
〈飛機〉El Avion
孚斯克杜樂團 Hüsker Dü
《禪場》*Zen Arcade*
《哥倫比亞格蘭傑詩歌索引》
Columbia Granger's Index to Poetry
《美國文物與詩集》
Americana and Other Poems

第2章——不安因子

塞冷 Salem
e客機 eLiner
L-1011三星 L-1011 TriStar
三叉戟號 Trident
上升氣流 updraft
下東航空 Downeast
中北 North Central
反向副翼 opposite aileron
太陽神航空 Helios Airways
巴西航空工業公司 Embraer
巴哈伯 Bar Harbor
引擎失速 engine stall
比奇蒙 Beachmont
水平尾翼 horizontal stabilizer
火鳥跑車 Trans-Am
主艙 main deck
加壓 pressurization
卡皮托 Capitol
卡拉維爾 Caravelle
外形差異表
Configuration Deviation List, CDL

INSIDE 13

機艙機密 解答你對搭機旅行的種種疑問

Cockpit Confidential

Everything You Need to Know about Air Travel: Questions, Answers, and Reflections

作　　者　派翠克・史密斯（Patrick Smith）
譯　　者　郭雅琳、陳思穎、溫澤元
責任編輯　林慧雯
封面設計　萬勝安

編輯出版　行路／遠足文化事業股份有限公司
總 編 輯　林慧雯
社　　長　郭重興
發 行 人　曾大福
發　　行　遠足文化事業股份有限公司　代表號：（02）2218-1417
23141新北市新店區民權路108之4號8樓
客服專線：0800-221-029　傳真：（02）8667-1065
郵政劃撥帳號：19504465　戶名：遠足文化事業股份有限公司
歡迎團體訂購，另有優惠，請洽業務部（02）2218-1417分機1124、1135
法律顧問　華洋法律事務所　蘇文生律師
特別聲明　本書中的言論內容不代表本公司／出版集團的立場及意見，
由作者自行承擔文責。

印　　製　韋懋實業有限公司
二版一刷　2023年1月
定　　價　560元
I S B N　9786267244005（紙本）
9786267244012（PDF）
9786267244029（EPUB）

國家圖書館預行編目資料

機艙機密：解答你對搭機旅行的種種疑問
派翠克・史密斯（Patrick Smith）作；
郭雅琳、陳思穎、溫澤元譯
一初版一新北市：行路出版
遠足文化事業股份有限公司發行，2023年1月
面；公分；（Inside；13）
譯自：Cockpit Confidential: Everything You Need to Know about Air Travel: Questions, Answers, and Reflections
ISBN 978-626-7244-00-5（平裝）
1.CST：航空學　2.CST：飛機　3.CST：飛行器
447.8　111020317